인사이드
아웃도어
INSIDE
OUTDOOR

우리는 어디쯤 걷고 있는가

인사이드
아웃도어

이현상 지음

INSIDE
OUTDOOR

땅을 박차고 두 다리로 걸었던 루시와
아프리카 대륙을 뚜벅뚜벅 걸어 나온 부사라에게 이 책을 바친다.
— 그들의 DNA를 물려받은 동아시아 땅끝의 한 후손이

미지의 세계를 향한 여정

스무 살 무렵의 첫 지리산행. 그때 나는 능선 들머리에서 결국 열
패감을 안고 내려와야 했다. 그러나 첫눈에 반한 그 넓은 품을 잊
지 못해 나는 결국 다시 산에 들어섰다. 그리고 파란 서쪽 겨울
하늘에 살짝 걸린 눈썹 같은 초승달과 동행했던 눈 쌓인 설악 서
북능, 처음으로 오른 인수봉과 거기서 내려다본 잊을 수 없던 서
울 풍경, 파타고니아의 피츠로이 앞에 섰을 때의 그 경외감, 2주일
을 걸어 휘트니 산 정상에서 맞이한 구름처럼 몰려오던 먹먹함과
묵직한 감동은 아직도 여전하다.

이 책은 나의 35년간의 아웃도어 경험과 10년간의 아웃도어
비즈니스 현장의 이야기를 고스란히 담고 있다. 각각 흩어져 있는
개인적인 경험과 생각들이 서로 어떤 사회적 연관성을 가지는지
원고를 정리하면서 좀더 명확해졌다. 바로 이 연관성이 흩어져 있
던 파편들을 모아 한 권의 책으로 펴낸 계기다.

독자들도 많은 아웃도어 경험 속에서 저마다 감격스러운 순간

들이 있을 것이고, 지금 이 순간에도 새로운 아웃도어 스타일을 추구하고 있을 것이다. 그리고 배낭을 꾸릴 때 가장 행복해하는 스스로를 발견할 때가 있을 것이다. 나 역시 여전히 그렇다. 매번 반복되는 이 즐거움은 어디에서 비롯된 것일까? 이 오래된 질문 역시 책을 펴내게 된 동기 중 하나다.

오래된 질문에 답하기 위해 나는 점점 더 먼 과거로 돌아가 보았다. 내가 산을 오르기 시작한 1980년대 중반부터의 회상만으로는 그 답을 찾아낼 수 없었기 때문이다. 그 발길은 마침내 동아프리카의 사바나에 이르렀고, 거기서부터 다시 천천히 거슬러 올라왔다. 이 책을 쓰는 과정은 오늘날의 아웃도어는 어디에서 비롯된 것인지 그 기원에 대한 질문에서 출발해 2000년대 이후 폭발적으로 성장한 현대 아웃도어 비지니스의 원동력은 무엇이었는지에 대한 답을 찾는 여정이었다.

'1부 아웃도어의 기원'에서는 진화인류학 관점에서 우리 안의 아웃도어 본능이 어디에서 기원한 것인지를 찾고자 했다. 우리는 어디에서 와서 어디로 걷고 있는지, 인류의 직립보행이 오늘날의 아웃도어 문화에 어떤 영향을 끼쳤는지를 알아보고자 했다. 인류는 두 다리로 걷기 시작하면서 자유로운 두 손과 두 발로 저 멀리 미지의 세계를 가리킬 수 있었다. 아웃도어 활동은 한마디로 현생 인류의 진화 재연극再演劇이며, 미지의 세계를 향한 여정이 바로 그 본질이다.

'2부 인사이드 아웃도어'에서는 1960년대 맹아 단계에서 시작해 2000년대에 이르러 폭발적으로 성장한 현대 아웃도어 비즈니스를 소비자가 아닌 내부자의 시선으로 살펴본다. 아웃도어 트렌드를 제대로 이해하기 위해서는 사회문화적 배경에 대한 이해가 바탕이 되어야 한다. 따라서 아웃도어 브랜드의 성장과 아웃도어 트렌드의 파도 너머에서 어떤 일들이 일어났고, 어떤 흐름으로 이어지고 있는지 시대의 흐름을 배경으로 이야기하고자 한다. 아웃도어 비즈니스 세계에 몸담고 있는 사람으로서 접할 수 있는 현대 아웃도어 비즈니스의 태동과 성장에 대한 실질적인 정보와 많은 자료들을 이 책에 고스란히 정리해 담았다.

'3부 좌충우돌 장비 개발 이야기'에서는 나일론과 폴리에스터도 구분하지 못했던 내가 장비에 대한 열정과 호기심으로 종로 5가와 동대문, 방산시장을 헤매고 다니며 공부하고, 결국 머릿속에 그리던 장비의 모습이 현실화되기까지, 지난 10여 년간 아웃도어 장비 개발자로서 겪었던 여러 시행착오들과 환희의 순간들을 되돌아보고자 한다. 아웃도어 마니아들에게 장비는 단순히 상품의 의미를 넘어서는 '어떤 것'이다. 아웃도어 장비가 어떻게 만들어지는지 그 단면을 들여다보는 일은 새로운 장비를 구입하는 일만큼이나 흥미롭고 가슴 두근거리는 일이 될 것이다.

'4부 브랜드, 그리고 아웃도어 비즈니스'는 '제로그램' 설립자로서의 2011년~2020년까지 10년간의 기록이다. 지난 10년간 나는 아웃도어 브랜드가 어떻게 만들어지고, 또 어떻게 만들어져야 하는지를 직접 느끼고 경험했다. 브랜드는 신화나 전설처럼 대중들에 의해 만들어지고 지속되는 것이지, 설립자의 욕심이나 투자자의 돈 계산으로는 절대 만들 수 있는 것이 아니다. 멋진 브랜드들이 어떻게 흥망성쇠의 길을 걸었는지 살펴봄으로써 '브랜드'에 대한 좀더 지혜로운 시선을 기를 수 있을 것이다.

'5부 지구와 더불어'는 아웃도어 세계에서는 절대 빼놓을 수 없는 환경 이야기다. 나는 투철한 환경주의자가 아니다. 누구나 그러하듯 그저 산에 버려진 쓰레기들, 야영지의 남겨진 음식물들, 그런 아웃도어 활동 속에서 겪게 되는 불쾌한 경험들을 못 견딜 뿐이다. 또 생활 백패커에서 아웃도어 비즈니스 운영자가 되면서 자연스레 환경에 더 많은 관심을 가질 수밖에 없었다. 지속가능한 아웃도어를 위한 자연환경이 전제되어야 비즈니스도 존재할 수 있기 때문이다. 아웃도어 마니아들이 이제는 '생활밀착형 환경운동가'가 되어 더 오래 아웃도어 활동을 지속할 수 있기를 바란다.

'6부 질문하는 사람들'은 나와는 다른 길 위에 있으나 부족한 나를 늘 각성시켜준, 불확실한 미래에 대한 영감을 제시해준 길 위에서 만난 사람들에 대한 이야기다.

책 말미에는 2011년의 존 뮤어 트레일 종주기록을 담았다. 보름간의 하이킹 경험은 아웃도어에 대한 나의 생각을 정립해주었다. 길은 나에게 끊임없이 질문했다.

'왜 걷는 것인가?'

그 질문이 결국 이 책으로 이어졌다. 책을 쓰는 내내 나의 화두는 '연결'이었다. 모든 것은 서로 연결되어 있다는 것. 이 연결고리들을 통해 나는 오늘날의 아웃도어 마니아들 역시 장구한 인류 역사의 한 페이지를 써내려가고 있으며, 복잡한 사회현상의 한 정점에 있음을 설명하고자 했다. 그러나 나는 모든 현상들을 완벽하게 연결하지 못했고, 어떤 징후들에 대해서는 내 인식이 부족해 미처 그 고리를 알아낼 수 없었다. 내 성찰의 수준은 여기까지이며, 아직 길 위에 있다. 모든 것은 방향성이다. 내가 보았던 이정표는 곧 내 등 뒤로 멀어질 것이고, 나는 또 다른 이정표를 만나게 될 것이다. 이 책도 그러하다.

오늘은 산을 오르고 숲을 걷는 대신 이 책과 함께 장구한 역사를 가진 인류의 아웃도어 여정을 독자들과 동행하고 싶다.

감히 제안하건데, 하루 정도는 종아리 근육을 쉬게 하고 뇌 근육을 활성화시켜보자. 문 밖을 향한 시선을 잠시 거두어 내면을 들여다보자. 우리는 지금 어디쯤 걷고 있는지, 그 미지의 세계에는 무엇이 있을지.

2021년 5월,

경이로움의 한 복판에서

이현상

일러두기

1. 인명, 지명은 외래어표기법을 따랐다.
2. 단행본은 《 》으로, 잡지·신문·논문·단편은 〈 〉으로 표기했다.

1부

아웃도어의
기원

유인원은 손으로 걷는 습관이 없어지고 점점 직립 자세를 취했다.
이것이 유인원에서 인류로 전환한 결정적인 단계였다.
— 프리드리히 엥겔스

인류,
두 다리로 걷다

모든 것은 두 다리로 걷는 것에서 비롯되었다. 700만 년 전 우리는 침팬지와 갈라져 현생 인류의 길로 접어들었고, 320만 년 전 친척 무리들이 머물던 숲을 빠져나와 완전히 두 다리로 걷기 시작했다. 드디어 12만 년 전 현생 인류는 아프리카를 출발해 미지의 세계를 향해 탐험을 시작했다.

그동안 수십 종의 친척 인류들이 지구상에 나타났다가 사라졌다. 그리고 우리는 혼자 남았고, 지금부터의 지구 역사는 홀로 써 내려가야 한다. 수백만 년의 이 장엄한 여정을 두 다리로 걸어온 위대한 탐험가 DNA는 오늘날 산악인들과 장거리 보행자들과 먼 바다 항해자들의 몸속에 고스란히 남아 있다. 우리는 두 다리로 걷는 위대한 탐험가들의 후손이다.

모든 것의 출발은 직립보행

지구상에는 200여 종 이상의 영장류가 있고, 그중 단 한 종만이 두 다리로 걷는다. 바로 우리들이다. 우리 조상들은 기후 변화로 숲 지대가 줄어들고 점차 초원으로 변하고 있던 아프리카 대륙에서 수백만 년 동안 악전고투를 벌이며 겨우겨우 종의 번식을 이어왔다. 그동안 다양한 친척 무리들이 나타났다가 사라졌다. 풍부한 과일을 제공하던 숲은 줄어들었고, 개체수가 늘어난 유인원들 간의 먹이 경쟁은 점점 치열해졌다. 결국 그들은 더이상 나무 위에서만 살 수는 없게 되었다.

지금까지의 진화인류학 연구 결과에 따르면 현생 인류인 호모 사피엔스[1]가 있기까지 최소 24종의 고대 인류가 있었던 것으로 알려져 있다. 화석 발굴로 분명한 흔적을 남기고 있는 대표적인 인류는 호모 루돌펜시스, 호모 하빌리스, 호모 에렉투스, 호모 헤이델베르겐시스, 호모 데니소반스(데니소바인) 그리고 수만 년 동안 현생 인류와 같은 영역에서 경쟁했던 것으로 알려진, 현생 인류와 가장 가까운 친척 네안데르탈인[2] 등이 바로 그들이다. 그러나 그들은 모두 오늘에 이르지 못하고 사라졌다. 키 1m 내외의

---

1 호모 사피엔스(Homo sapiens)는 현존하는 유일한 인류로서 바로 우리들이다. 약 20만 년 전 아프리카에서 처음 등장했다는 것이 정설이다.
2 네안데르탈인(Homo Neanderthalensis)은 멸종된 사람속의 한 종으로 40만 년 전에 출현했다가 3만 년 전에 멸종했다. 현생 인류인 호모 사피엔스와 네안데르탈인은 호모 하이델베르크인(Homo heidelbergensis)을 공통 조상으로 하고 있어 호모 사피엔스와 아주 가까운 사람속이다.

너클보행에서 완전한 직립보행으로의 인류 진화.
물론 인류는 그림처럼 단일종에서 출발해 단계별로 진화한 것이 아니라
많은 분화를 거쳐 현생인류가 되었다.

아주 작은 체구 때문에 호빗이라고도 불리는 호모 플로레시엔시스[3]는 불과 1만 2,000년 전까지도 인도네시아 플로레스 섬에서 생존했던 것으로 밝혀지면서 가장 최근까지 현생 인류와 공존하다가 가장 마지막에 멸종한 인류로 기록되었다. 왜 그들은 다 사라지고 우리만 남았는가?

현생 인류의 개체수는 약 80억 명인 데 비해 약 1,000만 년 전 우리와 공통 조상에서 갈라진 마운틴 고릴라[4], 그리고 700만 년 전 갈라져 각자 진화해온 침팬지 등의 영장류들은 장구한 종의 역사를 마치고 멸종할 위기에 처해 있다. 현생 인류의 한 구성원으로 지금 여기, 지구라는 아름다운 행성에 내가 아직 존재한다

---

3 호모 플로레시엔시스(Homo floresiensis)는 2003년 인도네시아의 플로레스 섬의 리앙부아 동굴에서 화석이 발견되었다. 현생 인류가 고립된 섬 환경에 적응해 왜소해졌다는 주장도 있지만, 호모 에렉투스에서 진화한 사람속이라는 주장이 유력하다.

4 고릴라는 약 1,000만 년 전 인류의 공통조상에서 분화되었다. 그중 마운틴 고릴라는 아프리카 비룽가 산맥과 우간다 루쿵기리 지역의 브윈디 천연 국립공원에만 서식하는데 현재 1,000여 마리만 남은 멸종 위기종이다.

는 사실은 나로 하여금 항상 경이로움을 느끼게 한다.

인류는 왜 일어섰을까?

오늘 저녁 한강변에서 러닝을 하거나 주말에 하이킹을 갈 계획이 있는 사람이라면 감사해야 할 역사적 이벤트가 하나 있다. 수백만 년 전 어느 날 인류 조상 중 하나가 두 다리로 우뚝 선 '직립보행'이 바로 그것이다. 두 다리로 걷기 시작한 후 모든 게 달라졌다. 오늘날 현대인이 즐기는 대부분의 아웃도어 활동과 스포츠 레저 활동은 두 다리를 주요한 수단으로 사용하며, 직립보행을 전제로 구성되어 있다. 하이킹이나 트레일 러닝처럼 직접 걷거나 뛰는 활동은 말할 것도 없고, 손아귀 힘과 전완근만으로 오를 것 같은 클라이밍도 두 다리를 이용한 균형이 아주 중요하다. 육상 종목뿐만 아니라 주로 상체를 이용하는 스포츠 종목 역시 마찬가지다. 골프나 야구가 상체만을 움직이는 것 같지만 사실은 튼튼한 하체가 받쳐주어야 훌륭한 선수가 될 수 있다. 영화 〈미스터고〉에서처럼 야구를 잘하는 고릴라는 그야말로 영화에서나 가능한 얘기다. 두 다리를 직접적으로 사용하지 않더라도 직립보행 덕분에 두 손을 자유롭게 사용할 수 있게 되었다는 점에서 오늘날의 모든 아웃도어 활동과 스포츠 활동은 직립보행을 전제로 가능해진 것이다.

 그렇다면 네 발로 걷던 인류가 갑자기 일어선 이유는 뭘까?[5]
인류를 제외한 모든 영장류, 범위를 더 넓혀서 모든 포유류는 네
다리로 걷는데 왜 인류만 두 다리로 서고 걷게 되었을까? 현대 진
화인류학의 연구 결과는 열대 우림 지역이었던 아프리카의 기후
변화로 숲이 초원으로 변화하던 시기에 일부 유인원이 직립보행
을 시작했다고 설명한다. 생활 터전이었던 숲은 점점 줄어들고 나
무 열매를 차지하려는 경쟁자들은 점점 늘어났다. 인류의 조상은
결국 나무 위를 내려와서 먹이를 구하는 일이 점점 많아졌다. 오
랫동안 나무 위에서 머물 수 있도록 진화한 신체 구조 때문에 처
음 땅으로 내려왔을 때 다른 동물들에 비해 경쟁력은 형편없었
다. 포식자들의 공격을 피해서 잽싸게 나무 위로 다시 올라가야
할 일도 많았을 것이다.

 그러나 부족한 먹이를 찾아서 땅으로 내려왔으니 나무 위 열
매를 따려면 두 다리로 설 수 밖에 없었고, 나무와 나무 사이는
너무 멀어져서 그네처럼 팔로 이동할 수도 없었기에 걸어서 옮겨
가야 했다. 너클보행knuckle walking을 하며 뒤뚱거리는 다른 친척들
에 비해 두 다리로만 걸었을 때 더 빠르게 먹이를 차지할 수 있
다는 것을 깨달은 인류는 두 다리로 걷는 일이 점점 많아졌다.

5 직립의 흔적을 가진 가장 오래된 화석인류는 2002년 중앙 아프리카에서 발견된 사헬란트로
   푸스 차덴시스(Sahelanthropus tchadensis)로 약 700만 년 전 화석이다. 침팬지와 사람의 중
   간 단계를 보여주며, 최초로 두 다리로 섰던 것으로 보인다. ("A new hominid from the Upper
   Miocene of Chad, Central Africa", 〈Nature〉, 2002. 7. 11.)

두 다리만으로 걸을 때 또 다른 장점은 풀숲에서 천적을 더 빠르게 발견할 수 있다는 것이다. 포식자들보다 빨리 달릴 수 없다면 먼저 그들을 발견해야 했다. 아프리카 남서부 사막지대에 서식하는 미어캣은 두 다리로 섰을 때의 이러한 장점을 가장 잘 터득한 동물이다. 몸을 숨길 곳이 별로 없는 사막에서 마치 보초를 서듯이 두 다리로 똑바로 서서 포식자들을 경계하는 귀여운 모습은 〈동물의 왕국〉과 같은 동물 다큐멘터리 영상에서 흔히 볼 수 있다.

반면 많은 진화인류학자는 호모 사피엔스의 진화 과정에서 직립보행의 에너지 효율성을 주목한다. 무엇보다 직립보행은 에너지 소모가 최적화된 걸음걸이다. 한 연구[6]에 따르면 인간이 두 다리로 걷는 것은 침팬지가 네 다리로 걷는 것보다 에너지 소모량이 4분의 1 수준이었다. 직립보행의 에너지 효율성은 현생 인류의 진화 과정에서 큰 역할을 하게 되는데 아프리카 대륙을 넘어 지구의 모든 대륙으로 진출할 수 있었던 것도 직립보행의 에너지 효율성 덕분이라고 할 수 있다.

그러나 모든 것이 긍정적인 결과만을 가져다주지는 않았다. 인류는 직립보행의 결과 두 가지를 잃었다. 그중 하나는 산도가 좁아져서 때로는 목숨을 잃을 정도로 난산을 하게 되었다는 것이

6 "두 발로 걷는 것은 에너지 혁명이었다", 중앙일보, 2008년 3월 26일자 기사 참조.

고, 다른 하나는 고질적인 질환의 하나인 치질이 생겨난 것이다.
다행히 난산이나 치질은 종의 번식에 치명적이지는 않았다. 오히
려 치명적인 것은 초원의 맹수들이었다. 나무에서 내려온 인류의
조상은 두 다리로 서거나 이제 막 걷기 시작했지만 여전히 어설
펐고, 느렸다. 그럼에도 그들은 숲이 줄어들고 초원으로 변해가면
서 다시는 나무로 올라갈 수 없었고, 두 다리로 서서 열매를 따거
나, 천적에게 발견되기 전에 천적을 먼저 발견하고 도망쳐야 했다.
나무 아래 초원에는 지금보다 훨씬 큰 하이에나 조상들이 어슬렁
거렸고, 검치호랑이와 같은 무시무시한 최상위 포식자들이 득시
글했다. 그럼에도 인류의 조상은 초원으로 변해가는 서식지에서
살아남아야 하는 절대절명의 위기 앞에서 나무에서 내려와야 했
고, 두 다리로 서서 걷지 않으면 안되었다.

　인류의 조상들이 오랫동안 나무 위에서 머물다 땅으로 내려와
서 직립보행으로 진화해갈 때 네 다리로 너클보행하던 친척 무리
들은 하나둘씩 사라져 갔다. 사라진 인류의 친척 무리들은 더 사
납고 더 빨리 달렸으며, 한때 더 큰 무리를 지어 숲을 지배했었지
만 두 다리로 걷기 시작한 무리들이 끝까지 살아남아 결국 오늘
날의 호모 사피엔스로 진화했다. 말하자면 강한 자가 오래 살아
남는 것이 아니라 오래 살아남는 자가 강한 자인 셈이다. 그렇다
면 인간은 언제부터 두 다리로만 걷는 직립보행을 시작했을까?

갈림길에서의 위대한 첫걸음

직립보행의 기원은 진화인류학에서 매우 흥미로운 주제다. 현생 인류의 조상과 침팬지 같은 유인원은 대략 600~700만 년 전에 갈라진 것으로 알려져 있다. 12만 년 전 호모 사피엔스가 살던 곳에서 좀더 남쪽에 있는, 지금의 에티오피아 아파르 지역에서 약 320만 년 전에 살았던 루시[7]는 약간은 구부정했지만 처음으로 완벽하게 직립보행을 시작했다. 루시의 두 다리와 골반뼈는 완벽하게 직립보행할 수 있도록 진화해 인류와 크게 다르지 않았고, 상체는 아직 유인원과 흡사했다.

고고인류학의 기념비적인 루시 화석의 발견으로 우리는 우리의 조상들에 대해서 좀더 많은 사실들을 알게 되었다. 뇌가 발달하기 훨씬 이전부터 인류의 조상은 직립보행을 시작했고, 그 후에야 현생 인류만이 가진 여러 특징들이 생겨났다. 직립보행이야말로 다른 유인원들과 분리되어 현생 인류로 진화하는 역사적인 갈림길이었던 셈이다. 오스트랄로피테쿠스 아파렌시아로 분류되는 루시 화석을 통해 이러한 주장은 더 힘을 얻게 되었다. 두뇌가 커

7 루시(Lucy)는 지금은 멸종된 사람속의 하나인 오스트랄로피테쿠스 아파렌시스(Australo pithecus Afarensis)의 대표적인 화석으로 1974년 에티오피아의 하다르 지역에서 고인류학자 도널드 조핸슨(Donald Johanson)이 이끄는 탐사 조사단에 의해 발견되었다. 루시는 오스트랄로피테쿠스속과 사람속의 공통 조상으로 알려져 있으며 약 320만 년 전에 살았다. 무릎뼈 등을 연구한 결과 루시는 확실한 직립보행을 한 것으로 밝혀졌다. 루시 이전의 화석에서도 일부 두 다리로 일어선 흔적이 나타나지만 가장 분명한 직립보행을 했다는 점에서 이 책에서는 루시를 최초의 직립보행 인류로 분류한다.

지기 전에 이미 두 다리로 걷고 있었던 것이다.

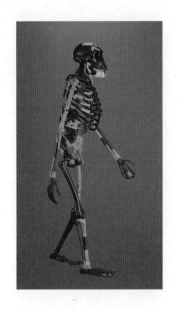

> 최초의 인류는 두뇌를 기준으로 찾 아야 할 게 아니라, 두 발로 걸었다 는 증거를 기준으로 해야 한다.[8]

갈림길에서 루시가 선택한 직 립보행 전략은 오늘날 현생인류 의 모든 것을 만들어냈다는 점에 서 그녀의 첫걸음은 수백만 년 인 류 진화의 역사에서 실로 가장 위대한 걸음이었다.[9] 수많은 친척 무리들이 여전히 엉거주춤하게 걷거나 네 다리로 기어다닐 때 그 녀는 과감하게 땅을 박차고 두 다리로 일어섰고, 자유로운 두 팔 은 저 멀리 다른 세상을 가르킬 수 있었다. 최초에는 우연한 선택 이었겠지만 두 다리로 서서 걷는 것의 장점을 알게 된 무리는 더 많은 시간을 서서 걷는 것으로 보냈다.

두 다리로 걷기 시작한 후에도 계속된 인류의 직립보행 진화

---

8 이상희, 윤신영, 《인류의 기원》, 사이언스북스, 2015.
9 루시가 어느 날 갑자기 두 다리로 걸은 것은 아니다. 진화는 서서히 일어난다. 루시 이전에 수백 만 년 동안 인류 조상은 '걸음마'를 배웠을 것이다.

과정은 매우 정교했다. 장거리 트레일을 오랫동안 걸어본 사람은 알겠지만 발가락 통증은 주로 엄지발가락에서 생긴다. 그저 너무 크고 돌출되어 있어 통증을 쉽게 일으키는 불편함만 떠오르겠지만 사실 이 두툼하게 앞으로 돌출한 엄지발가락의 진화 덕분에 우리는 두 다리만으로 균형을 잃지 않고 서 있을 수 있으며, 뛸 수 있게 되었다.

직립보행을 시작한 이래 인류의 골반뼈도 더욱 정교하게 진화했다. 골반뼈는 고관절과 연결되어 두 다리를 자연스럽게 움직이게 하며, 머리와 연결된 척추를 받쳐 체중을 지탱한다. 또한 내장과, 여성의 경우 자궁까지 보호하고 있다. 골반뼈야말로 가장 인류다운 뼈라고 할 수 있다.

꼿꼿하게 서서 걷거나 뛰었을 때의 충격을 흡수하기 위해 척추는 S자 모양으로 진화했고, 지표면으로부터의 충격을 완화하기 위해 발바닥은 아치 모양으로 변했다. 마침내 인류는 두 다리만으로 걸을 수 있을 뿐 아니라 달릴 수도 있게 되었다. 두 다리만으로 달릴 수 있다니! 150cm, 현대에 와서는 200cm까지 되는 키 큰 생명체가 수직으로 곧게 서서 두 다리만으로 걷거나 달리는 모습은 지구상 다른 모든 생명체의 걸음걸이와 비교하면 기이하게 보일 정도다.

원시 인류의 테라포밍[10]

두 다리로 걷게 되면서 원시 인류에게는 공간 인식의 일대 혁
명이 일어나게 된다. 불규칙하게 메말라 건조한 흙으로 변하기 일
쑤인 호수와 강의 지류, 작은 숲으로만 이루어진 그들의 좁은 생
존 공간은 크게 늘어난 친척 무리와의 먹이 경쟁으로 점점 살기
어려운 곳으로 변해가고 있었다. 미래의 인류가 어느 날 생존을
위해 태양계를 떠나야 할지도 모르듯 그들도 공간의 전부라고 믿
었던 숲을 떠나 사바나로 나가거나 건너편 숲으로 이동하기 시작
했다.

두 다리로 오래, 멀리 걸을 수 있도록 직립보행을 시작한 것은
미래의 인류가 마치 공간을 접어 순식간에 다른 공간으로 이동하
는 SF 소설 속의 초광속 워프Warp 기술이나 다른 항성계로 연결되
어 있는 웜홀을 발견한 것과 비슷한 일이었다. 150만 년 전 호모
에렉투스의 1차 대륙 진출[11] 이후 호모 사피엔스의 2차 대륙 진
출에 성공해 종의 멸절을 이겨내고 오늘날 지구의 지배종으로서
현생 인류로 이어졌으니 그것은 성공적인 테라포밍이었던 셈이다.

---

10 테라포밍(Terraforming)은 지구가 아닌 다른 행성을 인간이 살 수 있도록 개조하는 일을
    말한다.
11 현생 인류 호모 사피엔스의 직계 조상인 호모 에렉투스는 약 150만 년 전 아프리카를 떠나 아
    시아, 시베리아, 인도네시아까지 진출했다. 자바 원인이나 베이징 원인이 호모 에렉투스이며,
    한반도에까지 진출했다. 연천 전곡리의 유적이 바로 수십만 년 전 이들 호모 에렉투스의 유적
    이다.

숲 밖의 세상으로

영양이나 얼룩말처럼 네 다리로 뛴다면 심폐 기관이 있는 앞
다리 동작은 호흡과 동조해야 하지만 두 다리만으로 걷는 인류
는 그럴 필요가 없어 걸으면서도 몸을 자유롭게 사용할 수 있었
다. 비록 단거리에서는 인류가 가장 빠르지 않지만 가장 오래, 가
장 멀리까지 달릴 수 있다. 힘껏 달린 후에도 천천히 호흡을 고
르고 열을 식히면서 멈추지 않고 계속 걸을 수 있는 것도 인류뿐
이다.

다른 한편 두 다리로 걷게 되면서 인류의 뇌는 비약적으로 커
지게 된다. 인류의 직립보행은 뇌의 발달보다 훨씬 오래전에 선행
되었다. 거리를 걷는 행인이나 지하철 안에 서 있는 승객들 중 많
은 이들은 허리를 꼿꼿하게 세운 채 두 손으로는 모바일 컴퓨터
로 서울에서 파리에 있는 친구와 실시간으로 통화를 하거나, 로
스앤젤레스에서 열리는 그래미 어워드 시상식을 스트리밍으로
볼 수 있다. 최초로 두 다리로 걷기 시작한 루시나 아프리카를 빠
져나온 현생 인류 호모 사피엔스는 자신의 직립보행과 대륙 진출
이 가져온 이 놀라운 광경을 당연히 상상할 수 없었다.

만약에 현생 인류가 직립보행으로 진화하지 않았다면 우리는
아직도 점점 줄어들고 있는 숲 지대와 사바나 지대를 오가며 개
코원숭이나 긴꼬리원숭이들과 치열한 먹이 경쟁으로 하루하루를
겨우 연명하고 있을 것이다. 생태계에서 좀더 우월한 포식자의 지

위에 이르렀다고 해도 철봉 타기나 나무 기어오르기 따위의 약간
은 우스꽝스러운 아웃도어 활동을 즐기면서 말이다. 물론 두 손
이 자유롭지 못했기 때문에 이렇게 컴퓨터에 앉아서 원고를 쓰
고 있는 일도 없었을 것이고, 이번 주말에 백패킹을 가는 일도 없
을 것이다. 지금 원고를 쓰고 있는 나와 어딘가에선가 산을 오르
고 숲을 걷고 있을 독자들 모두는 루시에게 무한한 영광을 돌려
야 마땅하다.

"Viva Lucy!"

인류 최초의
장거리 하이커[1]

부사라, 저기가 대륙이다!

몇 달째 극심한 가뭄으로 숲이 말라가던 12만 년 전의 어느 오후, 막 성년이 된 열여섯 살의 부사라[2]는 동료 무리 두 명과 함께 동아프리카의 메마른 초원을 헤치고 두 다리로 걸어 나왔다.[3] 얼마 남지 않은 숲마저도 오랜 가뭄으로 인해 사바나 지대로 바뀌고 있었다. 부사라는 무리 중에서 호기심은 가장 많았지만 한편으로는 생경한 세상과 마주쳐야 하는 두려움에 잔뜩 긴장해 있었다. 그녀는 오른손으로 끝이 날카로운 흑단나무 창을 들고 있

1 아프리카에서 기원한 현생 인류의 대륙 진출은 대략 12만 년 전부터 아프리카 동남부 지역에서 출발해 아프리카 북부를 지나 중동 지역에서 한참을 머문 후 유럽 대륙과 서아시아의 경로로 이루어졌다.
2 부사라(Busara)는 아프리카 남동부 지역의 공통어인 스와힐리어로 '현명한'이라는 뜻이며, 이 책에서는 현생 인류의 직접적 조상인 호모 사피엔스 중에서 최초로 아프리카를 벗어나 대륙으로 진출한 무리를 대표하는 가상의 인물이다. 호모 사피엔스의 일반적 특징을 서술할 때는 '호모 사피엔스'로, 처음 대륙으로 진출한 무리를 특정할 때는 '부사라'라고 부른다.
3 현생 인류의 아프리카 기원설은 오늘날 진화인류학의 가장 지배적인 학설이지만 다 지역 기원설도 꾸준히 제기되고 있다.

었고, 동료 무리는 왼손에 주먹도끼를 꼭 쥐고 있었다. 부사라는 아버지의 아버지에게서 흑단나무가 가장 단단하다는 것을 익히 배운 터였고, 주먹도끼는 오래전부터 무리들에게 전해져 오던 것이었다.

부사라는 코를 킁킁거리며 비릿한 풀 냄새가 나는 쪽으로 방향을 잡았다. 그녀가 살던 고향에서도 오랜만에 비가 내리면 맡을 수 있던 냄새였다. 비가 내리고 나면 나무 위 열매들은 빨리 자랐고, 땅속에 깊이 숨었던 벌레들이 밖으로 기어나왔다. 비가 내린 다음 날의 비린내는 허기를 면할 수 있다는 반가운 신호였다.

태양이 머리 정수리에서 약간 비껴나 있을 즈음 부사라는 언덕에 올라서서 손차양을 하고 먼 곳을 바라보았다. 태양이 약간 기운 쪽의 반대 방향에서 축축한 숲 비린내가 몰려왔고, 시선이 끝나는 아스라한 경계쯤에 짙은 녹색의 숲이 펼쳐졌다. 그녀는 두 다리로 우뚝 서서 손을 들어 초원 너머 북쪽을 가리켰다.

부사라와 그를 뒤이은 무리가 아프리카를 빠져나와 중동으로 진출하기 시작한 것은 대략 12만 년 전에서 9만 년 전까지의 일이며, 다시 유럽 대륙으로 진출하기 시작한 것이 9만 년 전에서 6만 년 전으로 알려져 있다.[4]

기후변화로 숲 지대는 급격하게 초원 지대로 변하면서 풍부했

---

4 《기원, 궁극의 질문들》(박창범 외, 반니, 2020)에서 김준홍 교수는 호모 사피엔스의 대륙 진출 시기와 관련한 진화인류학의 주류학설을 이같이 설명했다.

던 과일이 줄어들었으며 줄어드는 먹이를 두고 친척 무리들 간의 경쟁이 점차 격화되어 굶주린 날들을 보내기 일쑤였다. 현생 인류는 드문드문 솟아있는 높은 나무의 열매를 따먹기에는 기린을 이길 수 없었고, 풀뿌리까지 먹어치울 수 있는 가젤이나 임팔라와 같은 튼튼한 소화기관도 가지지 못했다. 수십만 년 동안 마른 풀과 뿌리로 생존할 수 있도록 진화한 다른 초식 동물들처럼 부사라 무리의 소화기관은 미처 진화하지 못한 상태였다. 부사라 무리는 대형 하이에나에게 가장 좋은 먹잇감이기도 했다. 수만 년에 걸쳐 일어나는 진화를 기다릴 수 없었던 그들은 생존을 위해 영역을 옮겨야만 했다.

수백만 년 동안 많은 친척 무리들은 나타났다가 사라졌고, 살아남은 부사라 무리가 아프리카를 빠져나올 때 유럽 대륙을 중심으로 이미 그들보다 크고 강인한 친척 무리인 네안데르탈인들이 살고 있었다. 그들은 부사라 무리가 아프리카에서 중동을 거쳐 유럽으로 진출하기 훨씬 이전인 40만 년 전부터 4만 년 전까지 유럽을 중심으로 서아시아, 중앙아시아, 북아프리카 등지에서 살았는데 학자들에 따라 주장이 다르지만 대략 10만 년부터 최소 1만 년 이상 호모 사피엔스와 공존했던 것으로 추측된다. 최근의 연구 결과는 놀랍게도 호모 사피엔스와 네안데르탈인은 서로 짝짓기를 했으며, 그 결과 현생 인류는 지역과 인종에 따라 1~4%의 네안데르탈인 유전자를 가진 것으로 나타났다.[5]

현대식 복장으로 연출한 네안데르탈인.
현생 인류와 크게 다르지 않다. (출처: Neanderthal Museum)

갑작스러운 두 인류의 조우

낡은 창과 손도끼를 들고 바람 부는 모래언덕을 넘어 아프리카를 빠져나온 부사라 무리는 멀리 숲속에서 자신들과 비슷하게 생긴 친척 무리를 발견하고는 너무나 놀랐다. 부사라는 자신의 무리 외에는 지금까지 두 다리로 걷는 짐승을 본 적이 없었다. 낯선 땅에서 두 다리로 걷는 저 당당한 체구의 무리들은 과연 친구인가 적인가… 부사라는 두렵고 혼란스러웠다.

두 인류의 첫 대면은 매우 흥미로운 장면이지만 현재로서는 그 장면을 정확하게 알 수는 없다. 그동안 여러 학자들에 인해 다양

---

5   2010년 독일 막스플랑크 연구소의 스반테 페보(Svante Pääbo) 박사팀은 네안데르탈인의 게놈 전체를 해독했고, 그 결과 유럽인들은 네안데르탈인으로부터 4퍼센트 정도의 유전자를 물려받은 것으로 나타났다. 그동안 서양인들은 네안데르탈인을 구분정한 털북숭이 원시인쯤으로 여겼고, 식민지 원주민을 멸시할 때 네안데르탈인과 비교했는데 이런 인종차별적 시선이 머쓱해진 연구 결과가 나온 것이다. 당신들 몸안에도 네안데르탈인의 피가 흐르고 있다!

한 가설이 제기되었다. 처음부터 제한된 식량을 두고 매우 적대적인 관계였으며, 결과적으로는 호모 사피엔스에 의해 네안데르탈인들이 폭력적으로 멸종되었다고 주장하기도 한다. 어떤 학자는 두 인류가 함께 살았던 지역의 전체 면적에 비해 개체수가 그리 많지 않았기 때문에 서로 다른 영역에서 공존했을 것이라고 주장한다. 한 가지 이유만으로 네안데르탈인이 멸종하고 호모 사피엔스만 유일한 인류로 남게 된 것은 아니지만 네안데르탈인에 비해 호모 사피엔스의 보다 풍부한 언어 능력과 최적화된 에너지 효율성이 가장 큰 영향을 미쳤을 거라는 점은 분명하다. 어찌되었건 이 불편하고 갑작스러운 두 인류의 조우는 6만 년 전에 처음 이루어졌고, 이 둘은 종의 번식이라는 모든 생명체의 숙명으로 인해 어쩔 수 없는 경쟁 관계에 놓이게 되었다.

인류의 운명을 건 장거리 하이킹

남다른 용맹함과 지혜로움으로 무리 중에서 으뜸이었던 부사라에게도 하이에나의 추격을 따돌리고 검치호랑이의 공격을 피해 초원 지대를 벗어나 새로운 대륙으로 걸어나가는 일은 일생일대의 대단한 모험이었다. 아버지도, 아버지의 아버지도 그 누구도 그녀에게 알려주지 않았던 길이었다. 그럼에도 부사라 무리는 종전체의 운명을 건 역사적인 대장정을 시작할 수밖에 없었다. 종

의 생존과 번식을 위한 유일한 선택이었고, 유일하다는 점에서 그
것은 선택이라기보다 환경의 변화가 강요한 길이었다.

　부사라 무리는 아프리카 북부와 중동 지역에서 한참을 머물며
완전히 적응했고, 그 후손들은 유럽과 아시아 대륙으로 점점 뻗
어나갔다. 이 장거리 하이킹이 가능했던 것은 오로지 직립보행 덕
분이다. 직립보행이야말로 연약한 부사라 무리가 용감하게 대륙
으로 진출할 수 있었던 유일한 신체적 조건이었으며, 오늘날 현생
인류로 이어지는 장엄한 진화의 첫 출발점이 되었다.

　부사라가 두 다리로 언덕에 서서 미지의 세계를 가리키지 않았
다면 현생 인류는 다른 친척 무리들처럼 이미 수만 년 전에 멸종
되어 아프리카의 황량한 모래사막 속에 화석으로만 남아 있거나,
운이 좋았더라도 여전히 작은 숲이나 초원지대에서 소규모로 무
리 지어 하이에나를 피하며 겨우겨우 살아가고 있을 것이다. 아프
리카 대륙을 빠져나온 인류 최초의 장거리 보행자인 부사라에게
도 우리는 무한한 경의를 표해야 마땅하다.

　"Viva again, Busara!"

진취적인 탐험가,
지구를 지배하다

호모 사피엔스의 생존법, 스루 하이킹 전략[1]

우리의 직접적인 조상인 호모 사피엔스 이외에도 6만 년에서
4만 년 사이에는 3종의 인류[2]가 더 있었다. 호모 사피엔스가 아프
리카를 나와 중동을 거쳐 유럽과 아시아로 진출하면서 호모 사
피엔스를 포함한 이들 4종의 친척 인류들은 서로 만났거나, 더러
는 짝짓기를 했다. 사라진 인류 중 가장 많은 흔적을 남긴 인류는
네안데르탈인이다. 호모 사피엔스가 아프리카에서 넘어오기 수
십만 년 전부터 네안데르탈인들은 유럽 대륙을 중심으로 살고 있

---

1 스루 하이킹(Thru-Hiking)은 수천 km의 장거리 트레일을 1년 이내에 연속해서 완주하는 종
주 하이킹을 뜻한다. 대표적인 스루 하이킹 대상지는 미국의 장거리 트레일인 AT(Appalachian
Trail), PCT(Pacific Crest Trail), CDT(Continental Divide Trail)가 있으며, 뉴질랜드의 테 아라
오아(Te Araroa), 캐나다의 그레이트 디바이드 트레일(Great Dived Trail), 스페인의 산티아고
순례길도 스루 하이킹 대상지다. 애팔래치안 트레일 보존협회는 스루 하이킹을 12개월 내에 완
료하는 것으로 정의하는데 이는 처음과 끝의 물리적인 거리의 완주뿐 아니라 연속적인 종주를
스루 하이킹이라고 부르기 때문이다.
2 호모 사피엔스 이외 네안데르탈인, 데니소바인, 플로레스인이 같은 시기에 살았던 인류들이다.

었다. 그들은 강한 체력을 가지고 있었고, 뇌의 용량도 더 커서 지능에서도 호모 사피엔스에 비해 뒤떨어지지 않았다는 일부 학자들의 주장도 있다. 그들은 강한 체력을 바탕으로 대여섯 명씩 무리를 지어 주로 대형 초식동물들을 사냥했다. 네안데르탈인의 많은 화석에서 식물성 단백질이 거의 발견되지 않는 것으로 보아 그들은 주로 육식으로 단백질과 지방을 섭취했던 것으로 추측된다. 더 큰 체구와 더 강인한 체력, 개체수도 훨씬 많았던 네안데르탈인이 선점하고 있는 땅에서 작고 약했던 초기의 호모 사피엔스 진출자들은 처음에는 경쟁 상대가 되지 못했을 것이다.

그렇다면 호모 사피엔스와 그 후손들은 자신들보다 강한 네안데르탈인과의 경쟁에서 어떻게 이기고, 결국에는 오늘날까지 살아남아 유일한 인류가 되었을까? 현재까지의 연구 결과를 종합해 보면 언어 능력의 차이와 기후변화 등 환경 변화에 대한 적응력, 심지어 교배를 통한 네안데르탈인 흡수통합설까지 그 원인을 설명하는 학설은 다양하지만 아마도 여러 가지 원인들이 복합적으로 작용했을 것이다.

무엇보다 호모 사피엔스의 사냥 전략은 네안데르탈인과 달랐다. 호모 사피엔스의 사냥 전략은 매우 단순하게도 '멀리 걷기'와 '오래 달리기' 전략이었다. 말하자면 스루 하이킹 전략인 셈이다. 단순한 것처럼 보여도 멀리 걷기, 오래 달리기 전략은 오랫동안 생태계 약자로서 에너지 소모를 줄일 수 밖에 없었던 생존의 고

단함에서 비롯된 것이었다. 살아남기 위한 과정은 비록 비루했으나 최적화된 에너지 효율성을 가진 멀리 걷기, 오래 달리기 전략은 결국 탁월한 선택이었다.

호모 사피엔스보다 근육량이 많았던 네안데르탈인은 하루에 4,000kcal 이상의 열량이 필요했다. 사냥감이 지칠 때까지 끈질기게 쫓아가서 일정한 거리에서 창을 던져 사냥을 하던 호모 사피엔스에 비해 네안데르탈인은 강한 체력을 바탕으로 주로 근접 사냥을 하였다. 근접 사냥은 호모 사이엔스의 사냥법보다 훨씬 위험했다. 근접 사냥으로 인해 네안데르탈인은 많은 부상을 입었고 더러는 목숨을 잃어야 했다. 네안데르탈인 화석에는 골절상을 입거나 짐승에게 물린 흔적이 유독 많이 발견된다. 하루 4000kcal 이상의 열량을 대부분 육식으로 섭취해야 했던 네안데르탈인은 하루 종일 사냥을 해야 했을지 모른다.

이에 비해 효율적인 직립보행으로 필요한 열량도 훨씬 적었으며, 나무에서 내려온 후 점점 털이 없어져 피부를 통해 땀을 내보내며 효과적으로 체온을 조절할 수 있게 된 호모 사피엔스는 그 어떤 경쟁자보다도 신체 기관의 열 관리 능력이 뛰어났고, 그래서 지치지 않고 오래 달릴 수 있었다. 단거리 달리기 능력만 보자면 하이에나와 검치호랑이에 비해 보잘것없지만 호모 사피엔스는 전 지구상에서 가장 뛰어난 오래 달리기 선수였다.

이처럼 두 다리로 뛸 수 있었던 호모 사피엔스는 비록 빠르지는 않았지만 사냥감을 꾸준히 오랫동안 추격할 수 있었다. 반면 체온 조절이 불가능하고, 폐호흡이 네 다리와 동조되어 쉽게 지치는 동물들은 오래 도망칠 수 없었다.

지금도 남부 아프리카 칼라하리 사막 부시먼족에게는 오래된 사냥 방법이 전해져 내려오는데 역시나 '오래 달리기' 전략이다. 그것도 가장 뜨거운 한낮에 사냥이 이루어진다. 단거리로는 도저히 추격할 수 없는 대형 초식 동물을 지칠 때까지 끈질기게 쫓아서 결국은 꼼짝하지 못할 때 창으로 찔러 사냥하는 것이다. 단순하면서도 원시적인 방법이지만 두 다리로 걷고, 오래 뛸 수 있었던 인류만의 특징적인 사냥법이다.

이처럼 더 멀리 걷고, 더 오래 달릴 수 있었던 호모 사피엔스는 다른 어떤 동물이나 친척 무리들보다 더욱 진취적인 성향을 갖게 되었다. 그들은 다른 친척 무리들이 두려움에 떨며 숲과 초원을 벗어나지 못할 때 과감하게 더 큰 세상으로 나아갈 수 있었다. 한 지역에서 출발한 단일종이 지구의 모든 대륙으로 진출해 현재까지 멸절하지 않고 살아남은 생명체는 지구의 46억 년 역사를 통틀어 우리 인류뿐이다. 호기심이 많았던 부사라가 어느 날 언덕 위에 올라서서 자유로운 손을 뻗어 저 멀리 미지의 세상을 가리킬 수 있었던 것도 두 다리로 걸을 수 있었기 때문이다. 두 다리로 걷는 인류의 미지의 세계를 향한 여정! 이것이 훗날 우리들 아웃도어의 출발점이라 할 수 있다.

걷는 무리의 유대감, 가장 강력한 집단 생존 전략

아프리카의 수많은 유인원들 중 호모 사피엔스만이 유일하게 대륙으로 진출해 오늘날 지구의 지배종이 될 수 있었던 이유를 두 다리로 걷고 오래 달릴 수 있는 신체적 능력만으로 설명하는 것은 물론 지나치게 단순한 논리다. 직립보행이라는 신체적 능력이 아프리카를 벗어나게 해줄 수는 있었겠지만 그 이후에 닥치게 되는 수많은 도전과 위기를 극복하는 과정을 모두 직립보행 덕분으로만 설명할 수 없기 때문이다. 직립보행 이후에도 빙하기와 같은 기후변화, 화산 폭발과 대지진, 홍수와 기근, 심지어 같은 무리들 간의 참혹한 전쟁 속에서도 호모 사피엔스는 살아남았고, 호모 사피엔스처럼 직립보행을 했던 다른 친척 무리는 모두 멸절했다. 매 순간 종의 멸절을 위협하던 이 모든 위기를 극복한 이유를 직립보행만으로 설명하기에는 부족하다.

직립보행이 위대한 여정의 첫 발걸음이었다면 호모 사피엔스만의 특별한 유대감은 또 다른 성공 원인으로 우리를 여기까지 이끌어 왔다. 서로 밀접하게 연결되어 있다는 무리의 공통된 정서는 무리의 결속력을 높였고, 사냥 능력을 더욱 발전시켰다. 모닥불을 가운데 놓고 우리 조상들은 지식을 나누며 유대감을 키워왔고, 공동체는 아프고 다친 자를 돌보았으며, 죽은 자를 버리지 않고 추모했다. 공동체에 속한 타자를 향해 마음을 여는 유대감은 관계의 비약적인 발전이었다. 이를 통해 공동체는 더 강력해졌다. 직립보행 이후 무리들 간의 유대감이야말로 개체의 나약함을 극복할 수 있는 가장 강력한 집단 생존 전략이라는 것을 인류 조상들은 진화의 과정에서 터득했다.[3]

직립보행이 진취성이라는 인류 최초의 본성을 형성시켰다면, 걷는 무리의 유대감은 무리를 더욱 강하게 만든 것이다. 농경 사회가 시작되면서 유대감은 무리를 넘어 확장되었고, 문명을 일으켜 세웠다. 이 유대감은 고도화된 사회성의 결과인 연대의식으로 더욱 발전하게 된다.

마지막 네안데르탈인의 쓸쓸한 죽음

걷는 짐승에 대한 진화 이야기의 마지막 차례는 우리와 가장 가까운 친척 무리, 불과 2만 8,000년까지도 동시대를 살았던 네안데르탈인들을 애도하는 시간이다. 변방의 소수자였던 초기 대륙 진출자들이 점차 개체수와 영역을 늘려나갈 때 네안데르탈인은 멸종의 길을 걷기 시작했다. 보잘것없이 왜소하고 숫자도 많지 않았던 초기 진출자 무리를 처음 본 네안데르탈인은 크게 경계하지 않았을 수도 있다. 경쟁상대로 보기에는 호모 사피엔스는 오히려 너무 초라했기 때문이다. 그러나 호모 사피엔스는 강력하고

---

3 《절멸의 인류사》(사라시나 이사오,부키, 2020)에서는 인류가 살아남은 것은 호모 사피엔스의 '협력'이라는 무기 때문이라고 설명한다.

더 넓은 유대감[4]을 바탕으로 미지의 세계였던 유럽 대륙에서도 점점 우세종이 되어갔다.

호모 사피엔스 무리가 중동과 유럽으로 진출한 후 약 9만 년이 지나서 네안데르탈인은 돌이킬 수 없는 멸종의 길로 접어들었다. 그들이 서서히 멸종해갈 때 초기 진출자의 후손들은 다시 대륙을 넘어 중앙 아시아와 동남 아시아, 남태평양을 건너 오세아니아, 마지막에는 아메리카 대륙까지 진출하여 오늘날에 이르렀다. 월등한 체격과 근육으로 무장한 네안데르탈인이었지만 더 이상 대륙을 넘지 못하고 생존을 이어가다 소수 개체만이 살아남아 지리멸렬하면서 유럽 남부로 흩어졌고, 결국은 멸종에 이르렀다.

유럽 대륙에서 점차 밀려나고 개체수가 줄기 시작한 네안데르탈인의 마지막 무리는 에스파냐의 이베리아 반도 남단 끝 지브롤터 해안가에 이르렀다.[5] 해안가 동굴에서는 그들이 먹었을 조개껍질과 돌고래 뼈가 발굴되었다. 그러나 그들이 그곳에 이르렀을 때에는 이미 모든 것이 늦어버렸다. 최후의 남성 네안데르탈인은

4 네안데르탈인에게도 장례 문화가 있었다. 이는 무리의 유대감을 보여주는 강력한 증거다. 그러나 네안데르탈인은 대개 10여 명 이내의 집단생활을 했고, 5~6명이 짝지어 사냥했다. 이에 비해 호모 사피엔스는 수십 명 이상이 집단생활을 했다.

5 지브롤터(Gibraltar)는 스페인 남단 이베리아 반도 끝에 있는 영국의 해외 영토로서 네안데르탈인의 마지막 유적이 발견된 곳인데, 아이러니컬하게도 2만 8,000년이 지난 지금은 네안데르탈인 대신 작은 원숭이들이 관광객들을 맞이하고 있다. ('How did the last Neanderthals live?', BBC, 2020. 1. 29. 기사 참조)

2만 8,000년 전 지브롤터 해안가 동굴에서 가족들과 동료 무리
들의 주검을 차례차례 거두었고, 결국 홀로 남아 사냥은 커녕 조
개 채취마저 힘들어졌으며 끝내는 40만 년이라는 장구한 종의 역
사를 뒤로 하고 종 전체의 멸절을 쓸쓸하게 혼자 감당해야 했다.
자신을 묻어주거나 자신의 죽음을 슬퍼해줄 동료 무리가 지구에
단 한 명도 남지 않은 상태에서 그는 동굴 밖 먼 바다에 시선을
머문 채 천천히 눈을 감았다.

5,300년 전 아이스맨 외치,
알프스 산맥을 넘다

최초의 알프스 등산가

1991년 9월 19일 휴가를 맞아 이탈리아와 오스트리아 국경에 위치한 해발 3,210m의 외츠탈 알프스Ötztal Alps 빙하 지대를 하이킹하던 두 명의 독일인이 녹아내린 얼음 사이에서 상체만 드러난 사체를 발견했다. 최초 발견자들은 그 사체가 그저 등반 사고로 죽은 등산가일 거라고 생각하고 경찰에 신고했다. 이탈리아의 유명한 산악인인 한스 카멜란더Hans Kammerlander와 라인홀트 메스너Reinhold Messner도 이 소식을 듣고 현장을 찾았다. 메스너는 오랜 등반 경험을 바탕으로 사체의 가죽 의류와 손도끼를 살펴보고 최근의 등산가가 아니라 아주 오래된 미이라일 것으로 추측했다. 결국 이 사체를 살펴본 인스브루크 대학의 선사시대 역사 교수는 적어도 4,000년 이상 된 미이라라는 것을 확인했다.

그후 추가 연구를 통해 아이스맨 외치(독일어: Ötzi)는 5,300여 년 전 신석기 시대 후기인 동기 시대의 40대 남성으로 확인되었

다. 사람들의 호기심은 외치가
어쩌다가 홀로 3,210m라는 높
은 산 위를 올라왔으며, 어떻
게 죽음을 맞이하게 되었는지
에 이르렀다. 사냥을 위해 수
목한계선보다 높은 3,000m
이상의 눈 쌓인 산을 올랐을
리는 없다. 그렇다면 외치는 어
떤 이유로 눈 쌓인 알프스 산
맥을 넘으려고 한 걸까?

쿠데타를 피해 달아난 외치

몇 년에 걸친 연구 결과, 외치에 대한 좀더 많은 정보를 얻을
수 있었다. 외치는 가죽으로 만든 옷을 입고 전신에 61가지 문신
을 그린 상태였으며, 어깨에 화살을 맞은 것이 치명상이 되어 숨
진 것으로 추정됐다. 즉 타살된 것이었다. 발견 당시 빙하 속에서
냉동 건조되어 피부와 내장은 물론 혈액 속 DNA까지 완벽하게
보존되어 있었다. 미이라를 본격적으로 연구한 결과 고고학자들
은 외치의 복장과 장비들로 미루어볼 때 그가 족장이나 구리 세
공인과 같은, 당시 사회의 상류층이었을 것이라 추측했다. 심지어

외치의 유품으로 보이는 화살촉은 외치를 사망에 이르게 한 화살촉보다 훨씬 좋은 품질의 화살촉이었다. 외치가 소유했던 것으로 보이는 유품들과 지금까지 확인된 정보를 바탕으로 '그날 밤'의 사건을 재구성해보자.

5,000년 전 알프스 산맥을 둘러싼 지역에서는 구리 채굴과 제련 기술이 발달하면서 지역 간 교역이 활발해지고 부족 간 교류가 가속화되었다. 더불어 새로운 직업군이 생겨났고, 단지 사냥에 능숙하다는 이유로 맡았던 부족 지도자 자리는 새로운 기술을 가진 젊은이들이 차지하려고 했다. 권력 재편이 일어나고 있었던 것이다. 외치는 어린 시절부터 명석하고 용맹해 사냥 실력도 남달랐다. 그는 부족 구성원 누가 보더라도 지도자가 되기에 부족함이 없었고, 마침내 스무 살이 되기도 전에 부족을 이끌었다.

160cm의 훤칠한 키에 날렵하기 이를 데 없었던 외치는 특히 달리기에 능했다. 모든 것이 평화롭던 시기, 그러나 외치가 마흔다섯 살이 되던 해에 그 평화는 끝이 났다. 부족 구성원들은 구리 채굴과 제련 기술자들을 따르기 시작했고, 외치는 단지 지혜로움과 달리기 실력만으로 부족을 이끌기에는 점점 힘겨워졌다. 외치의 자리를 탐내던 이들과 충돌이 잦아졌고, 마침내 무리에서 축출되었다. 모든 이들에게 존경받던 외치는 어리고 젊은 이들과 창을 겨누며 격렬하게 싸워야 했다. 한때는 자신을 따르던 부족 구성원들은 그저 누가 이길지 싸움을 구경할 뿐이었고, 더러는 젊은 패거리를 응원하기도 했다.

외치는 투쟁 의지를 잃고 말았다. 아침이면 늘 올려다보며 진심을 다해 부족의 안녕을 기도했던 흰 산, 죽은 자들의 혼령이 모여 있을 거라고 믿었던 그 크고 높은 산 너머로 달아났다. 젊은 패거리들은 후한을 남기지 않으려는 듯 끝까지 외치를 쫓아왔다. 외치는 늙어서 관절염을 앓고 있었지만 여전히 빨리 달릴 수 있었다. 젊은 패거리는 멀리 달아나는 그를 향해 화살을 쏘았다. 운이 없게도 그중 하나의 화살이 외치의 어깨를 뚫고 들어왔다. 화살은 심장을 피했지만 치명적이었다. 흰 눈 위로 붉은 피가 쏟아졌다. 온몸의 상처로 인한 극심한 고통과 폐를 찌르는 차가운 공기… 한때는 그를 따르던 동료들의 차가운 눈빛이 외치의 마지막 숨통을 끊었다.

그는 결국 손에 쥔 구리 도끼를 땅에 떨어트리고 아무도 없는 외츠탈 계곡의 바위 옆에 쓰러졌다. 산을 넘지 못하고 쓰러진 그 대신 크고 밝은 보름달이 흰 산 너머로 지고 있었다.

몸에 지닌 상처와 일부 소지품에서 채취한 혈흔, 그리고 DNA 분석을 바탕으로 한 가상의 시나리오이지만 외치는 적대자들을 피해 홀로 알프스 산맥을 넘으려 했던 것은 분명해 보인다.

산으로 다가간 사람들

외치의 유골은 가장 높은 산악지대에서, 가장 오래된 미이라의 발견이라는 점에서도 흥미롭지만 외치가 살던 시대의 사람들에게

'산'이란 어떤 의미였을까 하는 호기심을 자극한다. 큰 산은 선사시대 사람들에게 경외의 대상이었고, 그래서 신화의 발원지이기도 하다. 비슷한 시기에 세계 각 지역 신화들은 산에서 발원했다.

그리스 신화에 나오는 올림포스 12신은 올림포스 산 정상에서 살고 있었으며, 당시 그리스인들은 코카서스Caucasus 산맥이 세상 끝의 경계선이라고 여겼다. 인간에게 불을 훔쳐다 준 댓가로 프로메테우스가 쇠사슬로 묶여 독수리에게 간을 쪼아 먹히는 형벌을 받은 곳이 바로 코카서스 산이었다. 시시포스Sisyphus는 그리스 아크로코린토스의 바위산에서 바위를 산 정상으로 끝없이 옮기는 형벌을 받는다. 당시 그리스 사람들에게 산은 여전히 인간들이 범접할 수 없는 신들의 세상이었다. 그리스 신화는 대략 4,500여 년 전부터 형성된 것으로 알려져 있다. 히말라야 산군의 봉우리 이름들도 대부분 신화와 전설, 종교적 상징에서 비롯된 것은 물론이다. 세계 최고봉인 에베레스트 산의 원래 이름도 티베트어로 '세계의 여신'을 뜻하는 '초모룽마Chomolungma'다.

신화가 지배하던 시대가 지나자 이제 사람들은 생존을 위해, 새로운 삶의 터전을 찾아 산에 오르기 시작했고, 산 너머의 사람들과 물물교환을 위해 고개를 통해 산을 넘기 시작했다. 그럼에도 산 정상만큼은 여전히 경건하고 신성한 영역으로 남겨두었다.

산을 넘어 교역을 하는 일은 운송차량과 도로가 생기기 전에도 흔한 일이었고, 역사상 가장 오래된 교역로로 알려진 차마고

도는 기원전부터 이용되었다. 이는 우리나라도 크게 다르지 않았
다. 지리산의 장터목은 지리산 북쪽 함양 사람들과 천왕봉 너머
지리산 남쪽의 중산리 사람들 간의 교역의 장소였다. 산을 오르
고 건너는 일이 교역활동을 통해 일상생활 속으로 더 가깝게 들
어왔다. 그러나 여전히 산 정상 등정을 목표로 하는 일은 18세기
까지는 없던 일이었다.

산, 모험의 대상이 되다

알피니즘Alpinism이 2019년에 유네스코 인류무형문화유산 대표
목록에 등재됐다. '산에 오르는 일이 뭐 그리 대단한 일이라고…'라
고 생각할 수도 있다. 그러나 막상 거대한 벽처럼 느껴지는 흰 눈
을 뒤집어 쓴 검은 산을 보면 누구라도 그 생각이 달라질 것이다.
나에게는 그린델발트에서 처음 올려다본 아이거 북벽이 그랬다.
1938년 하인리히 하러와 헤크마이어 등이 초등한 이래 아이거 북
벽을 오르다 사망한 사람이 지금까지 60명이 넘는다. 도대체 무엇
이 이들을 목숨을 담보로 하면서까지 산에 오르게 한 걸까?

알프스 지역에서 가장 높은 봉우리인 몽블랑(4,807m)에 인
간이 처음 오른 것은 지금으로부터 무려 250여 년 전 일이다.
250여 년 전이었으니 제대로 된 장비가 있을 리 없는 그때 위대
한 모험가들은 알프스 최고봉 몽블랑에 도전했고 정상에 섰다.

근대 알피니즘의 태동이다.

알프스의 심장 샤모니 시내 한복판 광장에는 발머1와 소쉬르2
의 동상이 있다. 알피니즘을 이야기할 때 맨 앞자리로 불러와야
할 인물들이다.

발머는 자연과학자 소쉬르의 후원으로 1786년 몽블랑을 최초
로 오른 사람 중 한 명이다. 이들의 몽블랑 등정은 비록 수정 채광
과 학술적인 탐사 목적이 있었지만 외치처럼 목숨을 구하기 위한
피신도 아니고, 부사라 무리처럼 생존 영역을 확장하기 위한 것
도 아닌, 미지의 세계를 향한 순수한 도전이라는 측면에서 최초

1 자크 발머(Jacques Balmat)는 샤모니의 등산 가이드였으며, 의사 미셸 파가르(Michel
   Paccard)와 함께 1786년 몽블랑을 초등했다.
2 오라스 베네틱트 드 소쉬르(Horace-Bénédict de Saussure)는 스위스의 자연 과학자로 1786년
   발머의 몽블랑 등정을 후원했으며, 1787년에는 몽블랑에 직접 오르기도 했다.

의 근대적인 등산이라고 할 수 있다. 영령들이나 악마들이 모여
사는 두려움의 대상이었던 산이 마침내 인간의 영역으로 내려와
순수한 모험의 대상이 된 첫 번째 기록이다.

몽블랑 초등과 관련해서는 처음에는 발머의 단독 등정으로 알
려졌으나 동행한 의사 파가르 역시 스스로의 힘으로 정상에 올랐
으며, 오히려 발머보다 한 발 앞서 등정했다는 사실이 나중에 알
려졌다. 명예나 상금에 초연했던 파가르 초등 사실은 150년 후에
세상에 알려지면서 샤모니에는 파가르의 동상도 함께 세워졌다.
파가르와 발머의 초등 이듬해에는 초등 후원자인 소쉬르도 직접
몽블랑을 오르게 되는데 당시 그가 부린 짐꾼이 20여 명, 이불(침
낭이 아니다!)이 무려 68kg, 그 외 장작더미와 사다리 등의 도구를
들고 올라갔다고 하니 지금의 최첨단 등반 장비와 비교해보면 전
설 같은 이야기라고 할 수 있다. 몽블랑 최초의 등정이 비록 학술
적인 목적이었다고는 하나 250년 전 5,000m에 가까운 고봉을 빙
하와 만년설, 크레바스를 지나 등정했다는 사실은 새삼 놀라운
역사적인 사건이었다.

아웃도어에
열광하는 DNA

진화 재연극과 프로그래밍된 DNA

이제 아웃도어의 기원에 대한 마지막 이야기를 할 차례다. 우리가 아웃도어 활동을 하면서 느끼는 몇몇 특별한 감정들에 대해서 '왜?'라는 질문을 던져보려고 한다. 이 질문에 대한 답을 찾아 가다보면 우리는 아웃도어의 기원에 좀더 가깝게 다가갈 수 있다.

캠핑이 취미인 사람들은 이구동성으로 캠핑의 꽃은 모닥불이라고 이야기한다. 모닥불을 피워놓고 릴렉스 의자에 앉아 물끄러미 불을 바라보는 것만으로도 사람들은 최고의 안식을 느낀다. 아직 캠핑에 입문하지 않은 주변 지인들에게는 텐트 안에서 듣는 빗소리의 아늑함을 설명하며 캠핑의 세계로 유혹하기도 한다. 장거리 하이킹을 마치고 나면 부사라가 그랬던 것처럼 새로운 삶의 터전을 찾은 듯 자아가 충만해진다. 어른들의 소꿉놀이라 할 수 있는 백패킹은 모든 것이 불편하기 짝이 없지만 야생에서 생존할 수 있는 자신을 발견하고 스스로 대견함을 느낀다. 오로지 야생

체험만을 즐기는 부시크래프트 역시 인기 있는 아웃도어 활동이
다. 이렇듯 우리는 아웃도어 활동에서 이성적으로 이해할 수 없
는 수많은 감정들을 느끼고 있다.

　몇 가지 사례를 더 찾아보자. 맛있다고 느끼는 것은 원래 맛이
있기 때문인가? 맛의 본질과 본성은 무엇인가? 더럽다고 느끼는
것은 정말 더러운 것인가? 불과 1분 전에 먹었을 테이블 위 음식
이 개수대로 옮겨가는 순간 오물처럼 느껴지며 불쾌감을 안겨주
는 이유는 무엇일까? 캠핑 테이블에서 개수대로의 이동이 물질
을 변화시킨 것일까? 우리는 왜 오래 걷고 난 후 육체적 피로감이
나 고통보다 뿌듯한 성취감을 더 오래 기억하는 것일까? 그냥 좋
아서, 또는 그냥 싫어서?

　도대체 아웃도어 활동에서 느끼는 이런 감정들은 어디에서 비

롯된 것일까? 우리는 누구에게서 감정을 배운 바가 없다. 그리고 세상 모든 일에 원래 그랬던 것은 없다. 원래 즐겁고, 원래 평온하며, 원래 맛있는 것 또한 없다. 그렇다면 혹시 이 모든 것은 뇌 활동의 조작 아닐까? 인간은 왜 아웃도어라는 야생에서 재연극을 벌이고, 거기에 열광하는지 그 이유에 대해서 알아보자.

인간만이 가진 특징은 여러 가지다. 앞서 살펴본 직립보행, 유대감, 그리고 도구를 쓰는 능력, 복잡한 언어 체계와 상징을 만들어내는 창의력… 유발 하라리 식으로 얘기하자면 거짓말-신화를 만들어내는 능력도 포함시킬 수 있다. 그중에 하나를 더 보태라면 나는 서슴없이 '아웃도어 본능'을 들겠다. 현대 인류의 아웃도어 활동은 우리 조상들이 수백만 년 동안 생존을 위해 겪었던 일들과 본질적으로 다르지 않다. 멀리 걷고 오래 달리며, 더 넓은 땅으로 이주하기 위해 낯선 곳에서 잠을 자고, 추위와 포식자들을 물리치고 사냥감을 익혀 먹기 위해 모닥불을 피웠던 일들, 그리고 고난을 이겨냈을 때의 성취감까지. 넓게 보면 아웃도어 활동은 문화 활동에 속하지만 다른 어떤 문화적인 행위보다 직접 자신의 신체를 이용해 경험한다는 점에서 여타의 문화 활동과 차별성을 갖는다. 우리는 미술관을 찾거나 다른 사람의 연주를 감상하거나 스포츠 경기 중계를 보면서 즐거워하기도 하지만 그것은 타자의 활동을 관람하는 것이다. 그러나 주말 캠핑과 등산이 즐거운 이유는 내가 '직접 경험'하기 때문이다.

에너지를 최대한 많이 섭취하고, 소비를 최소화하는 것은 모든 생명체의 본능이다. 사냥이나 채취, 영역 지키기 등 생존을 위한 필수 활동이 아닌데도 걷고, 뛰고, 심지어 안전하고 편한 집을 떠나 불편한 곳에서 잠을 자는 행위는 어떤 동물에게서도 발견되지 않는다. 침팬지도 도구를 사용하며, 돌고래도 언어를 가지고 있고, 늑대도 무리들이 협력해 사냥한다. 그러나 인간만이 숲속에서 수백만 년간 이어진 진화의 재연극을 직접 연출하고 즐긴다. 칼 세이건은 숲에서 우리가 느끼는 친화력을 다음과 같이 표현했다.

인간은 숲에서 자랐습니다.
우리는 숲에게 자연스러운 친화력을 가지고 있습니다.
하늘을 향해 힘차게 뻗은 나무는 얼마나 사랑스럽습니까?

왜 인간만이 진화 재연극을 연출하고 그에 심취하는 것일까? 모든 답은 우리의 DNA 속에 있다. 멀리 걷고, 오래 달리고, 숲속에서 야영하는 것에 즐거움을 느끼는 이유를 우리는 DNA 속에서 흔적을 찾아볼 수 있다. 우리의 오감을 통해 입력되는 정보를 처리해 좋은, 또는 나쁜 감정으로 연결시키는 프로세스는 이성적인 영역에서 이루어지는 것이 아니라 DNA에 이미 프로그래밍 되어 있는 정보를 처리한 결과일 뿐이다. 수백만 년 동안 우리 인류 조상이 경험해서 터득한 정보 처리 프로세스를 DNA에 담아 우리에게 물려주었고, 우리는 물려받은 프로세스대로 정보를 처리한다. 꽃을 아름답게, 향기를 기분 좋게 느끼는 것은 꽃이 곧 탐스러운 열매를 맺기 때문이다. 유기물에서 나는 썩은 냄새를 고약하다고 느끼는 것은 먹으면 식중독을 일으키게 될 가능성이 높은 부패한 음식이기 때문에 기피하라고 우리 조상들이 DNA에 프로그래밍 했기 때문이다.

다행스럽게도 인간의 뇌는 2진수로 이루어진 컴퓨터 연산 처리 방식과는 다르다. DNA의 프로그램만으로 우리가 '작동'되고 있다면 그것은 상상만으로도 끔찍한 일이다. 인류 공통의 DNA에 프로그래밍된 정보 처리 결과를 재가공 없이 모든 사람이 똑같이 받아들이지는 않는다. 개체의 후천적 경험과 교육, 그리고 속해 있는 사회 규범 등이 DNA 연산 결과를 재해석한다. 그러나 태어나서 처음 접하는 정보에 대해서는 개별 개체의 정보 재해석 프로세스보다 인류가 공통으로 물려받은 DNA의 정보처리 결과가 우선하고, 더 많은 영향을 미친다. 예를 들어 어린아이들은 대부분 단것을 좋아하고 식감이 물컹한 음식을 싫어한다. 이것은 동서고금을 막론하고 비슷하다.

우리의 어린 시절을 되돌아보자. 아마도 대부분의 독자들은 어린 시절 물컹한 식감의 생굴과 가지 무침을 좋아하지 않았을 것이다. 삭힌 홍어를 즐겨 먹는 어린아이도 없다. 이유는 간단하다. 아직 후천적인 경험이 충분하게 축적되지 않은 어린 나이에는 개

체의 경험에 따른 개별적인 정보 재해석보다 우리의 DNA에 공통
적으로 프로그래밍 되어 있는 정보 처리 프로세스를 본능적으로
따르게 된다. 먹이가 될 만한 유기체들은 부패하면 대부분 물컹해
지고 메탄가스가 발생해 냄새를 풍기는데 이런 정보가 수백만 년
동안 우리의 DNA에 저장되어 왔다. 먹어도 되는지 확신이 없다
면 물컹하고 냄새가 나는 유기체는 우선 기피하도록 프로그래밍
되어 있는 것이다. 이런 인간의 반응은 성별과 인종, 경제적 소득
수준과 사회적 지위와 무관하게 거의 동일하게 나타나는 현상이
다. 인류는 황인종이나 흑인이나 백인이나 모두 루시와 부사라의
DNA을 똑같이 물려받았기 때문이다.

'불멍' DNA를 찾아서

그렇다면 '불멍'은 우리 DNA의 어떤 프로그램이 작동하는 것
일까? 우리는 공통적으로 '불'에 대한 강렬하고도 원초적인 노스
텔지어를 가지고 있다. 인류가 불을 사용하기 시작한 것은 적어
도 140여만 년 전이다. 현생 인류의 직계 조상인 호모 에렉투스
는 번개에 의한 자연발화에서 최초의 불씨를 얻었을 것이다. 불
은 천적으로부터 무리를 보호해주었으며, 어두운 밤 빛이 되어
야간에도 활동할 수 있었다. 특히 불로 음식을 익혀 먹는 방법을
터득한 후 뇌의 발달에 결정적 역할을 하게 되는 단백질을 풍부

하게 섭취할 수 있었다.

그러나 불은 호모 에렉투스나 호모 사피엔스만의 전유물은 아니었다. 네안데르탈인 역시 불을 사용했다. 다만 그들은 불을 이용해 고기를 익혀 먹지 않았던 것으로 알려졌다. 그에 비해 호모 사피엔스는 사냥한 고기와 씨앗을 익혀 먹어서 더 많은 에너지를 얻을 수 있었고, 익힌 음식을 더 오래 보관해 더 좋은 영양 상태를 유지할 수 있었다. 불의 활용 수준은 호모 사피엔스와 네안데르탈인의 이후 운명을 가르는 중요한 단서가 된다. 네안데르탈인과의 경쟁에서 이기고 지구에서 유일한 인류가 된 우리는 더 오래 걷고, 더 멀리 달릴 수 있다는 유리한 신체적 조건과 더불어 불의 활용 능력에서도 우위에 있었던 것이다.

불은 인류의 언어 능력 발달에도 크게 기여했다. 비교적 최근 연구 결과에 따르면 네안데르탈인 역시 발달된 설골[1]을 가지고 있어서 상당히 복잡한 언어 구사능력을 가진 것으로 알려졌다. 그러나 호모 사피엔스가 그들에 비해 더욱 복잡한 언어 구사 능력을 발달시킬 수 있었던 것은 해부학적인 발성 기관의 발달 이외에도 모닥불이 한몫했다. 네안데르탈인보다 더 큰 무리를 짓고 살던 호모 사피엔스는 불을 중심으로 빙 둘러앉아 음식을 나눠 먹으며 무리의 소속감을 높였다. 어린 자는 사냥 경험이 많은 늙

1 혀의 뼈. 입 안쪽 인두와 후두, 식도 입구를 연결하는 'U자형' 뼈로 혀와 목 근육을 움직여 씹은 음식을 목구멍으로 넘기거나 혀를 움직여 소리를 내는 역할을 한다..

은 자의 이야기에 귀를 기울였고, 경쟁 관계에 있는 친척 무리들의 장단점을 공유했다. 나뭇잎이 떨어지고 첫 서리가 내리면 해가 뜨는 쪽의 두 번째 계곡으로 맘모스 떼가 지나갈 것이라는 것도 무리들에게 설명했다. 눈앞에 없는 사물과 현상을 설명해야 했으므로 상징과 추상 능력이 발달하게 되었다. 수만 년에 걸친 이런 무리의 습성 덕분에 자연스럽게 높은 수준의 어휘력을 가지게 되었을 것이고, 복잡한 상황을 설명하기 위해 언어 구조도 더욱 정교해졌을 것이다. 이런 일들이 모두 불 앞에서 이루어졌다. 이에 비해 춥고 어두운 밤 네안데르탈인은 다음날의 열량 4000kcal만큼을 사냥하기 위해 휴식을 취할 수밖에 없었을 것이다. 밤에 모여서 나누는 대화는 그들에게 그저 에너지 낭비일 뿐이었다.

호모 사피엔스는 모닥불을 중심으로 둘러앉아 유대감을 키웠고, 언어 능력을 발달시켰으며, 다음 날 더 강력한 집단으로 발전할 수 있었다. 인류가 가진 뛰어난 사회성과 소통 능력은 오랜 세월 동안 모닥불을 둘러싸고 수다를 떨었던 결과인 셈이다. 캠핑장 모닥불 주위에 옹기종기 둘러앉아 꼬치를 구워 나눠먹으며 행복해 하는 오늘날의 우리들 모습은 수십만 년 전 모닥불 주위에 둘러앉은 호모 사피엔스 무리와 크게 다르지 않다. 20만 년 전 호모 사피엔스에게나, 21세기의 우리에게나 불은 같은 의미를 가지고 있다.

DNA의 자기기만 프로그램과 러너스 하이

정상에 오르기 위한 등산이나 장거리 하이킹이 매순간 즐거움으로 가득 찬 것은 아니다. 오히려 더위와 추위, 발가락 통증과 벌레 물림 등으로 고통스러울 때가 더 많다. 숨이 턱밑까지 차오를 때는 다시는 산에 오지 않으리라 다짐하기도 한다. 그러나 그 다짐은 그때뿐이다. 주말 북한산에 가보면 백운대나 위문 쪽 가파른 길을 오르는 사람들은 숨을 헐떡이고, 더러는 가파른 길 앞에서 투덜거리기도 한다. 그들 모두가 오늘, 처음 그곳에 왔을 리는 없다. 적어도 아웃도어 활동에서는 우리는 단기기억상실증 환자인 것이다.

높은 산에 오르거나 먼 길을 걷고 나면 흔히 성취감이라는 표현으로 우리는 스스로를 대견해 한다. 마라톤과 같은 달리기 취미를 가진 사람들은 '러너스 하이runner's high'라는 표현을 종종 사용한다. 러너스 하이는 극한적인 육체적 활동으로 엔돌핀을 증가시키고 도파민이나 세로토닌 등의 물질 분비가 왕성해지면서 피로감과 통증을 느끼지 못한 채 계속 달릴 수 있게 되는 상태를 말한다. 도파민은 인간의 중추신경계에 있는 신경전달물질로서 주로 즐거움, 쾌락, 성취감 등을 주관한다. 이는 달리기에만 해당하지 않는다. 수영, 사이클, 하이킹 등 장시간 지속되는 운동이라면 러너스 하이와 비슷한 경험을 할 수 있다.

도요새가 1만 km를 날아서 겨울을 나고, 고래가 해마다 2만 km

를 헤엄쳐서 새끼를 키우는 것은 종의 번식과 DNA의 전달을 위한 것이다. 인류를 제외한 어떤 동물도 러너스 하이를 경험하기 위해 재미삼아 하릴없이 뛰거나 날거나 헤엄치지 않는다.

그렇다면 인간은 왜 자칫 몸이 망가질 수 있는 격렬하고 지속적인 육체 활동에서 피로감과 고통 대신 쾌감을 느끼도록 각종 호르몬 등 신경 물질을 분비하는 것일까? 이것은 아마도 먹이사슬의 가장 아래 단계에서 수백만 년 동안 생존 투쟁을 벌여온 인류 진화의 산물일 것이다. 날카로운 송곳니와 강력한 힘을 발휘하는 근육도 없는 인류의 조상들은 오랫동안 달려야만 생존할 수 있었고, 그러기 위해서는 신체의 과부하 상태를 스스로 속이도록 각종 신경물질들을 분비해야 했을 것이다. 개체의 생존은 후손들에게 DNA를 전달하기 위한 것일 때에만 의미가 있는 것이며, 그래서 개체의 감각과 기억은 수백만 년 동안 코딩된 DNA의 자기기만 프로그램을 이기지 못하는 것이다.

2부

인사이드
아웃도어

If you're going to San Francisco Be sure to wear some flowers in your hair
만약 샌프란시스코에 간다면 머리에 꽃을 몇 개 꽂고 가세요.
All across the nation such a strange vibration People in motion
온 나라에 그런 새로운 분위기가 넘치고 사람들은 활기차죠.
There's a whole generation with a new explanation
새로운 얘기를 하는 세대가 있죠.
— 스콧 메켄지, 〈*San Francisco*〉

1968년 빅뱅과
라이프스타일 혁명

Connected! 모든 것은 연결되어 있다. 자연 속에서도 우리는 우리를 둘러싼 사회 현상과 항상 연결되어 있다. 사회 현상은 계속 변하고 트렌드는 때로는 회귀하기도 한다. 아웃도어 문화도 그 흐름에서 자유로울 수 없으며, 아웃도어 비즈니스 현장도 부침을 반복한다.

아웃도어 비즈니스와 브랜드의 성장 과정에서 일어난 비하인드 스토리, 그리고 많은 이들에게 강렬한 영감을 준 사건들, 관련 없어 보이는 것들을 서로 연결해본다.

여명의 시대, 그리고 라이프스타일 혁명

호모 사피엔스가 아프리카를 벗어난 지 12만 년이 지났고, 최종적으로 아메리카 대륙에 도달한지도 1만 5,000년[1]이 지났으며, 외치가 알프스를 오르다 쓰러져 미이라로 남은 것도 5,000년이 지났다. 그동안 인류는 걷고, 뛰고, 그리고 산에 오르며 생존 영역을 확장해왔다. 모든 활동은 야외(아웃도어)에서 이루어졌고, 대부분은 생존을 위한 열량 섭취가 그 목적이었다. 단순히 생존을 위한 활동을 넘어서 하나의 문화로서 아웃도어 개념이 나타난 것은 대략 20세기 전후의 일이며, 본격적으로 산업화가 시작된 것은 제2차 세계대전 이후의 일이다.

1930년대 대공황 시기를 거쳐 1945년 제2차 세계대전이 끝난 후 동서 냉전체제는 더욱 공고해졌고, 체제의 우월성과 전후 경제성장이 모든 가치에 우선했다. 세계적 규모의 전쟁 이후 일어난 한국전쟁과 베트남전쟁은 사회 문화적인 유연성을 더욱 약화시켰고, 미국에서는 매키시즘[2] 광풍이 불었다. 사람들은 반역자라고 낙인찍히지 않기 위해 숨죽여야 했고, 전쟁통에 생겨난 딱딱하기 이를 데 없는 사회적 규범과 문화에 복종해야 했다. 억압된 대중들의 열망은 60년대의 빅뱅을 준비하고 있었다. 해가 뜨기 직전이 가장 춥고 어두운 법이다.

1970년대를 목전에 둔 1968년, 전 세계의 반쪽은 2차 대전 후 왕성한 탐욕으로 자본주의가 급속하게 성장하고 있었고, 다른

---

1 최근 연구에 따르면 인류의 아메리카 대륙 진출 시기가 점점 더 거슬러 올라가고 있다. 한 예로 멕시코 중부 치키우이테 동굴에서 발견된 석기 유물들은 3만 3,000년 전 것으로 밝혀졌다.

2 매카시즘(McCarthyism)은 1950년 미국 공화당 상원의원이었던 조셉 매카시의 선동으로 시작되어 1954년까지 미국을 휩쓴 공산주의자 색출 열풍. 그에게서 공산주의자라고 지목을 받은 학자, 배우 등은 모두 직장을 잃고 사회적으로 매장되었다.

반쪽은 전체주의적 사회주의가 체제의 우월성을 강조하며 서로를 향해 으르렁거리고 있었다. 동남아시아 인도차이나 반도에서는 베트남과 미국이 10년째 전쟁을 벌이고 있었으며, 그 10여 년 전에는 카스트로와 체 게바라를 중심으로 한 게릴라 부대가 쿠바 혁명을 일으켜 정권을 장악했고, 미국의 턱 밑에서 새로운 사회주의 실험을 한창 벌이고 있어서 미국은 항상 신경질적인 반응을 보였다. 동서간의 체제 경쟁은 사회 시스템을 더욱 경직시켰고, 대중들의, 특히 전후 젊은 세대들의 사회 문화적 피로도가 빠르게 누적되고 있었다.

1968년은 바야흐로 혁명의 해였다. 기존의 가치와 질서에 저항하며 프랑스 파리에서 시작된 68혁명은 정치권력을 재편하는 혁명이 아니라 사회 문화 전반에서 1, 2차 세계대전과 그에 따른 국가주의적 이데올로기, 권위주의적인 가치관을 완전히 뒤바꾸는 라이프스타일 혁명이었다. 그런 점에서 68혁명은 20세기의 르네상스라고 할 수 있다. 혁명의 최종 목표가 기존 권력을 무너뜨리고 새로운 권력을 획득하는 것이라고 한다면 68혁명은 실패한 혁명으로 평가할 수 있지만 50년도 더 지난 오늘에 이르기까지 저강도 여진은 계속되고 있다.

1968년의 빅뱅은 자연주의적인 삶의 방식(라이프스타일!), 반전 평화주의, 개인의 창의성과 문화 다양성, 소수자의 인권 등의 키워드를 탄생시켰고, 이후 강남 좌파쯤 되는 1990년대의 보보족이나 2000년대의 히피라고 할 수 있는 힙스터, 2010년대의 노마드 세대[3]들에게까지 그 영향력을 미치게 된다.

우드스탁 페스티벌과 히피

정치적 권력을 획득하는 '혁명'은 실패하였으나 1968년 빅뱅은 새로운 '우주'를 탄생시켰다. 혁명의 여진은 이듬해를 넘기면서 1970년대를 날카롭게 관통했고 반전 평화운동, 생태주의, 여성주의, 소수자 운동 등으로까지 발전하게 된다. 동서 냉전 체제 아래 단 두 개의 이데올로기와 거기에 부역하는 주류 가치관에 균열이 생기고 오늘날의 다양한 아젠다를 가진 시민운동이 탄생한 밑거름이기도 하다.

시위와 점거 투쟁만 있었던 것은 아니다. 이듬해인 1969년 8월 15일부터 3일간 미국 뉴욕주 북부 베델 근처 화이트 레이크의 한 농장에서 '3 Days of Peace & Music'이라는 구호 아래 우드스톡 페스티벌Woodstock Music and Art Fair이 열렸다. 전후 경제 성장을 최고 가치로 여기던 기성세대와 전혀 다른 자유, 사랑, 평화라는 가

---

3 모종린 교수는 《인문학, 라이프스타일을 제안하다》(지식의숲, 2020)에서 근대 이후 서구에서 나타났던 대표적 라이프스타일을 다음 6가지로 설명한다. 물질주의 시대를 연 부르주아(18~19세기), 예술에서 물질의 대안을 찾은 보헤미안(19세기), 물질주의에 반기를 든 히피(1960년대), 인권·환경을 중시한 보보(1990년대), 대량생산·소비의 대안을 고민한 힙스터(2000년대), 공유경제와 이동성을 강조하는 노마드(2010년대)

치를 중요하게 여기는 젊은 세대들은 제니스 조플린의 절규에 한 목소리로 호응했고, 지미 헨드릭스의 기타 연주에 열광했다. 온갖 새로운 사조들이 뒤엉켜 용광로처럼 녹아들었고, 거기에 히피 문화가 서서히, 그러나 완연하게 그 모습을 드러냈다. 특별한 경전을 가지거나 단일한 행동지침을 가진 조직이 없었지만 히피 문화는 획일적인 사회 규범에 지쳐있던 1960년대 젊은 세대를 완전히 다른 가치관으로 인도했다.

히피 문화가 끼친 영향은 사회적으로 대단히 광범위했다. 한때 히피 문화에 심취했고 그 자신도 스스로 히피였다고 밝힌 스티브 잡스는 어느 인터뷰에서 히피가 되었던 이유를 묻자 "매일 우리 눈에 보이는 이상의 무언가가 있다는 걸 느꼈기 때문입니다"라고 대답했다. 히피 문화는 그런 것이었다. 도그마를 만들지 않은 채 마치 큰 수족관에 가득 찬 물을 서서히 물들이는 한 방울의 인디고 블루 염료처럼 1960년대를 기점으로 한 시대의 방향을 새로운 방향으로 이끌었다. 특정 이즘ism으로 체계화되지 않은 채 이렇게 강력한 영향을 끼친 문화사조는 전례 없는 일이었다.

디자인과 패션 트렌드에서도 히피의 영향은 뚜렷했다. 기성사회의 관습적 도덕을 거부하며 개인의 가치에 따라 개성 표현을 자유롭게 추구하는 히피 문화는 자연주의적인 양식의 독특한 복식과 생활 방식을 만들어냈다. 히피 문화의 자연주의적 가치관은 특히 아웃도어 정서와 많은 부분 교집합을 이루는데 이런 탓에 오늘날까지도 독특한 아웃도어 디자인 트렌드로 이어지고 있다.

우드스탁 페스티벌이 시작된 1969년부터 미국은 지긋지긋한 베트남전쟁에서 철수를 시작했다. 용광로 같았던 1960년대 말 청년기를 보낸 세대들은 1970년대에 들어서며 아웃도어 비즈니스가 본격적인 하나의 카테고리로 성장할 수 있었던 원동력이었다. 자유와 사랑, 평화의 기치를 내걸었던 그들에게는 편안함과 안정감이 느껴지는 집이 유일한 안식처가 아니었으며, 더이상 중산층으로의 진입만이 삶의 목표도 아니었다. 이제 그들은 자연 속으로 뛰쳐나갈 준비가 되어 있었다. 고객이 있는 곳에 산업이 성장한다. 그들을 확고한 고객층으로 삼은 아웃도어 브랜드들도 이제막 생겨나기 시작했다.

1968년의 위대한 여행

1968년은 또한 전혀 다른 곳에서, 전혀 다른 방식으로 현대 아웃도어 비즈니스의 서막을 알리는 역사적인 여행이 있었던 해이다. 요세미티 계곡의 1세대 반란자[4] 무리의 한 명이었던 파타고니아의 창업자 이본 쉬나드Yvon Chouinard와 노스페이스의 창업자 더글라스 톰킨스Douglas Tompkins, 세계적인 스키 선수이자 코치였던 딕

---

4 75쪽 '클라이밍과 아웃도어의 사회사' 참조.

도워스Dick Dorworth, 그리고 친
구 두 명을 더해 다섯 명의
젊은이들은 폭스바겐 미니
버스를 직접 운전하며 6개월
간 샌프란시스코에서 칠레
파타고니아까지 역사적인 여
행을 떠나게 된다. 익스트림
아웃도어 여행의 결정판이라
고 할 수 있는 이들의 여행은

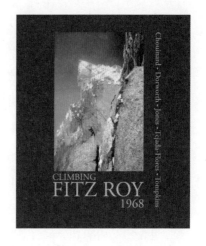

태평양 연안에서는 서핑을, 남미 고산지대에서는 알파인 스키를
타며 남쪽으로 내려가는데 목적지였던 파타고니아에 이르러서는
마침내 피츠로이에 신루트를 개척하며 등정에 성공한다. 이들의
피츠로이 등반 기록은 2013년 파타고니아 북스에서 《Climbing
Fitz Roy 1968》이라는 제목으로 출판되기도 했다.

한편으로는 낭만적이었던 이들의 모험적인 긴 여행은 〈Moun-
tain of Storms〉[5]라는 다큐멘터리로 제작되어 아직까지도 아웃
도어 마니아들에게는 고전으로 여겨지며 많은 영감을 주고 있다.
훗날 파타고니아 보존 운동이라는 사회적 메시지를 담아 〈180
Degrees South: Conquerors of the Useless〉라는 다큐멘터리

---

5 〈Mountain of Storms〉 전체 영상은 파타고니아 공식 유튜브 채널에서 볼 수 있다.

로 다시 만들어졌다.

여행 당시 이본 쉬나드는 작은 대장간에서 사장이자 공장장 일을 하고 있었고, 더글라스 톰킨스는 샌프란시스크 해변에서 작은 등산용품점을 운영하고 있었다. 이 여행은 아직 20대 후반, 30대 초반의 치기어린 나이의 그들에게 인생의 전환점이 될 만한 깊은 영감을 안겨 주었다. 파타고니아의 이본 쉬나드와 노스페이스의 더글라스 톰킨스는 아웃도어 장비 제조업으로 크게 성공했고, 파타고니아의 대자연에 깊이 감동한 그들은 평생을 환경보호운동에도 앞장섰다. 이후 더글라스 톰킨스는 노스페이스를 매각한 후 영화 제작과 환경보호 운동에 전념했으며, 파타고니아의 무분별한 개발을 원천적으로 막기 위해 사유지를 사들여 칠레 정부에 귀속시켰다. 안타깝게도 더글라스 톰킨스는 2015년 그가 그토록 사랑했던 파타고니아의 한 호수에서 카약 전복 사고로 사망했다. 사망 후 그는 칠레로 귀화했으며, 칠레 파타고니아 국립공원의 작은 묘지에 묻혔다.

우연일 수도 있겠지만 68년의 이 위대한 여행을 다녀온 후 그들의 사업은 더욱 승승장구했고 오늘날의 파타고니아와 노스페이스가 태어난 배경이 되었다.

클라이밍과
아웃도어의 사회사[1]

히피와의 동맹, 요세미티의 황금시대

세계대전 이후 경제 성장과 단란한 가정만이 최고의 가치라고 여기는 주류문화와 가치관이 팽배한 사회 분위기에 젊은 세대들은 문화적 피로감이 쌓여 갔다. 사회 주류에 끼고 싶지 않은 이들은 다른 대안 라이프스타일을 찾기 시작했다. 그중 좀더 모험적인 젊은이들이 고루한 사회 관습과 중력마저 거스르는 반란을 도모하며 1950년 중반부터 요세미티 계곡에 몰려든다. 수직으로 1,000m나 솟아오른 엘캐피탄과 랜드마크인 하프돔이 있는 요세미티 계곡에 당대의 내로라하는 암벽 등반가들이 모여 들기 시작한 것이다. 권위주의적인 관습 따위와는 담을 쌓고 지내는 그들에게 요세미티 계곡은 해방구였다. 그들은 스스로를 반란자, 미

1　아르놀트 하우저가 쓴 《문학과 예술의 사회사》 제목을 차용했다. 문학과 예술을 사회사적인 관점에서 분석했듯이 1950년대 중반 이후 요세미티에서 벌어진 일들을 사회사적 관점에서 바라보기 위함이다.

치광이, 얼간이, 공상가, 괴짜라고 불렀다.

암벽 등반의 시조새쯤 되는 존 살라테[2]는 당대 클라이머들의 정신적 지주였으며, 스승이었다. 요세미티 1세대 클라이머들은 시조새의 몸짓을 따라 배우며 1,000m 절벽에서 날갯짓을 하기 시작했다.

요세미티의 아름다운 경관은 클라이머들뿐 아니라 경제적 안정을 이룬 중산층들도 불러들였는데 가족 단위 관광객들 눈에는 그저 사회부적응자들로 보였을 뿐이다. 그도 그럴 것이 클라이머들 중 일부는 밤낮 가리지 않고 술에 취해 있었으며 마리화나를

2 존 살라테(John Salathé)는 스위스에서 나서 미국으로 귀화한 미국 1세대 암벽 등반가다. 피톤을 최초로 개발한 그는 자신의 장비를 이용해 요세미티에서 거벽 등반 시대를 열었다. 그가 개발한 피톤을 보고 파타고니아의 이본 쉬나드도 장비를 만들기 시작했다.

입에 물고 다녔다. 자신의 아이들이 그런 모습을 본다는 것은 매우 불경스러운 일이다. 지금도 크게 다르지 않지만 당시 클라이머에게는 제도권 문화에 대항하는 정서가 깊게 자리 잡고 있었으며, 마침 미국 사회는 히피 문화가 젊은 세대들에게 광범위하게 확산되고 있었다. 요세미티 클라이머들에게도 히피 문화와 가치관이 영향을 미친 것은 당연한 일이다.

요세미티는 등반가들끼리의 격렬한 내부 경쟁 이외에도 중산층 관광객들과의 잦은 마찰, 위험한 무허가 등반과 야영에 대한 사법 경찰관의 단속 등으로 늘 소란스러웠다. 여기에 히피들이 가세해 요세미티는 문화 반란군의 해방구 역할을 했고, 레인저들은 불순하며 반체제적인 이들을 시시때때로 해산시키려 했다. 크고 작은 충돌은 1970년 7월 4일 독립기념일에 마침내 폭동 수준으로 악화되었고 기마 경찰관과 방위군까지 투입되어 대대적인 진압에 나섰다.[3] 요세미티 등반가들과 히피족은 한 편이 되어 저항했지만 무장한 경찰력을 이길 수는 없었다. 이 사건을 계기로 1950년대 중반부터 시작된 요세미티 황금시대를 열었던 1세대들은 계곡을 떠났고, 결국 황금시대도 저물었다.

---

3 1970년의 폭동을 'The Stoneman Meadow Riot'라고 한다. 이 사건을 계기로 미국의 국립공원 관리 정책이 재정비되었고, 현재의 요세미티 방문객 서비스 정책도 확립되었다.

스톤마스터The Stonemasters 시대

요세미티 폭동이 진압되고 정적이 감돌던 요세미티 계곡에는 새로운 세대들이 하나둘 다시 모이기 시작했다. 그들은 더욱 혁신적인 등반을 시도하며 요세미티의 스톤마스터 시대를 열었다. 1970대 초 요세미티 밖 미국 대도시에서는 연일 베트남전쟁을 반대하는 반전 평화시위가 벌어지고 있었고, 워터게이트와 같은 대형 정치적 스캔들이 일어났으며, 갑작스러운 지미 헨드릭스와 제니스 조플린의 사망에도 불구하고 사이키델릭 사운드는 젊은 세대를 사로잡고 있었다.

요세미티에 다시 모이기 시작한 클라이머들은 캠프 4를 본부로 하고 요세미티 황금시대를 연 1세대 선배들의 정신적 유산을 물려받았지만 전 세대들과는 차별적인 등반을 시도했다. 그중에서도 가장 독보적인 실력을 갖추고 리더 역할을 한 것은 짐 브리드웰Jim Bridwell이었다. 그는 1세대가 이루었던 클라이밍 성과를 단번에 뛰어넘었다. 워렌 하딩이 두 달 동안 올랐고, 로열 로빈슨이 일주일 만에 올랐던 엘캐피탄을 단 하루 만에 해치웠다. 요세미티 2세대 그룹은 더욱 실험적인 클라이밍을 통해 육체의 극한까지 스스로를 밀어붙였다. 그들은 클라이밍을 통해 내면을 탐험하는 승려이자 관습에 도전하는 히피였다. 지금은 일반화되었지만 자유 등반4이 클라이밍의 주류가 된 것도 이 시기였다. 출중한 등반 실력과 함께 눈에 띄는 외모를 갖춘 존 바커John Backar와 16세

에 불과했던 린 힐Lynn Hill과 같은 '요세미티 아이돌'도 이 그룹에
속한다. 황금시대 말 히피와의 문화적 정신적 동맹을 맺은 요세미
티 클라이밍 씬은 스톤마스터 시대에 들어 확고한 대중문화로 정
착하기 시작한다.

　요세미티의 스톤마스터 시대를 지나면서 아웃도어 산업은 본
격적으로 성장하기 시작했다. 산업 규모가 커지면서 그동안의 '구
멍가게'들은 하나의 브랜드가 되고 싶었고, 잘 단련된 몸매와 자
유분방한 가치관, 그리고 대중들의 관심을 끌만한 기이한 행동을
하는 클라이머들은 브랜드의 전도사로서 제격이었다. 게다가 클
라이머들은 기업 리더들의 젊은 시절 정신적 유산들을 계승하고
있었으므로 유대감마저 남달랐다.

힙스터 클라이머, 스톤 멍키The Stone Monkeys

　자유 등반 시대를 연 스톤마스터 세대에 이어 1998년부터는
보다 세련된 스타일의 클라이머들이 더욱 전위적인 등반을 시도
한다. 전세대 선배들인 스톤 마스터들에 대한 예의를 갖추어 스
스로를 조금은 우스꽝스럽게 '스톤 멍키'라고 불렀다. 요세미티

4　프리 클라이밍(Free Climbing)이라고도 부른다. 추락과 같은 사고에 대비하기 위한 안전 장비
　이외에 다른 장비를 사용하지 않고 맨몸으로 오르는 등반 방식이다. 대조되는 등반 방식은 인공
　등반(Aid Climbing)이 있다.

스톤 멍키의 첫 주자는 딘 포터Dean Potter였다. 딘 포터는 본격적인 솔로 클라이밍[5]을 시작한 최초의 클라이머였다. 딘 포터가 시도한 다양한 모험은 일반인들에게는 비정상으로 보인다. 솔로 클라이밍 이외에도 딘 포터는 죽음의 경계선에 아주 근접한 베이스 점프, 고공 슬랙라인(공중 외줄타기), 윙 슈트 등으로 전 세계 모험가들에게 늘 화제의 인물이었다. 2001년에는 엘캐피탄을 3시간 24분 만에 올라 세계를 놀라게 했지만 그는 거기에서 멈추지 않았다. 스피드 클라이밍, 하프돔 연속 클라이밍 등 다양한 도전을 이어가며 기록을 세워나갔다.

그러나 2006년 딘 포터는 메인 스트림에서 밀려나기 시작했다. 그 무렵 많은 아웃도어 브랜드들은 유명한 클라이머들을 자사의 엠버서더로 계약하고 후원하고 있었는데 당시 딘 포터는 파타고니아의 엠버서더였다. 2006년 딘 포터가 유타 국립공원에 있는 델리게이트 아치를 사전 허락 없이 솔로 클라이밍으로 올랐고, 이는 클라이밍 커뮤니티뿐 아니라 일반 대중들 사이에서도 큰 논쟁을 불러 일으켰다. 파타고니아는 논란이 계속되자 심사숙고 끝에 그와의 엠버서더 계약을 해지했다. 이 사건 이후 한동안 그를 후원하는 브랜드는 없었다. 그 후 딘 포터는 윙 슈트와 고공 슬랙

---

5 프리 솔로라고도 부른다. 암벽등반은 기본적으로 선등자가 추락했을 때 로프를 안전하게 확보해주는 파트너와 함께해야 한다. 솔로 등반은 그런 최소한의 확보가 없는 상태에서 혼자 등반하는 것을 말한다. 만약에 등반 중 균형을 잃는다면 땅바닥까지 추락하고 대부분 사망 사고로 이어지는 극한의 클라이밍 방식이다.

라인 등에 집중했고, 2014년에는 클리프 바Clif Bar도 딘 포터의 활
동은 너무 위험하다며 그의 후원을 중단했다. 딘 포터의 전위적
인 모험의 의미와 순수성을 고려하기에는 기업 입장에서 리스크
가 너무 크다고 판단한 것이다. 전위적인 도전이 거듭될수록 그는
주변부로 밀려났고, 그러던 중 안타깝게도 2015년 고향이나 다를
바 없는 요세미티에서 윙 슈트 사고로 사망했다.

솔로 클라이밍은 워낙 위험해서 극소수 클라이머들만이 시도
하고 있으며, 알렉스 호놀드Alex Honnold는 현재까지 이 분야에서
타의 추종을 불허하는 클라이머다. 노스페이스의 엠버서더이기
도 한 그는 요세미티의 막내로서 60여 년 전에 시작된 요세미티
반란자의 역사를 이어가는 중이다.

사회 규범의 경계선에서

사회 규범과 진취적인 모험이 항상 적대적인 관계는 아니지
만 대부분 충돌하기 마련이다. 모험가들의 도전은 일상의 영역
에서 이루어지는 게 아니므로 사회 구성원들이 충분히 합의하거
나 정의하지 않은 상태에서 벌어진다. 지금은 사회 저명인사가 된
60여 년 전의 요세미티 괴짜들도 마찬가지였다.

60여 년이 지난 지금, 요세미티 계곡은 무리를 지어 반란을 획
책하는 몽상가들은 없으며, 일반 관광객들과 캠프 4의 클라이머

들은 서로를 존중하면서 같은 공간에서 서로 다른 각자의 경험을 즐긴다. 그러나 여전히 반란자들에게는 사회 규범 이상의 자유가 필요하다. 그들은 7일로 제한되어 있는 요세미티 야영장 사용으로는 원하는 등반을 제대로 할 수 없다.

그러던 중 알렉스 호놀드는 묘안을 생각해냈다. 아예 숙식을 해결할 수 있도록 차를 개조하고 요세미티 국립공원 밖에서 잠을 자는 것이다. 물론 그럴 형편이 안 되는 클라이머들은 레인저들의 단속을 피해 숲속이나 바위틈에서 새우잠을 자고 다음 날 등반에 나서기도 한다. 우리나라 백패커들이 겪고 있는 합법과 비합법의 경계선에서의 어려움을 연상시키는 장면이다.

사회 규범의 경계선에서 벌어진 가장 비극적인 사건은 딘 포터의 윙 슈트 사고였다. 2015년 5월 16일 딘 포터는 그의 윙 슈트 파트너인 그래험 헌트와 함께 허가를 받지 않은 상태에서 요세미티에서 윙 슈트 비행을 시도했다. 요세미티 국립공원은 모든 윙 슈트 비행을 허용하지 않는다. 둘은 레인저들의 단속을 피하기 위해 막 어두워지려는 오후 7시 35분쯤 요세미티 밸리의 유명한 뷰 포인트인 태프트 포인트Taft Point에서 뛰어내렸으나 그의 연인이 기다리고 있던 착륙 예정 지점에 무사히 착륙하지 못하고 절벽에 부딪혀 모두 사망하고 만 것이다.

사회 규범의 경계선에서 요세미티에서 일어난 또 다른 사건은 파타고니아의 엠버서더 토미 콜드웰Tommy Caldwell과 아디다스가 후원하는 케빈 조거슨Kevin Jorgeson이 도저히 불가능할 것 같았던 엘캐피탄의 돈 월Dawn Wall을 처음으로 자유 등반으로 성공한 일이다. 딘 포터의 비극적인 사고와 대비되는 이 프로젝트 성공에 각종 대중 매체들은 그들의 도전 정신에 찬사를 보냈으며, 심지어 당시 오바마 정부는 트위터를 통해 공식적으로 축하 메시지를 발표하기도 했다. 안과 밖을 가르는 경계선은 머리카락보다도 얇다. 안으로 떨어지면 행운이지만 밖으로 떨어졌을 때는 자신의 모든 것을 잃어버리게 된다. 딘 포터는 사회 규범의 경계선에서 불행하게도 밖으로 떨어졌으며, 토미와 케빈은 박수갈채를 받으며 안으로 내려왔다.

어쨌거나 지난 60여 년간 요세미티 계곡에서 일어난 규범과 가치관의 충돌, 사회 문화의 변화와 새로운 트렌드 생성과 확산은 계곡 바깥세상과 연결되어 있었고 아웃도어 비즈니스와도 연동되어 있었다.

모험과 비즈니스의 동맹

이제 모든 게 갖추어졌다. 1955년부터 1970년까지 황금시대를 열었던 요세미티의 1세대들 중 일부는 미국의 중산층으로 편입되었고, 일부는 세계 각지의 고산을 찾아다니며 보다 현대화된 등반 기술을 갈고 닦았으며, 몇몇 영민한 이들은 본격적으로 아웃도어 비즈니스를 시작했다. 이본 쉬나드는 쉬나드 이큅먼트를 거쳐 블랙다이아몬드로 이어지는 등반 장비 회사와 파타고니아라는 의류 회사를 성공시켰고, 철학하는 클라이머 로열 로빈스는 자기 이름을 딴 로열 로빈슨을, 더글라스 톰킨스는 노스페이스를 본 궤도에 올렸다. 그들의 후배들인 1970년대 스톤마스터 세대들은 지금 표현으로는 힙스터 스타일까지 갖추고 있어 마치 록 스타처럼 미디어의 각광을 받았으며, 각종 매체의 표지 모델과 대기업의 제품 광고 모델로도 등장하게 된다. 대기업이 광고 효과를 위해 후원하는 스포츠 클라이밍 대회가 시작된 것도 이 무렵부터였다. 1990년대 이후 요세미티를 찾는 대부분의 유명 클라이머들은 이미 대형 아웃도어 브랜드의 엠버서더였으며, 그들의 등반 모습을 구경하는 갤러리들과 요세미티를 찾는 중산층 관광객들도 클라이머들이 입는 옷과 같은 브랜드의 옷을 입기 시작했다. 요세미티의 괴짜들이 치밀하게 계획한 바는 없으나 아웃도어 산업은 사회와 단절된 듯한 요세미티 같은 깊은 계곡에서 배양되고 있었던 것이다.

한국 백패킹
소사 小史

백패킹의 사전적 의미

하루 이상의 야영을 포함하는 모든 활동을 백패킹이라고 한다
면 수십 년도 더 된 대간 종주 산행도 백패킹이라고 할 수 있으
며, 족히 수백 년의 역사를 가졌을 약초꾼들의 약초 채취 활동도
백패킹이라고 할 수 있다. 그렇게 따지자면 군대 훈련의 일부인
행군도 백패킹이라고 불러야 하는 모순에 빠진다.

백패킹은 원래 '비싸지 않은 장소에 머물면서 배낭에 필요한
옷과 기타 물건을 들고 여행하는 활동'[1]을 의미한다. 우리가 흔히
쓰는 배낭여행과 같은 뜻이라고 할 수 있다. 그러나 이 책에서는
논점을 명확하게 하기 위해 백패킹을 '순수하게 걷기와 야영을 즐
기는 아웃도어 활동'으로 정의한다. 하루 이상의 야영 활동이 포

---

1 Cambridge Dictionary, "The activity of travelling while carrying your clothes and other
   things that you need in a backpack, usually not spending very much money and staying
   in places that are not expensive."

함되므로 야영 장비와 음식, 취사도구 등이 필요하다.

최근에는 백패킹이라는 단어보다 하이킹이라는 단어를, 백패커라는 명칭보다는 하이커라는 명칭을 선호하는 분위기다. 굳이 백패킹, 또는 백패커라고 하지 않고 하이킹, 또는 하이커라고 부르는 것은 두 가지 이유 때문이라고 생각한다. 우선 한국에서의 초기 백패킹 문화가 액티비티보다는 먹고 즐기는 정적인 캠핑 스타일에 영향을 받은 탓에 그런 문화를 식상해 하고, 그래서 구별되고 싶어 하는 기대가 반영된 것이 그 첫 번째 이유이며, 두 번째로는 걷는 행위를 더 중요하게 생각하는 액티비티 중심의 최근 트렌드가 반영되었기 때문이다. 백패킹과 하이킹의 차이점에 대해서는 이 책의 '트레일 용어사전'을 참조하길 바란다.

백패킹 문화의 물적 토대

앞서 1장에서는 수백만 년 동안 진화해온 우리 안의 아웃도어 DNA에 대해서 다양하게 살펴보았다. 우리가 관심을 가지는 것은 DNA에 조각조각 각인되어 있는 유닛이 아니라 완성된 어플리케이션이다. 개별적인 유닛은 서로 연결되지 않거나 반복적인 유형으로서 나타나지 않으면 '문화'라고 말할 수 없다. 예를 들어서 모닥불을 좋아하는 본능이나 비 오는 날 텐트 안에서 느끼는 안락함만으로는 '문화'라고 말할 수 없는 것이다. 그런데 DNA에 프로그래밍되어 있는 유닛이 서로 연결되고 하나의 문화 유형으로 정착되기 위해서는 사회적으로 물적 토대가 먼저 구축되어야 한다. 우리나라의 백패킹 문화도 그런 물적 토대의 구축 과정에서 생성되었고, 물적 토대의 변화에 따라 트렌드도 변화하고 있다.

국토가 좁고 산악지형이 많은 우리나라의 백패킹 대상지는 대부분 산이며, 활동 방식도 등산과 많은 부분을 공유하고 있어서 백패킹 역사를 돌아보려면 등산의 역사부터 알아봐야 한다. 우리나라의 등산 활동은 일제 시대로 거슬러 올라가 거의 100년의 역사를 가지고 있다. 일제 강점기 '백령회'나 '조선산악회'의 초기 산악 활동은 학술적 목적을 가진 탐사 활동인 경우가 많았고, 해방되던 해 설립된 '한국산악회'를 중심으로 본격적인 순수 등산 운동이 일어났다. 그러나 1950년대는 해방과 곧 이은 한국전쟁 등으로 삶의 여유가 없었던 시절이었고, 등산은 여전히 일부 지식인들의 시회詩會와 비슷한 수준이었다. 1950년대 중반 이후 각 대학교에 산악부가 만들어지고, 지역별로도 많은 등산 단체들이 조직되었으며 1962년에는 등산 단체의 전국 연합체인 대한산악연맹이 창설되었다. 바야흐로 등산이 국민 레저 활동이 되기 시작한 것이다.

1970년대에는 해외 고산 원정이 본격적으로 시작되어 1980~1990년대의 고산 등반 전성기로 이어졌으며, 8000m급 고산 등정은 마치 국제 마라톤 경기처럼 공영방송으로 중계될 만큼 국민들의 관심을 받았다. 그러나 고산 등반은 90년대를 정점으로 국민들의 관심사에서 멀어졌으며, 등산 문화에도 변화의 조짐이 일어나기 시작했다. 엘리트 체육이 생활 체육으로 확장되듯이 등산도 전문 산악인들에 대한 관심보다는 근교 산을 직접 찾는 방식으로 변화했고, 이에 따라 등산 인구가 급증하기 시작한 것이다. 산업적인 측면에서 그것은 긍정적인 신호였다.

1997년 IMF 사태는 많은 중년들을 산으로 불러 들였다. 대중교통 수단으로 닿을 수 있는 근교 산은 경제적 부담 없이도 중년들이 지친 심신을 달래기에는 안성맞춤이었다. 더 큰 변화를 가져온 것은 주 40시간 근무 제도 도입이었다. 2004년 1일 8시간, 주 5일 근무 제도가 처음 도입된 후 2011년에는 5명 이상 사업장 전체로 확대 적용되었다. 게다가 2007년에는 1인당 GDP가 2만 달러에 이르러 경제 규모로만 보자면 선진국 문턱에 들어선 것이다.

이제 대부분의 직장인들은 일주일에 이틀을 쉴 수 있었고, 생계
가 아닌 취미를 위해 아웃도어 관련 비용을 지출할 수 있는 경제
적 여유도 생겼다. 2010년을 전후로 본격적으로 1박 이상의 야영
을 포함하는 아웃도어 활동이 대중화될 수 있는 물적 토대가 완
성된 것이다.

전격적인 취사 야영 금지 정책

1990년 11월에는 우리나라 아웃도어 비즈니스와 문화에 큰 영
향을 준 정책이 실시되었다. 국립공원에서 취사와 야영이 금지된
것이다. 물론 한동안은 대피소 앞의 지정된 야영장에서 야영이
가능했지만 이 조치는 점차 강화되어 지금은 일체의 야영 행위가
금지되어 있으며, 대피소 이용만 가능하게 되었다. 1980년대 중반
부터 종주 산행를 주로 했던 나로서는 취사 야영 금지 정책의 입
안과 실행 과정이 불합리하고 지나치게 행정 편의주의라는 점에
서 불만이 컸다. 대부분의 산악인들도 공분했으나 국립공원의 자
연 유산을 어떻게 지켜나가야 하는지에 대한 정책 대안 제시도
부족해 오늘날까지 이어지고 있다.

이후에도 공원관리법, 산림보호법, 하천관리법 등이 촘촘한 그
물망처럼 작동하고 있어서 사실상 전 국토의 어디에서도 합법적
으로 취사와 야영이 불가능한 상태다. 환경 보호 측면이나 관리

시스템 미비 등 현재로서는 관련 법규의 전면적인 개정은 어려운 일이지만 상당수 인구가 백패킹을 즐기고 있다는 현실도 반영해야 할 시점에 이르렀다. 야생에서 캠핑과 걷기 활동이 건전한 국민 레저 활동의 하나라는 인식이 필요하다. 백패커 동호인들도 대한민국 헌법 제10조에 보장된 행복추구권이 있는 국민의 한사람이라는 점에서도 제도적 정비가 필요하다.

취사 야영 금지 조치는 우리나라 아웃도어 문화를 기형적으로 만드는 데 일조했다. 국민소득이 높아지고 여가 시간이 많아지면서 자연스레 삶의 질에 대한 관심도 커졌다. 삶의 질을 높이는 가장 좋은 방법은 자연 속에서 휴식을 취하거나 모험을 통해 자아를 실현하는 것이었다. 많은 사람이 주말을 이용해 문밖으로 나가기 시작했다. 자연을 즐기려는 아웃도어 활동의 수요도 급격히 높아지고 있었지만 그를 뒷받침할만한 제도와 사회적 인프라는 매우 열악했다. 난개발 속에 펜션들이 우후죽순처럼 생겨났고 안전과 환경 시설을 제대로 갖추지 않은 사설 야영장이 급증했다. 그러나 그것만으로는 수요를 감당하기는 어려웠다. 많은 사람들은 난민 수용소 같은 캠핑장이 아니라 자연 속에서의 모험을 원했고, 집단 욕망은 법의 사각지대로 밀려들기 시작했다.

'비박'[2]의 오용과 백패킹 1세대

2000년대 중반부터 주 5일 근무제가 정착되면서 캠핑 인구가 급증했다. 캠핑은 대부분 자기 차량으로 이동해야 하는데 해당 기간의 자동차 등록대수 증가 추이는 매우 가팔랐다. 국토교통부의 통계 자료에 따르면 IMF 사태 이후 주춤했던 자동차 증가 추이는 2000년 들어 다시 급증하기 시작했는데 2000년에는 1,206만 대, 2005년에는 1,540만 대, 2010년에는 1,794만 대로 10년 사이 무려 700만 대 가깝게 늘었다. 그러나 취사와 야영이 일체 금지되어 있는 현실에서 대부분의 캠핑 동호인들은 결국 전혀 자연스럽지 않은 사설 캠핑장을 이용할 수밖에 없었고, 야외 삼겹살 식당과 다를 바 없는 곳에서 기형적인 아웃도어 활동을 즐겨야 했다. 자연과의 교감이라는 아웃도어 활동의 본질은 전혀 찾을 수 없었다.

이런 열악한 환경 탓에 결국 풍선 효과가 일어났다. 전통적인 등산 방식대로 종주 산행을 하던 등산객들은 국립공원 뿐 아니라 산림관리법, 하천관리법 등으로 전 국토가 취사 야영이 금지된 후 오갈 데가 없어졌고, 급증한 캠핑 동호인들은 난민 수용소 같았던 캠핑장을 뛰쳐나오기 시작했다. 이러한 두 흐름이 합쳐지면서 야영지 헌팅과 숲속 캠핑을 즐기는 초기 한국 백패킹 문화

---

2 영어, 또는 불어 표기는 bivouac이며, 독일어로는 biwak으로 표기한다. 텐트를 사용하지 않고 정해진 야영지가 아닌 곳에서 지형지물을 이용해 하룻밤 지새우는 일을 뜻한다.

가 형성되었다. 그 풍경은 사설 캠핑장이 숲속으로만 바뀌었을 뿐이며, 백패킹이라기보다는 피크닉에 더 가까웠다.

우리나라에서 '백패킹'이라는 단어를 본격적으로 사용하기 시작한 것은 대략 2010년 전후다. 양대 포털 사이트 다음과 네이버에 국내 최대 백패킹 커뮤니티가 만들어진 것은 2009년과 2010년의 일이었다. 그러나 커뮤니티 개설이 백패킹의 시초라고 말할 수는 없다. 당시 포털 사이트는 자사의 트래픽 증대를 위해 커뮤니티 서비스를 강화하고 있었고, 전통적인 산악회들보다 아카이브가 절대적으로 부족했던 백패킹 동호인들은 부족한 정보 공유를 위해서라도 온라인 커뮤니티 활동에 보다 적극적이었다.

포털 사이트의 커뮤니티를 중심으로 백패킹 동호인들이 급증하기 전인 2000년대 초중반부터 기존의 전통적인 산악회 활동과는 다른 방식의 '비박 산행'을 하는 사람들이 있었다. 비법정 탐방로나 사유지 등에서 야영을 즐기던 이들의 활동은 산 정상을 목표로 하는 등산보다는 야영을 위해 등산한다는 점에서 기존의 산악회 활동과는 확연하게 구분되었다. '비박'이라는 용어를 오용하여 백패킹 대신 '비박 산행'이라고 불렀지만 그 내용에서는 백패킹과 크게 다르지 않았다. 굳이 '비박'이라고 부른 이유는 자신들의 활동을 기존의 등산 활동과 차별화시키고 싶었던 욕망이 자리 잡고 있었을 것이다. 이들은 수도권에서 가까운 경기도 지역을 중심으로 야영하기 좋은 포인트를 찾아다녔고, 거기에서 그들

만의 파티를 즐겼다. 법정 탐방로가 아닌 등산로는 한산했고, 사람이 찾지 않는 맑은 계곡은 그들만이 차지했으며, 잣나무를 조림한 숲속은 고즈넉했다. 결정적으로 이른 아침 화장실 앞에서 길게 줄을 서야 할 필요도 없었다. 대신 야영지에는 배설물들이 쌓여갔다.

기존의 전통적인 산악회 구성원들과 상당수 겹치는 이들은 등산 경험을 바탕으로 백패킹 전도사 역할을 했다. 이후 포털 사이트에 둥지를 튼 백패킹 관련 커뮤니티에서도 한동안 '백패킹 구루'로 대접받거나 '원로' 역할을 했는데, 이들의 역할은 비밀스러운 야영지를 공유하거나 해외 백패킹 장비를 추천하는 일이었다. 함부로 불을 피우거나 천렵을 하는 일은 아무렇지 않았다. 자신들의 활동을 전문 산악인들이 등반 목표를 달성하는 과정에서 어쩔 수 없이 밤을 지새는 '비박'이라는 용어로 부르면서 숲속으로 그룹 캠핑을 떠났다. 지속가능성이나 환경 보호 등이 아젠다가 되기에는 아직 이른 시기였다.

전통적인 산악회 활동과 달리 야영지를 목적지로 산행하던 이들이 굳이 따지자면 한국 백패킹의 1세대라고 할 수 있고 상당 기간 동안 한국 백패킹 문화에 부정적인 영향을 끼쳤다. 난민 수용소 같았던 사설 야영장에 식상한 캠핑 동호인들도 장비를 교체해 백패킹 대열에 동참하기 시작했다. 참고로 미국의 〈백패커 매거진 Backpacker Magazine〉이 처음 발행된 것은 1973년이었다.

백패킹 2세대, 커뮤니티로 뭉치다

2010년 전후 양대 포털 사이트의 트래픽 증대를 위한 커뮤니티 서비스를 강화하면서 다양한 주제의 커뮤니티들이 생겨났고, 당연하게도 그중에는 백패킹 관련 커뮤니티들도 많았다. 문화적으로 1세대 그룹에 강한 영향을 받은 2세대들은 포털 사이트의 커뮤니티에 모여들었다. 이들은 여전히 '야영지 헌팅'에 열을 올렸고, 해외 백패킹 장비의 구매 정보를 공유하면서 이제 막 백패킹에 입문하는 사람들의 정보 갈증을 해소시켜 주었다. 백패킹에 입문하기 위해서는 각 커뮤니티에 가입하는 일부터 시작해야 했다. 이들은 적게는 30분, 길게는 2시간을 걷고, 단지 하룻밤을 보

내기 위해 많은 캠핑 장비들을 산으로 가져갔으며, 그러기 위해
더 큰 배낭이 필요했다. 장비 업체들은 호황을 누렸고, 백패킹 전
문가라면 당연히 80리터 이상 110리터의 배낭을 짊어져야 했다.
이때까지도 스스로의 활동을 '비박'이라고 부르는 경우가 많았다.

은밀하게 공유하던 야영 장소들은 백패킹 동호인들이 급증하
면서 온갖 쓰레기와 소음으로 가득차기 시작했다. 많이 걷지 않
아도 되는 접근성이 좋은 위치, 그룹 캠핑을 위해 텐트를 여러 개
설치할 수 있는 넓은 공간, 나무가 우거진 고즈넉한 곳, 그리고 취
사와 야영 단속이 없는 곳. 이런 조건들은 두루 갖춘 곳은 그리
많지 않았다. 사람들은 그런 곳을 '백패킹 성지'라고 부르기를 주
저하지 않았고, 그런 성지를 많이 알고 있으면 하루아침에 백패
킹 전문가가 되었다. 문제의 심각성을 인식하지도 못한 상태에서
백패킹 대유행이 일어났다. 매주 반복되는 동일한 지표면에서의
야영으로 자연은 회복할 수 없는 상태가 되어가고 있었다. 사람
들은 야영지에 모여서 고기를 굽고 술을 마시면서 취사 야영 금
지 제도를 규탄했지만 합법적인 백패킹을 위한 제도 마련을 주장
하기에는 명분이 부족했다.

변화가 없는 반복적인 행위는 곧 지루해지기 마련이다. 다행스
럽게도 백패킹 2세대 그룹은 문제의 심각성을 인식하기 시작했고
변화를 시도했다. 2010년 중반을 넘어서면서 자성의 움직임이 생
겨났다. 국내에도 LNT Leave No Trace 환경윤리지침이 널리 알려지기

시작했고, 경량 백패킹이 시도되기 시작했다. 그러나 여전히 LNT 캠페인이나 경량 백패킹을 조롱하는 사람들이 있었다. 논쟁할만한 가치도 없지만 환경을 생각한다면 아예 산에 가지 말라는 식의 억지를 부리기도 했다. 대신 값비싼 해외 장비와 은밀한 야영지 몇 개만 알고 있으면 누구나 전문가가 될 수 있었으니 백패킹 전문가가 넘쳐나던 시절이기도 했다.

백패킹 3세대, 다양성의 시대를 열다

세상은 다시 변했다. 포털 사이트의 커뮤니티 중심으로 활동하던 사람들은 다양한 스타일을 시도하며 분화했다. 일부는 무거운 배낭을 벗어던지기 시작했고, 숲속 피크닉 스타일의 백패킹에 변화가 일기 시작했다. 더러는 좀더 모험적인 장거리 하이킹을 시도하기 시작했다. 지금까지의 백패킹 트렌드 변화 과정은 마치 모래시계의 형상과 같다. 산개해 있던 백패킹 활동이 포털 사이트의 커뮤니티로 모였다가 이제 다시 다양한 스타일로 분화되기 시작한 것이다.

이 시기에 처음으로 해외 장거리 트레일 종주가 시도되었다. 2015년 한국인으로는 처음으로 미국의 PCT를 종주한 사람들이 생겼고, 이후에도 매년 10여 명 이상이 PCT 종주를 다녀왔다. 뿐만 아니라 경량 백패킹인 BPL 스타일을 지향하는 백패커들도 늘어나기 시작했고 젊은 세대를 중심으로 확연한 흐름을 형성했다. 캠핑에서도 미니멀하고 심플한 캠핑 스타일을 선호하는 경향이 뚜렷해졌다.

플랫폼도 변했다. 포털 사이트의 커뮤니티 중심이던 플랫폼에서 개인의 스토리텔링이 가능하고 개성을 쉽게 표현할 수 있는 개인 미디어로 옮겨갔다. SNS는 IT 환경에 익숙하고 개성을 중요하게 생각하는 젊은 세대들에게 잘 맞는 미디어 환경이었다. 유튜브는 레가시 미디어 시대가 저물어 가고 있는 오늘날 직접 콘텐츠를 생산할 수 있는 사람들에게는 최적의 미디어 플랫폼이다. 텍스트와 이미지의 한계를 넘어서 영상과 음성으로 정보를 공유하면서 퍼스널브랜딩이 가능한 강력한 플랫폼 환경이 생긴 것이다.

가장 긍정적인 변화는 무엇보다도 높아진 환경의식이다. 백패킹에 관심을 가진 사람이라면 이제는 누구나 쓰레기를 함부로 버리는 것을 부끄럽게 생각한다. 더러는 여전히 숲속에서 고기를 굽고 남은 기름을 땅에 흩뿌리고, 음식물을 함부로 버리는 10여 년 전 사설 캠핑장 분위기를 연출하기도 하지만 적어도 누구나 그렇게 하지는 않는다. 뿐만 아니라 적극적으로 LNT의 지침을 지키려고 하며, 클린하이킹 등의 자발적인 캠페인을 벌이기도 한다.

반면 '백캠핑'이라는 우리나라만의 독특한 아웃도어 문화가 있다. 단어의 의미를 풀어서 보자면 배낭을 메고 가는 캠핑이라고 할 수 있다. 절묘한 신조어이기는 하다. 나는 이런 새로운 트렌드가 부정적이라고 생각하지 않을 뿐 아니라 삶의 질을 향상시키는 아웃도어 활동의 본질에 부합된다고 생각한다. 아웃도어 유형은 각 나라의 환경과 문화에 따라 형성되는 것이지 획일적인 기준이 있는 게 아니기 때문이다. 앞서 우리나라 백패킹 문화의 변화 과정을 간략하게 살펴보면서 이미 많은 사람들이 '백캠핑'을 즐기고 있다는 것을 알 수 있었다. 번잡한 캠핑장 풍경에 식상한 캠퍼들이 본격적인 백패킹은 부담스럽고, 편하고 캐주얼하게 즐길 수 있는 스타일을 찾은 것이 백캠핑이다. 중요한 것은 우리가 책임 있는 공동체의 한 시민으로서 스스로를 자각하고 있는가다.

아웃도어 활동의 종류에 따라, 취미 활동의 종류에 따라 그 좋고 나쁨을 판단할 수는 없다. 중요한 것은 활동의 내용과 결과가 타인에게 피해를 주지 않는지, 그리고 환경에 미치는 영향이 없는지를 책임 있는 시민의 한사람으로서 살펴봐야 한다는 것이다. 우리는 같은 시대, 같은 영역에서 살아야 하는 공동체의 구성원이며, 우리가 누리는 자연 환경은 후손들에게 빌려다 쓰는 것임을 잊지 말아야 한다. 특히 아웃도어 동호인들은 자연으로부터 더 많은 혜택을 누리고 있다. 이 혜택이 후손들에게도 고스란히 전해지도록 하는 것은 우리들의 몫이다.

BPL은
일시적 유행인가?

팬시 BPL과 라이프스타일 BPL

경량 백패킹을 의미하는 BPL Backpacking Light은 아마도 백패킹에 관심을 가진 사람이라면 누구나 들어보았을 단어일 것이다. BPL 스타일에 찬성하거나 반대할 수는 있겠지만 분명한 하나의 백패킹 스타일로 자리 잡은 것은 부인할 수 없는 사실이다. 그런데 아쉬운 점은 BPL을 팬시한 트렌드로 이해하는 경향이다. 사실 BPL은 단순히 패킹 무게만으로 판단할 수 없는 총체적인 방법론이다. 예를 들어 스테인리스 스틸 소재의 숟가락을 티타늄 스푼으로 교체해 얻을 수 있는 경량화 효과는 불과 10g 내외다. 그러나 백패킹 의자를 가져간다면 배낭 무게는 500g~1kg이 증가한다. 단순히 가지고 있는 장비를 경량 장비로 대체하는 것이 BPL의 핵심이 아니다. 필요한 것과 원하는 것을 분별할 줄 아는 게 BPL의 핵심이다.

BPL은 백패킹 스타일 혹은 방법론이지만 심플한 라이프스타일이기도 하다. 백패킹이나 캠핑, 혹은 장기간 여행을 갔을 때도 짐을 간결하게 꾸릴 줄 아는 사람들이 있다. 간결해 보이는 배낭을 막상 열어보면 필요한 장비가 다 있고, 기내 반입이 가능한 아담한 캐리어에는 적재적소에 필요한 소품들이 꺼내기 좋게 수납되어 있는 것을 보면 나는 아름다움마저 느껴진다. 이처럼 백패킹의 BPL 스타일은 우리로 하여금 '간결함의 아름다움'을 깨닫게 한다. 무게에 집착하는 도그마가 아니라 아웃도어 활동과 라이프 스타일에서의 간결함! '미친듯이 심플'[1]이라는 일관된 방향성으로서 BPL을 재발견하는 즐거움이 여기에 있다.

BPL 간략사

BPL의 역사를 거론할 때 빠질 수 없는 인물 세 명이 있다. 엠마 게이트우드, 레이 자딘[2], 그리고 라이언 조단이라는 인물이다. 그 중 가장 먼저 BPL의 시조새 격인 게이트우드 할머니에 대해서 알아보자.

'게이트우드 할머니'라는 애칭을 가진 엠마 게이트우드는 장거리 트레일의 전설 같은 인물이다. 경량 백패킹의 개념조차 없

---

1 《미친듯이 심플Insanely Simple》(문학동네, 2014). 애플의 브랜드 전략과 스티브 잡스의 디자인 철학에 관한 켄 시걸의 책 제목이다. 나는 simple을 '단순하다'보다 '간결하다'로 종종 해석한다.

2 레이 자딘(Ray Jardine)은 미국의 암벽 등반가이자 발명가, 장거리 하이커다.

던 시절인 1955년 67세의 나이
로 3,500km의 아팔라치안 트레
일을 여성으로서는 최초로 종주
했다. 당시 그녀는 스니커즈 운동
화 차림으로 군용 담요와 레인코
트, 비닐 샤워 커튼을 자신이 만
든 허름한 보따리에 넣고 어깨에
맨 채 종주했다. 그 후 아팔라치
안 트레일을 세 번 더 종주하게

되는데, 최초의 여성 종주자, 최초의 3회 종주자, 최고령 종주자
(1963년 75세)의 기록을 가지고 있다. 그녀는 장기 트레일에서 약
9kg 이하로 짐을 제한했는데 이것은 오늘날 장거리 하이킹 패킹
무게의 기준이 되기도 했다. 사실 지금은 장비 소재가 발전하고
더 가벼워져서 9kg 이하로 패킹하는 것은 매우 간단한 일이다.

　이론과 실전의 모든 면에서 BPL의 구루라고 할 수 있는 레이
자딘은 원래 유명한 클라이머였다. 1979년 요세미티 엘캡 서벽
을 최초 자유등반해 자유등반의 새 장을 열었다. 레이 자딘은
1981년 엘캡의 노즈Nose를 자유등반하려고 했지만 홀드가 전혀
없는 킹 스윙 펜듈럼 구간에 끌과 망치로 홀드를 만들어 이후 거
센 비판에 직면하게 되고 결국 노즈 프리 클라이밍을 포기했다.

　이후 레이 자딘은 PCT와 같은 장거리 트레일을 경량 백패킹으

로 종주하는 시도를 하고 1996년
에는 《Pacific Crest Trail Hikers
Handbook》을 출판해 본격적으
로 경량 백패킹을 주창하기에 이
른다. 그가 제시한 백패킹 방법론
은 지금까지도 PCT, CDT, AT 등
수천 km에 이르는 장거리 트레
일 종주자들에게는 교과서와 같
은 큰 영향을 미치고 있다. 그는
텐트를 경량 타프로 대체하고, 무거운 침낭 대신 가벼운 블랭킷
으로 대체하며, 수개월에 이르는 장기간의 백패킹에서는 모든 장
비와 식량을 처음부터 끝까지 짊어지지 않고 구간별 우체국을 이
용한 자력 보급을 제안했다. 그의 핵심 철학은 '짐을 줄이고 더 빨
리, 더 멀리 가자'는 것인데 당시 주류 비평가들에게는 지나치게
급진적이며 위험한 것으로 간주되기도 했다. 그러나 1960년대 말
이본 쉬나드에 의해 클린 클라이밍이 주창되고, 1970년대 말 프
리 클라이밍이 주류 등반사조가 되었듯이 경량 백패킹은 장거리
트레일에서 백패킹의 주요 방법론이 되었다.

BPL이라는 단어가 본격적으로 등장한 것은 경량 백패킹의 전
도사였던 라이언 조단이 2001년 'backpackinglight.com'을 설
립한 이후라고 할 수 있다. 라이언 조단은 11세이던 1981년 보이

스카웃이 되면서 야외생활에 흥미를 느꼈고, 1989년부터 직업적인 백컨트리 가이드를 시작했으며, 2001년에는 〈Backpacking Light Magazine〉이라는 온라인 매거진을 만들었다. 그가 만든 웹 매거진이자 커뮤니티 사이트인 BPL에서는 20여 년간 축적된 경량 백패킹에 관한 다양한 콘텐츠들을 찾아볼 수 있다. 라이언 조단이 직접 작성한 기사도 있지만 회원들이 공유하는 특정 제품과 새로운 소재에 대한 정보도 매우 유익하다.

가장 자연친화적인 백패킹 스타일

한국에서는 대략 2010년대 중반부터 BPL을 지향하는 백패커들이 생겨나기 시작했다. 그러나 여전히 BPL을 하나의 단순한 '유행'으로 간주하는 분위기가 강하며, 값비싼 경량 장비로 대체하는 것을 BPL로 오해하는 경우가 많다. 나는 BPL이 몇몇 장비를 교체하는 것으로 흉내낼 수 있는 팬시 트렌드가 아니라 하나의 독립적인 스타일이자 문화이며, 고정된 방법론이 아니라 지향해야 하는 방향성이라고 생각한다. 일부 사람들은 BPL을 단지 선택일 뿐이라고 주장하는데, 옳고 그름의 문제가 아니므로 이 주장은 일면 타당하다. 그러나 여기에는 혹시 자연과의 교감을 원하기보다 산에서 더 많은 음식을 먹고, 더 많은 술을 마시겠다는 욕심이 개입된 것은 아닌지 되돌아볼 필요가 있다. 우리는 지난 수십 년간 너무 무겁게 메고 다녔고, 너무 많이 먹었으며, 너무 많이 마셨다.

모든 백패킹이 BPL 스타일이어야 한다는 주장은 일종의 도그마일 수 있으므로 경계해야 한다. 그러나 길을 걷거나 야영을 하는 것도 즐거운 일이지만 배낭 무게를 줄이는 습관을 기르는 일, 출발하기 전 미니멀하게 배낭을 꾸리는 일도 그에 못지않은 즐거운 경험이다.

또한 장거리 트레일이 미국 환경에나 어울리는 방법이지 한국 실정에는 맞지 않는다는 주장도 있다. 이 역시 타당한 주장이다. 그러나 거친 산악 지형이 대부분인 한국의 자연 환경에는 오히려 BPL 스타일이 어울릴 수 있다. 크고 무거운 배낭 차림으로 가파른 비탈길을 오르고 잡목이 우거진 숲길을 걷는 것은 더 많은 위험 요소를 안고 있다.

흔적을 남기지 않는 BPL은 가장 자연친화적인 백패킹 스타일이다. 일찍부터 BPL이 시작된 미국이나 일본에서도 패킹 무게 기준으로만 BPL을 이해하는 형식주의적 경향이 강하다. 그러나 형식주의를 벗어난다면 우리의 BPL은 가장 자연친화적인 백패킹 스타일로 더욱 진화할 수 있을 것이다.

장비 의존성으로부터 벗어나기

BPL이 우리에게 주는 또 다른 긍정적인 요소는 '장비 의존성'에서 자유로워진다는 것이다. 백패킹 동호인들의 술자리나 그룹 백패킹을 갔을 때 대화의 많은 부분은 장비에 관한 것이다. 그리고 대화를 마치고 돌아와 다른 사람이 가진 장비를 검색하고 장바구니에 담는다. 가볍고 비싼 장비를 갖추는 일에 몰두하고 주변에 자랑하고 싶기도 하다. 새로운 장비를 구입하는 일은 즐거운 일이고, 그것을 테스트해보기 위해 다음 주말에 백패킹을 떠날 생각을 하면 일주일이 신난다. 나 역시 그런 사람 중 한 명이다.

장비를 모두 갖추지 않으면 떠날 수 없는 아웃도어 활동이 있기는 하다. 동계 침낭이 없으면 겨울 백패킹은 감히 엄두를 내기 어렵고, 발에 잘 맞는 가벼운 등산화가 없으면 장거리 하이킹은 괴로운 경험이 된다. 그러나 장비는 모험의 동기가 되지 않으며, 도전은 내면의 자유의지에서 비롯된다. 그리고 모두에게는 각자 자기만의 모험이 있다. 목숨을 걸고 8,000m 고산을 오르는 전문 산악인들의 모험도 있지만 불필요한 장비를 과감하게 집에 두고 가볍게 떠나는 것도 우리에게는 작은 모험이다. 약간의 모험은 우리의 경험을 더욱 풍요롭게 만든다. 이런 경험이 축적되면 어느새 더이상 장비에 의존하지 않는 스스로를 발견하게 된다. 나는 의존성에서 벗어나는 자유가 BPL의 가장 큰 덕목이며, 우리에게 주는 가장 큰 선물이라고 생각한다. 모든 관계에서 내가 주인이 될 때 비로소 우리는 더 많은 것을 얻을 수 있다. 장비로부터 나를 자유케 하면 다음 날의 배낭은 더 가벼워질 것이다.

어렵지 않은 BPL

BPL을 하려면 배낭 무게가 반드시 9kg[3] 이하여야 하는가 반문할 수 있다. 나는 이 질문에 망설임 없이 그렇지 않다고 대답한다. 물론 BPL 씬에서 권장하는 무게가 있고 나름 기준이 있지만 마치 권투 선수가 경기 전에 계체량을 하듯이 반드시 9kg 이하로 맞추어야 하는 것은 지나치게 교조적이다. 중요한 것은 필요한 장비만을 최소한으로 가져가는 것이다. 그를 위해서는 약간의 경험과 실험이 필요하다. 예를 들어 겨울 백패킹을 통해 본인의 추위에 대한 내성이 어느 정도인지를 확인한다면 지나치게 크고 무거운 침낭을 가져가지 않아도 될 것이다.

BPL이 쉽지 않은 이유 중의 하나는 식습관과 관련이 있다. 한국인의 식생활 문화는 서양인과 많이 달라 음식 때문에 짐이 더 무거울 수도 있는데 좀더 생각해보면 길어야 2박 3일의 백패킹 일정에서 꼭 쌀로 밥을 짓고, 국을 끓여야 할까? 꼭 산에서 장시간 화석연료를 연소시키며 고기를 구워 먹어야 할까? 그것은 혹시 낡은 관습이지 않을까? 자문할 필요가 있다. 건조 쌀(알파미)이 아닌 생쌀로 밥을 지을 경우 더 큰 코펠과 더 많은 물이 필요하며, 더 많은 연료가 필요하다. 특히 우리가 선호하는 국물 요

---

3 경량 백패킹에서는 기본 장비 무게 기준으로 보통 20lbs(약 9kg)를 넘지 않기를 권장한다. 10lbs(약 4.5kg)를 넘지 않는 UL(Ultra Lightweight), 극단적으로는 5lbs(약 2.3kg) 이하의 기본 무게로 패킹하는 SUL(SuperUltraLight) 방식을 시도하는 경우도 있다.

리 역시 더 많은 물이 필요하고, 더 오래 끓여야 하며, 그만큼 더 많은 연료가 필요하다. 결정적으로 음식 쓰레기가 남을 가능성도 높아진다. 백패킹 식단을 바꿔보자. 분명히 야영지 저녁을 즐겁게 하는 더 풍미 가득한 레시피가 있을 것이다. 보다 간편하고 가벼운 나만의 백패킹 레시피를 찾는 일은 백패킹의 즐거움을 더 크게 만들어줄 것이다. 나는 개인적으로 알파미를 베이스로 청양고추를 썰어 넣은 젓갈류나 강된장을 주로 가져간다. 뜨거운 밥에 그냥 얹어 먹어도 맛있고 무게는 몇 십 g 수준이다. 물론 라면도 좋은 메뉴다.

또 처음 경량 백패킹을 시도하는 경우 가장 흔히 놓치는 부분이 의류와 식량이다. 대부분의 사람들은 스토브나 텐트의 무게에는 관심이 많지만 의류의 무게에는 별 관심이 없다. 그러나 의류는 생각보다 무겁다. 얇은 반팔 티셔츠 한 장의 무게가 보통 150g 내외이며, 한끼 식사를 해결해줄 수 있는 라면 한 개의 무게보다 무겁다. 내 배낭의 무게가 줄지 않는다면 여분의 의류를 너무 많이 챙긴 것은 아닌지 확인해보자. 약간의 불편을 감수한다면 더 가벼워진 배낭은 걷는 내내 더 많은 것으로 보답해줄 것이다.

"Go Light Get More!"

아웃도어 브랜드 흥망성쇠와
가치지향적 소비

화무십일홍

열흘 가는 꽃이 없다는 말이 있듯이 10년 가는 브랜드도 쉽지
않은 일이다. 평소 좋아하는 브랜드가 어느 날 갑자기 사라지는
경우도 있으며, 잘나가는 브랜드도 언젠가는 내리막길로 접어든
다. 더러는 애초의 정신은 간데없고 매출에만 급급한 싸구려 브
랜드로 변질되어 실망하기도 한다.

알프스를 중심으로 한 산악 활동과 북유럽을 중심으로 극지
방 탐험 활동이 활발했던 유럽은 일찍부터 아웃도어 브랜드들이
생겨났다. 마무트Mammut, 옵티머스Optimus, 프리머스Primus, 한바그
Hanwag, 하그로프스Haglöfs 등은 100년이 넘는 역사를 가지고 있
다. 이에 비해 비교적 짧은 역사를 가지고 있는 북미 브랜드들은
대부분 1960년대 이후에 설립되었다. 그나마 1900년 설립되어
주로 가솔린 램프를 만들던 콜맨Coleman이 가장 오래된 미국의 아
웃도어 브랜드 중 하나다.

100년 이상 장수하는 브랜드가 있는 반면 잠시 나타났다가 사라진 브랜드들도 셀 수 없이 많다. 아웃도어 브랜드의 흥망성쇠와 관련하여 내가 기억하는 가장 충격적인 장면은 고라이트GoLite의 갑작스러운 파산 소식이었다. 고라이트에 대해서는 116쪽에서 좀 더 자세히 다루었다.

우리가 알던 브랜드는 우리가 알던 회사가 아니다

글로벌 아웃도어 브랜드들의 합종연횡은 빈번한 일이다. 한국의 아웃도어 브랜드는 기업공개가 되지 않은 개인 회사이거나 가족이 소유한 경우가 많고 산업 기반도 취약한 편이라 안정적이지 못한 경우가 많다. 이에 비해 안정적인 시장을 가진 해외 글로벌 브랜드들은 투자 자본 전략에 의해 인수와 합병이 빈번하게 이루어진다.

2014년 6월 19일 쌤소나이트가 등산용 배낭으로 유명한 그레고리Gregory Mountain Products를 인수한다는 발표가 있었다. 쌤소나이트는 이미 2013년에 아웃도어 가방 브랜드인 하이시에라High Sierra를 인수한 데 이어 그레고리를 8천 500만 달러(약 900억 원)에 인수했다. 인수 당시 그레고리는 3,060만 달러(당시 환율 기준 약 310억 원)에서 2013년 14.3% 증가한 3,490만 달러 (당시 환율 기준 약 350억 원)의 매출을 올렸다. 하이시에라와 그레고리를 인수하

면서 쌤소나이트는 여행용 가방에서부터 전문 등산용 배낭과 캐
주얼 가방에 이르기까지 다양한 포트폴리오를 가지게 되었다.

그레고리는 원래 블랙다이아몬드를 소유하고 있던 클라루
스 코퍼레이션Clarus Corporation이 소유한 브랜드였다. 클라루스는
2010년에 블랙다이아몬드와 그레고리를 1억 3,500만 달러에 인
수한 바 있다. 클라루스는 현재 블랙다이아몬드 이외에 총알을
생산하는 시에라 불릿Sierra Bullets과 산악구조용 비콘을 생산하는
오스트리아의 핍스PIEPS를 소유하고 있다.

아크테릭스Arc'teryx와 같은 프리미엄 브랜드는 특히 많은 투자
자들의 관심을 받는다. 2001년에 살로몬Salomon이 아크테릭스를
매입했으며, 매입 당시에는 아디다스Adidas가 소유하고 있었다. 스
포츠 브랜드인 아디다스는 아웃도어 시장 진출에도 관심이 많아
서 2011년 암벽화 제조사인 파이브 텐을 2,500만 달러(당시 환
율 기준 약 260억 원)에 인수하기도 했다. 현재 아크테릭스는 핀란
드에 기반을 둔 아머 스포츠Amer Sports가 소유하고 있으며, 아머
그룹이 소유하고 있는 글로벌 브랜드들은 살로몬 이외에 아웃도
어 시계 브랜드인 순토Suunto, 스포츠 용품 브랜드인 윌슨Wilson, 유
럽의 아웃도어 의류 브랜드인 피크 퍼포먼스Peak Performance 등이
있다. 더 흥미로운 사실은 아머 그룹은 중국의 안타 스포츠Anta
Sports Products Limited의 자회사라는 점이다. 불과 1994년에 설립된
안타 스포츠는 아크테릭스를 포함하여 25개의 브랜드를 거느린

초대형 공룡이 되었으며, 2019년 기준으로 매출 20억 7,000만 달러(한화 약 2조 4,000억 원)의 글로벌 기업이다.

유럽의 선두주자들

앞서 이야기했듯이 유럽은 다른 어느 대륙보다 아웃도어 문화와 비즈니스가 일찍 시작되었다. 유럽 역시 브랜드가 만들어진 후 끊임없이 합종연횡을 하였고, 인수 합병을 통해 공룡 회사들이 등장했다.

유럽 아웃도어 시장의 가장 대표적인 회사는 스위스의 마무트 Mammut Sports Group AG다. 마무트는 1862년에 설립된 세계에서 가장 오래된 아웃도어 브랜드 중 하나인데 등반용 로프를 만드는 회사로 출발했다. 2003년 등산화 전문 브랜드인 라이클Raichle[1]과 노르웨이의 침낭 전문 브랜드인 아융기락[2]을 인수하면서 사업 규모를 크게 확장했다. 2006년에는 독일의 헤드램프 브랜드인 루시도

---

[1] 한때 꽤 인기 있었던 라이클 등산화는 마무트가 인수한 지 6년 만에 자체 브랜드는 사라지고 마무트 풋웨어로 통합되었다. 재미있는 일화로는 소설 《와일드》에서 주인공 셰릴 스트레이드(Cheryl Strayed)가 PCT를 종주하면서 신었던, 그리고 한쪽을 벼랑에서 떨어뜨린 후 화가 나서 마저 집어 던진 등산화가 라이클 등산화였다. 영화에서는 같은 제품 대신 미국 Danner가 제작한 등산화를 소품으로 사용했다.

[2] 1855년 설립된 아융기락(Ajungilak)은 세계에서 가장 오래된 침낭 브랜드로 원래 단열 및 건축 자재를 생산했으며, 1890년부터 침낭을 만들기 시작했다. 마무트에 합병된 후에는 마무트 이름으로 침낭이 나오고 있다.

Lucido를 인수했다. 루시도의 헤드램프 TX1은 2006년 아웃도어 인더스트리 어워드를 수상했는데 당시 한국에서도 선풍적인 인기를 끌던 제품이었다. 지금 나오는 마무트의 헤드램프는 루시도의 유전자를 이어받았을 것이다.

북유럽을 대표하는 브랜드로는 피엘라벤Fjällräven이 있다. 북극 여우를 뜻하는 피엘라벤은 1960년 설립된 스웨덴의 대표적인 아웃도어 의류, 장비 브랜드다. 원래 가족 회사로 출발해 배낭을 만들기 시작했고, 점차 라인업을 늘려 나갔으며, 내구성이 우수하고 내추럴한 디자인으로 북유럽 국가에서 인기가 높다. 피엘라벤은 피닉스 아웃도어Fenix Outdoor International AG에 속한 브랜드다. 피닉스 아웃도어는 피엘라벤 이외에도 등산화 전문 브랜드인 한바그Hanwag, 나침반으로 유명한 브런톤Brunton, 전문적인 등산 의류 브랜드인 티에라Tierra 등을 소유하고 있으며, 2002년에는 1892년 설립된 스토브의 명가 프리머스Primus를 인수하기도 했다. 다소 의외의 브랜드로는 미국의 암벽등반가 로열 로빈스Royal Robbins가 자신의 이름을 따서 설립한 의류 브랜드 로열 로빈스도 피닉스 아웃도어에 속해 있다. 피엘라벤은 2012년부터 미국 시장 진출을 시도하고 있다.

유럽의 아웃도어 브랜드가 미국 시장에서 성공한 사례는 매우 드문데 피엘라벤은 어떤 성과를 낼지 궁금하다. 유럽 브랜드가 미국 시장에서 크게 성공하지 못하는 이유는 여러 가지가 있겠지

만 우선 유럽과 미국의 자연 환경이 다르다는 점을 그 첫 번째 이
유로 들 수 있다. 북유럽은 추위와 눈보라 등의 거친 환경에서 이
루어지는 아웃도어 활동을 고려해 제품을 만드는 반면, 미국은
대부분 건조한 날씨에서 즐기는 아웃도어 활동을 고려해 제품을
만드는 경향이 강하다. 디자인 측면에서도 유럽은 북유럽 특유의
감수성이 반영된 디자인을 선호하는 데 비해 미국은 실용성을 중
시하는 제품이 인기가 높다. 영업 방식에서도 많은 차이가 있다.
미국의 경우 보통 지역마다 세일즈 렙Salesrepresentative을 두고 영업
활동을 하는데 미국 로컬 브랜드가 당연히 영업력에서 크게 우
위를 차지하게 된다. 세일즈 렙이라고 영어로 얘기하면 세련되어
보일지 몰라도 그냥 우리말로 하면 '지역 총판'쯤 되는데, 이들이
미국 유통에서 차지하는 영향력은 아주 막강하여 세일즈 렙이
누구인지에 따라 미국 시장 진출 성공 여부가 좌우되기도 한다.

북유럽의 또다른 대표 브랜드는 하그로프스Haglöfs다. 이미 많
이 알려져 있지만 1914년에 설립된 스웨덴의 하그로프스는 아식
스ASICS가 소유하고 있다. 세계적인 스포츠 브랜드인 일본의 아식
스는 아웃도어 시장 진출을 위해 2010년 하그로프스를 전격 인
수했다.

정수기로 유명한 스위스의 카타딘 그룹Katadyn Group은 카타딘 이
외에 건조식량 브랜드인 알파인에어AlpineAire, 자외선을 이용한 정
수기로 한때 주목받았던 스테리펜Steripen 등을 소유하고 있으며,

2007년에는 프리머스의 경쟁 브랜드였던 스웨덴의 스토브 브랜드인 옵티머스Optimus를 인수했다.

북유럽 출신의 브랜드보다는 조금 늦게 출발했지만 1930년 설립된 프랑스의 라푸마 그룹Lafuma Group도 유럽에서는 아웃도어 비즈니스의 선두 그룹에 속해 있다. 배낭 생산으로 출발한 라푸마 그룹은 라푸마 브랜드 이외에도 밀레Millet, 아이더Eider와 같은 빅 브랜드를 소유하고 있다. 라푸마 그룹에 속한 브랜드들은 한국 시장에서 희비가 엇갈리고 있는데 라푸마는 몇 해 전 한국 시장에서 철수했고, 밀레와 아이더는 서로 다른 회사의 소유로 경쟁 관계에 있다.

우모 제품으로 유명한 랩Rab을 소유한 영국의 이큅 아웃도어 테크놀로지Equip Outdoor Technologies Ltd.는 2017년 캐나다 브랜드 인테그랄 디자인Integral Designs을 인수해 포트폴리오를 확장했다. 이큅 아웃도어 테크놀로지는 인테그랄 디자인을 인수한 후 독자 브랜드로 전개하지 않고 기존에 소유하고 있던 랩의 제품에 통합해 이제는 인테그랄 디자인 이름의 제품은 더이상 볼 수 없다. 그 외에도 배낭으로 유명한 로우 알파인Lowe Alpine 브랜드도 소유하고 있다.

아웃도어의 최대 시장, 미국

미국의 아웃도어 시장 규모는 단일 국가로는 세계 최대 규모다. 아웃도어 비즈니스 종사자들은 흔히 일본 시장이 한국의 세배, 미국 시장은 일본의 세 배 정도라고 말한다. 미국의 시장 조사 기관인 아이비스월드IBISWorld 자료에 따르면 2019년 미국의 아웃도어 시장 규모는 약 363억 달러(한화 약 41조 9,000억 원)로 세계 1위이며, 그 뒤를 이어 중국이 205억 달러(한화 약 23조 6,000억원), 우리나라는 21억 달러(한화 약 2조 4,000억 원)였다. 우리나라는 2014년 아웃도어 시장 규모가 7조 1,000억 원까지 치솟은 적이 있으나 의류 중심으로 버블이 극심했던 시기였다. 우리나라에 비해 미국은 장비도 매우 안정적인 시장 구조를 가지고 있어서 2019년의 하이킹을 포함한 아웃도어 장비 매출 규모가 약 70억 달러(한화 약 8조 1,000억 원)였으며,[3] 그중 텐트 시장 규모는 도매 기준으로 3억 6,800만 달러(한화 약 4,260억 원)였다.[4]

미국의 아웃도어 비즈니스를 이야기할 때 가장 먼저 거론해야 할 회사는 당연히 VF 코퍼레이션VF Corporation이다. VF의 2019년 매출은 138억 달러(한화 15조 9천억 원)로 나이키나 아디다스와 같은 스포츠 의류 업체를 제외한 아웃도어 분야에서는 세계 1위

---

3 미국 시장조사 기관인 IBISWorld 자료 참조(https://www.ibisworld.com/united-states/
   market-research-reports/hiking-outdoor-equipment-stores-industry/)
4 미국의 통계 자료 사이트인 스태티스타 자료 참조(https://www.statista.com/
   statistics/258585/camping-equipment-wholesale-sales-in-the-us/)

의 매출을 올리고 있다. 그도 그럴 것이 VF가 소유하고 있는 브랜드들의 면면을 살펴보면 고개를 끄덕이게 된다. 아웃도어 브랜드 중 가장 많은 매출을 올리고 있는 노스페이스The North Face를 필두로 가방 브랜드인 이글 크릭Eagle Creek, 이스트팩Eastpak, 잔스포츠Jansport를 소유하고 있어 미국 가방 시장에서 50% 이상 시장 점유율을 차지하고 있다. 그 외에도 신발 브랜드인 팀버랜드Timberland와 울 제품 브랜드인 스마트울Smartwool, 스트릿 패션 브랜드인 반스Vans도 VF가 소유하고 있다. 2018년에는 최근 수년간 급성장한 러닝화 브랜드인 알트라Altra Running를 인수하기도 했으며, 2020년 11월에는 가장 인기 있는 스트릿 브랜드인 슈프림Supreme을 20억 달러에 인수한다는 발표가 있었다.

장비 쪽으로는 엑셀 아웃도어Exxel Outdoors가 있는데 엑셀은 텐트와 백팩으로 유명한 켈티Kelty, 텐트의 명가 시에라 디자인Sierra Designs, 침낭 브랜드인 슬럼버잭Slumberjack, 울트라 러너를 위한 웨어러블 장비 브랜드인 UDUltimate Direction 등을 소유하고 있다. 엑셀은 2015년에 켈티와 시에라 디자인을 인수하면서 본격적으로 아웃도어 비지니스를 전개하고 있다.

미국의 아웃도어 시장에서 높은 시장 점유율을 가지고 있는 콜맨과 마모트Marmot는 뉴웰 브랜즈Newell Brands가 소유하고 있다. 뉴웰 브랜즈는 아웃도어 브랜드뿐 아니라 로트링rOtring, 파커Parker 등과 같은 필기구 브랜드, 유모차로 유명한 아프리카Aprica 유아용품 브랜드인 누크Nuk 등 다양한 포트폴리오를 가지고 있다.

미국 아웃도어 시장의 또 하나의 큰 손은 컬럼비아 스포츠웨
어Columbia Sportswear다. 컬럼비아는 자체 브랜드 이외에도 신발 브
랜드인 소렐Sorel, 트레일 러닝화로 유명한 몬트레일Montrail, 독창적
인 요가복 브랜드였던 프라나Prana를 소유하고 있으며, 2003년에
는 마운틴 하드웨어Mountain Hardwear를 인수했다.

혁신에서 웰 메이드로, 마운틴 하드웨어

마운틴 하드웨어를 특별히 언급하는 것은 창립자들의 이력이
남다를뿐 아니라 1990년 이후 아웃도어 비즈니스의 중흥기를 이
끌었기 때문이다. 마운틴 하드웨어는 1993년 혜성처럼 나타나 전
문 등반가를 위한 텐트와 의류 등 혁신적인 제품을 연속해서 발
표하며 1990년대 아웃도어 브랜드의 중흥을 이끌었다. 마운틴 하
드웨어를 설립한 이들은 1980년대 텐트의 명가 시에라 디자인의
멤버들이었는데 그중 잭 길버트Jack Gilbert는 1960년대 이후 급성
장한 미국 아웃도어 비즈니스의 한 복판에 있던 인물이다.

잭 길버트의 첫 근무지는 1968년 버클리로 이전한 노스페이스
매장이었다. 그는 매장 한편에서 재봉틀로 노스페이스의 초기 장
비들을 직접 제작했다. 그 후 노스페이스에서 20여 년간 근무했
으며, 마케팅 부사장을 역임하기도 했다. 1988년 노스페이스를

나온 후 시에라 디자인의 CEO를 맡았으며, 1993년 마운틴 하드웨어 설립을 주도하고 CEO가 되었다.

마운틴 하드웨어 창업자 그룹에는 마틴 제미티스Martin Zemitis도 포함되어 있었다. 마틴 역시 노스페이스의 장비 개발자로 출발해 시에라 디자인에서 텐트를 개발했으며, 잭 길버트와 함께 마운틴 하드웨어 창업에 참여했다. 마틴은 컬럼비아로 인수된 후 마운틴 하드웨어를 나와서 2010년 슬링핀SlingFin, Inc.이라는 텐트 전문 브랜드를 만들었고 현재 CEO를 맡고 있다. 마운틴 하드웨어는 컬럼비아에 인수된 후 개발 능력면에서 기라성 같았던 인물들이 빠져나가고 창립 초기의 혁신성 대신 웰 메이드 브랜드가 되었다.

고라이트의 몰락

고라이트는 2014년 11월 15일 폐업 사실을 알리며 모든 제품에 대한 할인행사에 들어갔는데 웹사이트 초기 화면에 할인행사를 알리는 신문 전단지 같은 광고 배너는 고라이트를 롤 모델의 하나로 여기던 나에게는 충격이었다. 고라이트의 성공과 몰락은 브랜드를 오랫동안 유지하는 것이 얼마나 어려운 일인지를 단적으로 보여준다.

고라이트는 1998년 킴Kim과 디미트리Demetri Coupounas가 함께 설립했다. 2014년 파산하기 전까지 16년 동안 아웃도어 장비의 경

량화라는 아젠다를 선도했고, 경량 배낭과 텐트, 쉘터 등 독창적
인 아이디어와 디자인으로 많은 마니아층을 확보했다. 고라이트
는 브랜드 이름에 걸맞게 초경량 의류, 신발, 배낭, 텐트, 침낭 등
수많은 걸작을 남겼으며, 전성기 때는 23개국에 소매점이 있었
고, 미국 내에도 20개 직영 소매점을 운영했다.

　고라이트는 2000년대 초부터 급성장해 2006년부터 본격적으
로 신발 분야에 진출을 시도했다. 이를 위해 'GoLite'라는 브랜드
라이센스를 VF 소유의 팀버랜드 측에 매각했는데 당시에는 이
매각 결정이 고라이트의 사업 확장에 큰 전환점이 될 것이라고
예상했다. 그러나 팀버랜드는 사업 전개가 지지부진하자 2008년
에 신발 라이센스를 뉴 잉글랜드 풋웨어New England Footwear에 매각
해버리고 고라이트와 팀버랜드의 전략적 협력 관계도 정리 단계
로 들어갔다. 결국 팀버랜드는 더이상 고라이트의 라이센스를 갱
신하지 않겠다고 선언했고, 재무적 어려움을 겪고 있던 고라이트
는 파산절차에 들어가게 된 것이다. 당시 비즈니스 관련 외신을
종합해보면 고라이트의 공동 창업자인 드미트리는 자신의 야심
찬 리테일 스토어 사업 모델과 캐주얼 의류쪽으로의 사업 확장

전략을 너무 성급하게 결정한 것이다.

고라이트는 2014년 폐업한 이후 청산 절차를 거쳐 타이완 기반의 지주 회사가 인수했으며, 2018년부터 'GoLite 2.0-지구 친화적인 퍼포먼스 액티브웨어'라는 캐치프레이즈를 내세우고 의류 브랜드로 탈바꿈했다. 고라이트 2.0은 현재 그 성공 여부를 지켜봐야 할 단계다.

한편 고라이트의 창업자 디미트리는 2015년 마이 트레일My Trail 이라는 브랜드로 재기를 모색했다. 그러나 그가 고라이트를 창업했던 1998년과 지금의 아웃도어 비즈니스 환경과 트렌드는 완전히 달라졌다. 마이 트레일은 고라이트의 오랜 팬들이 응원했으나 인상 깊은 제품을 내놓지 못한 상태에서 별다른 성과 없이 2019년 다시 사업을 중단했다.

자본은 국경을 넘어

아웃도어 브랜드들의 인수와 합병을 통한 이합집산은 대부분 2000년대 이후 일어났다. 길게는 100년 이상 독립적으로 운영되던 브랜드들에게 왜 갑자기 이런 일들이 일어났을까? 이는 2000년대 들어 전 세계적으로 아웃도어 시장이 크게 성장하면서 아웃도어 브랜드의 몸값이 크게 높아졌기 때문이다. 국경이 없는 자본은 규모가 점점 커지고 있는 아웃도어 시장으로 몰려들었고 성공 가능성이 높은 아웃도어 브랜드 헌팅이 경쟁적으로 벌어졌다.

사실 자본의 국적은 브랜드 정체성에 별 영향을 미치지는 않는다. 극소수의 국가를 제외한다면 전 세계적인 자본주의 경제 시스템이 작동하고 있으므로 더 정확하게는 자본에는 국적이 없다고도 할 수 있다. 주식시장에 공개된 경우라면 전 세계 어디에서나 주식을 구입할 수 있을 뿐 아니라, 상대국과 심각한 정치적, 군사적 분쟁을 겪고 있지 않다면 브랜드 국적과 무관하게 투자자들은 투자할 수 있는 일이다. 위에서 살펴보았지만 아웃도어 브랜드들의 국적이 소유 회사(투자사) 국적과 일치하지 않는 경우는 아주 흔한 일이다.

영리한 자본은 브랜드가 가진 고유한 정체성과 스토리를 훼손해 주주의 이익에 반하는 언행을 하지 않는다. 그래서 인수 합병된 이후에도 브랜드들은 대부분 자기의 정체성을 지켜가고 있는 것이다. 물론 어떤 브랜드들은 인수 합병되면서 사라지거나, 완전히 다른 정체성으로 리모델링하기도 한다. 지난 수십 년간 한때 마니아들이 열광했지만 사라진 브랜드로는 다나 디자인Dana Design, 인테그랄 디자인Integral Designs 등이 있으며, 정체성이 완전히 바뀐 경우는 경량 장비에서 최근 의류 브랜드로 탈바꿈한 고라이트GoLite, 요가복 전문 브랜드에서 캐주얼 의류 브랜드로 변신한 프라나Prana 등이 있다.

브랜드 정체성의 소외

아웃도어 시장이 크게 성장하고 자본이 몰려들면서 브랜드 철학이나 정체성은 마케팅의 영역으로 넘어가게 되었다. 노동의 소외[5] 개념을 차용하자면, 브랜드 철학과 정체성이 브랜드의 결과물로부터 소외되는 현상이 발생했다. 소외의 경로는 오래된 브랜드의 경우 창업자들이 자연사하거나 경영 일선에서 은퇴하고 세련된 마케팅 기술자들이 그 뒤를 잇는 경우도 있고, 몸값을 불린 후 투자자들에게 아예 매각하는 경우도 있다. 바야흐로 진정성 있는 브랜드 철학이나 스토리는 세련된 마케팅의 영역으로 넘어가면서 자본주의 아래에서 노동자들이 노동의 결과를 임금의 형태로 보상받을 뿐 노동의 결과물에 관여할 수 없듯이 브랜드에서도 브랜드 정체성의 소외 현상이 발생한 것이다. 브랜드 정체성과 자본의 관계는 동맹 관계이면서도 팽팽한 긴장 관계이기도 하다.

자본주의 경제 원리가 작동하는 이상 노동의 소외 현상은 어쩔 수 없는 일이지만 자신의 노동 생산물로부터 소외되지 않으려는 노력은 항상 있어 왔다. 대표적으로 MYOGMake Your Own Gear라는, 필요한 물건을 직접 만드는 활동이 그런 사례다. 직접 목공을

---

5 '노동의 소외(The alienation of labor)' 개념은 마르크스의 《경제학 철학 초고》(1844)에 처음 등장했고, 마르크스와 엥겔스의 공동 저서인 《독일 이데올로기》(1846)에서 더욱 발전하였다. 기본 개념은 "노동 생산물은 노동이 대상화된 것인데, 자본주의 사회에서는 자본가에 의한 사적 소유로 인해서 노동자는 그 대상물을 전유하지 못하고 상실하게 되며 이로 인해 '노동 생산물로부터 소외'가 발생한다"는 것이다.

배워 자신이 사용할 의자나 책상을 만들고, 직접 도예를 배워 간단한 도자기를 만드는 취미 활동을 통해 일상적으로 현대인의 삶을 지배하고 있는 '소외된 삶'을 잠시나마 벗어나는 즐거움을 얻는다. 노동은 임금을 받기 위해 재화를 만드는 일이기도 하지만 인간에게는 자아를 실현하는 과정이기도 하며, 유희이기도 하기 때문이다.

아웃도어 브랜드의 사회적 의무와 가치지향적 소비

2018년 오알 쇼OR Show[6]가 유타주의 솔트레이크에서 열리다가 갑자기 콜로라도 덴버로 옮기게 된 일화는 시사하는 바가 많다. 미국 트럼프 정부의 내무부는 공공 토지를 축소하고 개발하는 정책을 최종 승인했는데, 특히 유타 주지사는 자연 유산 보호안을 폐지하고 개발하는 결의안에 찬성했다. 이에 파타고니아를 시작으로 많은 아웃도어 브랜드들은 공공 토지 축소 정책을 반대하며 유타주에 강력하게 항의하면서 유타주에서 열리는 오알 쇼 참가를 거부했다. 결국 오알 쇼 주최측은 이들의 항의를 받아들여 보다 진보적이며, 환경보호에 적극적인 콜로라도의 덴버로 개최지를 옮기게 된 것이다.

---

6 Outdoor Retailer Show. 미국에서 해마다 2회 열리는 세계 최대 아웃도어 전시회로서 20년간 유타주의 솔트레이크에서 열리다가 2018년부터 덴버로 옮겨서 열리고 있다.

2018년 자연환경 보호라는 사회적 아젠다 때문에 오알 쇼의 개최지를 변경한 것에 대해 수많은 아웃도어 마니아들이 적극적으로 환영하고 동참한 것은 당연한 일이었다. 오알 쇼 개최지 변경 일화는 아웃도어 비즈니스의 기반이 자본에만 있는 것이 아니며, 지속가능한 자연환경이 전제되어야 한다는 사실을 공언한 뜻깊은 결정이었다. 이제 자연환경 보호는 관련 환경단체만의 아젠다가 아니며 아웃도어 관련 기업들이라면 더 적극적으로 참여하고 실천해야 하는 사회적 의무가 있는 것이다.

이제 브랜드를 소비하는 사람들은 더 번거로워졌다. 재화가 넘쳐나는 현대 사회에서 소비는 자신의 신념을 드러내는 한 방식이 되었다. 가치지향적 소비를 중요하게 생각하는 21세기의 스마트 컨슈머들이라면 브랜드가 말하는 스토리의 진정성, 지속가능성을 위한 사회 공헌 활동을 좀더 엄격하게 따져보아야 한다. 브랜드가 말하는 스토리 너머에는 어찌되었건 자본의 이익이 자리 잡고 있으며, 그것은 마치 보이지 않으나 강력한 중력으로 작용하고 있는 블랙홀과 같은 것이다. 우리는 이렇게 정체를 알 수 없는 블랙홀로 순식간에 빨려 들어갈 수 있다. 세상에 영리한 자본은 있으나 착한 자본은 없으며, 지혜로운 소비자들이 브랜드를 견인할 뿐이다.

코티지 **인더스트리**[1]

코티지 인더스트리와 매스 프로덕션_{Mass Production}

BPL은 단순히 패킹 무게를 줄이는 것 이외에도 일종의 서브 컬처라는 문화적 의미도 내포하고 있다. BPL 씬에서 출발한 브랜드들이 메인 스트림으로 확장하게 되면 서브컬처로서의 브랜드 컬러는 대부분 희석된다. 개인적인 기억으로는 2010년대 초반 zpack의 제품을 구입하려고 그들 사이트에 들어가면 "지금은 장거리 하이킹을 떠났으니 주문해도 3개월 이후에나 보내줄 수 있다"는 다소 퉁명스러운 안내문이 걸려 있곤 했다. 나는 그래도 그들의 그런 태도가 전혀 불쾌하지 않았을 뿐 아니라 오히려 유대감 같은 것이 느껴지곤 했다.

BPL은 태생적으로 메인 스트림에 들어가기 어려운 정서를 가

---

1   코티지 인더스트리(Cottage Industry)는 가내수공업으로 번역되기도 하지만 외부 자본으로부터 독립되어 직접 개발 및 생산하는 소규모 브랜드의 의미를 살리기 위해 원어 그대로 사용한다. 자본의 구성에서는 '독립 브랜드(Independent Brand)'와 같은 의미이지만 코티지 인더스트리는 제품을 직접 만드는 의미도 포함하고 있다.

지고 있어서 BPL 씬의 많은 브랜드들은 여전히 코티지 인더스트리 영역에 머물고 있다. 자본은 코티지 인더스트리에 속한 브랜드들에 대해서 아직 매력을 느끼지 못하고 있다. 자본이 투입되는 순간 이익 극대화를 위해 대량 생산 체제Mass production를 도입해야 하는데 대량 생산된 제품에 대해서 기존 마니아 고객층이 여전히 충성 고객층으로 남아 있을지 의문스럽기 때문이다.

창의성의 풀Pool

제로그램에 근무하던 시절인 2013년, 해외 BPL 관련 블로그인 'Hike It Like It'과 서면으로 인터뷰를 진행한 적이 있다. 인터뷰 질문 중에는 "미국의 코티지 인더스트리에 대해 어떻게 생각하세요?"라는 질문이 있었다. 당시 나의 대답은 이러했다.

> 백패킹 장비는 전문성이 중요합니다. 독립적인 브랜드들은 장비의 전문성
> 을 향상시키는 긍정적인 측면이 있다고 생각합니다. 또한 제품의 품질 관
> 리에도 유리합니다. 미국의 코티지 인더스트리에 속한 백패킹 장비 제조업
> 체들은 우리에게도 깊은 인상을 주고 있습니다. 자연과 사람에 대한 이해
> 와 올바른 비즈니스 철학, 그리고 그들의 열정이 우리를 더욱 분발하게 만
> 들고 있습니다.

다소 건조한 답변이었지만 나는 지금도 여전히 그렇게 생각한
다. 코티지 인더스트리 브랜드를 전개하고 있는 이들은 스스로가
개발자이자 아웃도어 마니아이기도 하다. 좋은 제품은 길 위에서
영감을 얻어서 탄생하며, 그들의 제품은 길 위에서 검증받는다.

코티지 인더스트리가 가진 또 하나의 긍정적인 요소는 '창의
성'이다. 대량 생산 체제로는 반영하기 어려운 요소들을 소량 생
산 방식으로 구현할 수 있다. 코티지 인더스트리의 제품들은 디
자인적으로 독특하며, 대량 생산 체제에서는 사용하지 않는 소재
를 과감하게 사용하기도 한다. 대량 생산 체제의 획일적인 제품
들에게서 충분한 만족감을 얻기에는 우리의 아웃도어 문화 수준
이 이미 크게 높아졌고 다양해졌다. 코티지 인더스트리는 때로는
용감하고, 무모하며, 그래서 마니아들은 열광한다.

전열을 가다듬는 독립 브랜드들

제품을 직접 생산하는 코티지 인더스트리로 출발했지만 생산 규모를 늘려서 외부 업체에 제품 생산을 의뢰하는, 즉 하청 공장을 운영하는 경우도 있다. '공방' 수준으로 제품을 생산하는 방식이 더이상 시장의 수요를 따라가지 못하기 때문이다. 일부 팬들은 이 대목에서 직접 생산하지 않는다는 사실을 들어 실망하기도 하지만, 성장하고 있는 브랜드에게 계속 공방에서 직접 생산할 것을 기대하는 것은 뒷골목의 작은 가게로 영원히 남아 있기를 요구하는 것과 같다. 코티지 인더스트리 브랜드가 성장해 주류 시장에 편입되면 그들에게 향했던 팬덤은 더 작은, 그리고 더 늦게 출발한 다른 브랜드로 옮겨가게 된다. 이 순환은 고이지 않고 흐르는 물처럼 자연스러운 것이다. 인더스트리 코티지에서 출발해 일부는 여전히 계속 공방 수준으로 남아 있거나, 성장해 하청 생산 공장을 운영하거나 브랜드의 독창성을 유지하고 있다면 브랜드에 대한 지지를 한순간에 철회할 필요는 없는 것이다.

브랜드 독창성을 유지하면서 성장하고 있는 몇몇 독립 브랜드들은 이미 우리나라에도 많이 소개되어 있으며, 최근 수년간 경량 하이킹에 대한 관심이 높아지면서 공식 디스트리뷰터가 제품을 공급하고 있다. 대표적인 브랜드로는 식스 문 디자인Six Moon Designs, 고싸머 기어Gossamer Gear, 타프텐트Tarptent, 지팩스ZPacks, 인라이텐디드 이퀴프먼트Enlightened Equipment, 로커스 기어Locus Gear, 팔

란테Palante, 짐머빌트ZimmerBuilt, 야마 마운틴 기어Yama Mountain Gear,
야마토미치Yamatomichi, 하이퍼라이트 마운틴 기어HMG 등이 있으며,
BPL 씬으로 분류할 수 없지만 히피 스타일의 스티븐슨즈 웜라이
트Stephenson's Warmlite는 여전히 코티지 인더스트리로 분류할 수 있
는 브랜드다. 유럽의 독립 브랜드로는 침낭과 우모복 등 다운 제
품을 전문으로 하는 큐뮬러스Cumulus, 파작Pajak 등이 있다. 이들
독립 브랜드들은 경량 하이킹 시장이 성장하면서 일부 투자를 받
기도 하고, 전열을 가다듬어 세련된 마케팅을 전개하기도 한다.

위에 언급한 브랜드를 포함해 아직 국내에 많이 알려지지 않았
지만 몇몇 인상 깊은 독립 브랜드를 좀더 자세히 소개해보겠다.

| 인라이텐디드 이퀴프먼트Enlightened Equipment

https://enlightenedequipment.com

인라이텐디드 이퀴프먼트는 퀼트 침낭 전문 브랜드다. 2007년에 설립되었
고 설립자인 팀 마샬Tim Marshall이 직접 제품을 만든다. 브랜드 슬로건은
"Ultralight, Straightforward, Affordable"이다. 그들의 슬로건대로 초경
량 제품이면서도 가격도 합리적이다.

| 짐머빌트Zimmerbuilt

https://www.zimmerbuilt.com

세상에 둘도 없는 나만의 백팩을 가지고 싶다면 짐머빌트에 연락하면 된

다. 크리스 짐머Chris Zimmer 사용자들의 요구에 맞게 커스텀 백팩을 제작해주고 있다. 사용자들은 배낭의 소재뿐 아니라, 볼륨, 포켓 형태 등을 선택할 수 있다. 물론 기성품 배낭도 판매하고 있다.

| 그리폰 기어Gryphon Gear

https://www.gryphongear.com

그리폰 기어는 미국 미시간 소재의 독립 브랜드로 독창적인 구조와 소재로 침낭을 생산하고 있다. NASA 출신의 과학자이면서 등산가인 그레이 베닝거 박사Dr. Gary Benninger는 취미 활동으로 등산과 백패킹을 하면서 구입한 제품들이 만족스럽지 않았고, 자신의 과학 지식을 적용하면 더 좋은 제품을 만들 수 있겠다는 생각에서 등산 장비를 직접 만들기 시작했다. 침낭 내부에 알루미늄으로 표면 처리한 다이니마Dyneema 원단을 사용하고 900 필파워의 최상위급 우모를 충전한 침낭을 생산하고 있다.

| 슬링핀SlingFin

https://www.slingfin.com

앞서 마운틴 하드웨어에 대해서 이야기하면서 텐트 개발자 마틴 제미티스에 대해서도 잠깐 언급한 바 있는데, 마틴이 마운틴 하드웨어를 나온 후 자신이 직접 만든 브랜드가 슬링핀이다. 시에라 디자인과 마운틴 하드웨어에서 수십 년간 텐트 개발자로 근무하면서 명성을 쌓은 마틴은 여러 인터뷰에서 관리자나 투자자들의 간섭없이 자신의 가치관을 반영한 텐트를 디자인하고 싶다고 했는데 슬링핀은 그의 의지를 반영한 브랜드라고 할 수 있다. 어느 해인가 미국에서 열리는 오알 쇼의 슬링핀 부스에서 마틴을 보았을 때 행복해 보이긴 했지만 아직은 리테일러들에게 크게 주목받지는 못하는 것 같아서 약간 안타까운 심정이었다.

| 스티븐슨즈 웜라이트Stephenson's Warmlite

https://www.warmlite.com

"60년이 넘도록 우리의 철학은 결코 변하지 않습니다!" 이 브랜드 슬로건에 이견이 있을 수 있지만 잭 스티븐슨Jack Stephenson이 1957년에 설립한 스티븐슨즈 웜라이트가 매우 독창적인 브랜드인 것은 사실이다. 1955년 록키 마운틴 국립공원 여행을 다녀온 후 스티븐슨은 고품질의 우모 침낭을 개발해야겠다고 결심했다. 1950년 말 이미 700 필파워 이상의 우모와 경량 나일론으로 침낭을 만들었다는 사실은 그가 만약 메이저 브랜드로 성장했다면 아웃도어 비즈니스의 역사에서 크게 한 줄을 차지했을 것이다. 침낭 이외에도 초경량의 나일론으로 만든 텐트들은 지금 관점에서는 레트로에 가깝지만 독창적인 디자인을 가지고 있다.

| 큐뮬러스Cumulus

http://sleepingbags-cumulus.eu

큐뮬러스는 전통적으로 우모 제품을 잘 만드는 폴란드의 대표적인 브랜드 중 하나로 1989년 설립되어 짧지 않은 역사를 가지고 있다. 폴란드가 혹한기용 우모 제품을 잘 만드는 이유는 폴란드의 우모 산업이 발달한 이유도 있지만 세계 최고의 산악 강국이기 때문이다. 예지 쿠쿠츠카를 필두로 여성 최초로 K2를 등정한 반다 루트키에비치, 안나푸르나 동계 초등자인 아르투르 하이저 등이 모두 폴란드의 산악인들이다. 큐뮬러스는 "Fast & Light"라는 캐치프라이즈로 가벼우며 우수한 품질의 우모 제품을 생산하고 있다.

| 팔란테Palante

https://palantepacks.com

극단적으로 가볍고 심플한 배낭을 찾는다면 팔란테는 그 해답을 줄 것이다. 마치 유치원생들의 소풍 가방처럼 앙증맞지만 일부 장거리 하이커들에게 입소문이 나기 시작하면서 미국의 장거리 트레일에서 종종 볼 수 있다. 팔란테의 대표적인 제품인 울트라라이트 백팩은 26리터이며, 무게는 불과 328g이다. 디자인은 미니멀리즘의 전형이라고 할 만큼 간결하며, 소재는 주로 X-Pac™ 시리즈와 DCF(큐벤)를 사용한다.

한국의 코티지 인더스트리 씬

브랜드 특색을 알아볼 수 없는 똑같이 생긴 배낭과 옷을 입고 줄을 지어 산에 오르는 모습이 나는 흉칙하며, 뭔가 불길한 느낌마저 준다. 핑크 플로이드의 〈Another brick in the wall〉을 연상

시키기 때문이다. 그런 점에서 한국 독립 브랜드들의 성장은 반가
운 일이다.

장거리 하이킹과 경량 백패킹 문화가 일찍부터 발전한 외국에
비해서는 늦었지만 한국에서도 2010년대 중반 이후 다양한 독립
브랜드가 등장했고, 코티지 인더스트리 씬이 형성되었다. 어느덧
제품의 완성도도 대량 생산 제품에 뒤지지 않게 되었다. 물론 아
직은 간단한 소품과 배낭에 머물고 있지만 머지않아 침낭이나 텐
트도 나올 것으로 기대한다. 다만 디자인이나 소재 측면에서 여
전히 해외 제품, 특히 일본 제품의 영향을 받고 있다는 점은 아쉽
다. 나는 그것이 태극 문양을 넣거나, 순우리말로 제품명을 짓는
다고 해결될 일은 아니라고 생각한다.

또한 독립 브랜드라는 이유만으로 시장에서 냉정하게 평가받는 다른 상품보다 가산점을 받을 수는 없다. 직접 만들어 본인이 사용할 거라면 모를까 시장에 내놓는 순간 그것은 '상품'인 것이고, 시장에서 객관적인 평가를 받게 된다. 품질이나 가격 모든 면에서 그렇다.

그러나 개성을 중시하고 나만의 스타일을 마음껏 표현하는 트렌드는 코티지 인더스트리 씬의 든든한 토양이 될 것이며, 주류 문화의 대안으로서 코티지 인더스트리 씬은 계속 성장할 것이다.

3부

좌충우돌
장비 개발 이야기

산업 디자인의 첫 번째 수칙은 물건의 기능이
디자인과 소재를 결정해야만 한다는 것이다.
기능적 필요를 토대로 디자인하면 과정에 집중하게 되며,
궁극적으로 최고의 품질을 만들어 낼 수 있다.
반면 진지한 기능적 필요가 존재하지 않을 때는
보기에는 그럴듯해도 제품 라인에 포함시켜야 하는 합리적인 이유,
즉 "누가 이 제품을 필요로 하는가?"에 대한 답을 찾기 어려운 제품이 나온다.
— 이본 쉬나드, 《파도가 칠 때는 서핑을》 중

개발 **사상**

아웃도어 마니아들에게 장비 이야기는 늘 흥미로운 주제다. 나 역
시 장비 개발자이기 이전에 세상의 모든 장비를 써보고 싶었던
얼리어답터였다. 나일론과 폴리에스터 원단도 구분하지 못하던
시절에 장비를 직접 만들어보겠다고 작심한 것은 무모한 일이긴
했지만 또한 매우 흥미로운 경험이었다.

소재는 해마다 발전하고 있고 새로운 대안들이 제시되고 있다.
소재뿐 아니라 트렌드 역시 해마다 변화하고 있다. 최근에는 필요
한 장비를 직접 만드는 MYOGMake Your Own Gear가 새로운 트렌드로
많은 관심을 끌고 있다. 대량 생산의 획일적인 디자인에 식상한
탓도 있으며, 스스로 직접 만드는 즐거움도 큰 탓이다.

이번 장에서는 지난 10여 년간 장비 개발을 하면서 겪었던 많
은 시행착오들과 큰 성취감을 안겨 준 경험들을 되돌아본다. 장
비 개발 과정과 그 시행착오 이야기는 MYOG에 관심 있는 이들
에게도 도움이 될 것이다.

개발 사상과 과학

사람들은 '사상'이라고 하면 대단히 심오하며, 고도화된 논리 체계를 먼저 떠올린다. 그러나 그렇게 생각하는 사람들조차 행동이나 사고에 일정한 경향성이 있는데, '일정한 경향성'이 바로 그 사람의 사상의 발현이다. 사상은 흔히 논리적 정합성을 가진 통일된 판단 체계로 정의하지만 그것은 사상이 확립된 '상태'를 뜻하는 것이지, 사상의 존재 여부를 판단하는 것은 아니다. 모든 사람은 의식이 있는 한 논리적 정합성의 정도와 관계없이 자신의 사상이 있다.

제품 개발에서 가장 중요한 것은 개발 사상이다. 내가 정의하는 개발 사상은 제품을 개발하는 전 과정에서 가져야 할 '목표를 달성하기 위한 일관된 방향성'이다. 기획 단계에서 설정한 목표는 개발자마다 다를 수 있다. 가격 경쟁력일 수도 있으며, 혁신기술 구현일 수도 있고, 경량화일 수도 있으며, 심지어 크기일 수도 있는데, 설정한 목표는 여러 가지가 복합될 수도 있다.

개발자의 개발 목표는 모두 다르며, 또 달라야 한다. 단, 지난한 개발 과정을 일관되게 밀고 나가기 위해서는 목표는 다를지언정 개발 사상은 분명해야 한다. 또 분명한 개발 사상은 과학적 사고 방식을 전제로 해야 한다. 그렇지 않으면 편견과 나만의 개발 사상을 구분하기 어렵기 때문이다. 그래서 지식의 많고 적음보다 개발자에게는 과학적인 사고방식이 무엇보다 중요하다. 칼 세이건

의 말처럼 "과학은 지식 체계 그 자체라기보다는 생각하는 방식
이다."[1] 객관적으로 검증되지 않은 속설은 배척하고, 내가 알고
있는 지식이 전부인지, 지금의 방법이 최선인지 늘 의심하고 질문
해야 한다. 관습적인 지식과 매너리즘에 타협하지 않는 자세야말
로 개발자들에게 가장 필요한 덕목이다. 개발자들이 고단한 와중
에도 질문을 멈추지 말아야 하는 이유다.

산으로 가는 배

다른 분야의 제품도 마찬가지겠지만 아웃도어 장비의 경우 한
가지 제품으로 멀티 펑션Multi-Function을 구현하는 제품을 개발하
는 것은 대체로 부정적인 결과를 낳는다. 제품 콘셉트에 집중하
지 못하고, 하나의 제품에 모아둔 각각의 기능들이 오히려 제구
실을 못 할 수도 있기 때문이다. 예외적인 사례로 멀티 툴Multi tool
을 들 수 있는데 엄밀하게 따지면 멀티 펑션이 멀티 툴의 기본 콘
셉트라는 점에서 그것은 반론의 사례가 되지 못한다.

대체로 모든 소재는 가벼우면 내구성이 떨어지고, 크면 무게가
나가고, 튼튼하면 유연하지 못하다. 장비 개발자는 다양한 물성
을 가진 소재 중에서 자신의 콘셉트에 맞는, 원하는 기능성을 가

---

1 칼 세이건, 《브로카의 뇌》, 사이언스북스, 2020.

장 잘 구현할 수 있는 소재를 선택할 뿐이다.

클라이밍 입문자들에게 어울리는 암벽화는 유연한 소재를 사용해서 편한 착용감을 목표로 해야 하지만, 높은 난이도 경기를 해야 하는 클라이밍 선수들에게는 딱딱한 소재를 사용해 미세한 홀드에서도 발끝으로 잘 딛고 일어설 수 있도록 하는 것이 중요하다. 유연함과 딱딱함은 반대의 물성으로서 하나의 소재, 하나의 제품에 모두 반영할 수 없다. 결국은 제품 콘셉트 정의 단계에서 취하고 버릴 것을 결정해야 하는 것이다.

제품 콘셉트가 정해졌다면 이제 배를 띄우되 배가 산으로 가지 않도록 해야 한다. 개발 사상은 목적지를 향한 항로의 지침이 될 것이며, 개발 사상이 제대로 통제하는 배는 다음의 경로로 순항하게 될 것이다.

보통 제품 개발 과정은 제품 콘셉트에서 출발한다. 텐트의 예를 든다면 사용자가 누구이며, 제품을 상징적으로 설명하는 핵심 키워드는 무엇인가 등을 콘셉트로 정리한다. 콘셉트는 명료하며 간결할수록 좋은데 간단한 메모로 작성할 수도 있으며, 스케치로 정리할 수도 있다. 콘셉트가 정해지면 콘셉트를 비주얼라이징하는 단계로 진행한다. 치수가 포함된 상세 스케치일 수도 있고, 3D 모델링일 수도 있다. 스케치나 모델링에는 색상과 질감을 포함한 텍스처를 적용한다. 이제 프로토타입을 제작할 단계다. 프로토타입은 제품의 유형에 따라 3D 프린팅을 이용할 수도 있

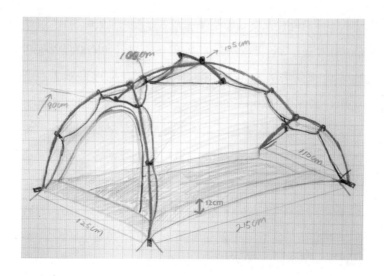

으며, 봉제 제품의 경우 개발 샘플을 제작해야 한다. 모든 단계에
서 제품 개발에 참여했던 사람들의 피드백을 수집해야 하지만 프
로토타입 이후의 샘플 제작 후에는 특히 제품을 직접 사용하게
될 사용자들의 피드백을 수집한다. 이러한 제품 개발의 일련의
과정에서 애초에 어떤 제품을 만들고자 했는지 그 방향성을 잃
지 않게 하는 게 바로 개발 사상의 역할이다.

만인을 위한 제품은 없다

제품 개발 사상과 관련해 제법 인기가 있었던 라면팬 개발과
관련한 작은 에피소드를 소개하고자 한다. 2016년 라면팬의 콘

셉트를 확정하고 몇몇 사람들에게 의견을 물어보았다. 좋은 아이 디어라고 긍정적인 반응을 보인 사람들도 있었지만 많은 사람은 1인용의 작고 가벼운 프라이팬보다 더 큰 제품을 만들 것을 조언 했었다. 게다가 사각형이라는 일반적이지 않은 모양도 지적했다. 나는 그들의 의견을 충분히 이해할 수 있었다. 좀더 범용적인 제 품을 만들어야 시장성이 좋다는 것을 이해하지 못할 만큼 바보 는 아니었기 때문이다. 그러나 나는 최초의 제품 콘셉트를 그대 로 밀고 나갔다. 그것은 내 개인적인 경험도 영향을 미쳤다. 가벼 운 백패킹을 가는데 라면을 끓여 먹을 포트도 가져가야 하고, 간 단하게 소시지를 구울 수 있는 프라이팬도 가져가야 하는 일이 많았기 때문이다. 개발 사상에 입각한 콘셉트로 따지자면 극단적 인 '간결함'이 내가 원했던 라면팬의 콘셉트였다.

특히 B사의 프라이팬이 코팅이 우수하다는 평가와 함께 시장 에서 반응이 좋았는데 사실은 코팅제의 종류는 그다지 많지 않 고, 영세한 코팅 업체들의 기술 수준도 크게 변별력이 없다는 것 을 잘 알고 있는 나로서는 그대로 따라할 수 없었다. B사의 제품 은 알루미늄 판재가 두꺼워서 무겁지만 대신 코팅의 내구성이 뛰 어나다는 장점을 가지고 있으며, 이 점이 B사 제품의 분명한 콘 셉트라고 할 수 있다. 내가 만들고자 했던 라면팬과는 전혀 다른 콘셉트를 지닌 제품이었다.

금형 제작과 샘플 테스트 등을 거쳐 2017년 제품이 출시되었으나 출시 초기 시장 반응은 뜨
겁지 않았다. 뚜껑이 없는 포트
와 사각형 모양이 익숙하지 않
았던 것이다. 나름 의욕적으로
진행했던 개발 프로젝트였는데
또 실패인가 하는 낙담도 들었
던 게 사실이다. 그러나 다행스럽게도 제품 출시 1년이 지나서야
사람들은 라면팬의 유용성을 알아챘고, 1차 생산분에 이어 2차
생산분도 순식간에 완판되기에 이르렀다. 가장 많이 팔리는, 그래
서 모든 브랜드들이 자기의 독자적인 개발 사상 없이 너나없이 비
슷하게 제품을 만들어 판다면 매출은 조금 더 늘어났겠지만 '내
자식'이라고 자신 있게 얘기할 수는 없었을 것이다.

그래도 전진

시장에서의 가격 경쟁력은 제품 개발자에게 가장 어려운 숙제
다. 가격 경쟁력과 관련해 동결건조 쌀, 즉 알파미 개발은 나에게
아쉬움이 많이 남는 프로젝트였다. 알파미 개발을 처음 결심한
것은 2013년이었다. 당시 동결건조 쌀이 필요한 경우 대부분 일
본 오니시尾西 제품을 구입해야 했다. 나 역시 장거리 하이킹을 떠
날 때에는 몇 개씩 챙겨가곤 했다. 일본은 지진이나 태풍 등과 같

은 천재지변이 잦아서 일상적으로 비상식량을 비축하는 경우가 많았고, 전쟁을 겪은 나라라서 군수품의 하나로 오랫동안 보관할 수 있는 건조 식량 관련 기술이 발전했다.

내가 감히 오니시에 버금가는 알파미를 만들겠다고 덤벼든 것은 당시 백패킹 식사 문화가 거의 '만찬' 수준이라고 느껴졌고, 지속가능한 백패킹을 위해서 식사 문화도 조금 바뀌어야 한다는 생각에서였다. 간결한 백패킹은 간결한 먹거리가 필수였다. 알파미 개발 프로젝트에는 세 가지 키워드가 있었다. '쉬운 조리', '친환경', 그리고 '경량'이다. 물론 식미감도 굉장히 중요한 요소였는데 그것은 음식의 기본 요소라서 특별히 달성해야 할 목표로 제시하지는 않았다.

쉬운 조리법과 식미감은 다소 충돌하는 측면이 있었다. 예를 들어 뜨거운 물을 붓고 밥이 완성되기까지 시간을 단축하려면 건조 공법을 바꿔야 하는데 그렇게 되면 밥이 푸석푸석해지고 식미감이 떨어졌다. 결국 선택의 문제였는데 아웃도어 활동에서 식사 시간을 천천히 머릿속에 시뮬레이션해본 결과 나는 맛을 선택했다. 대부분의 경우 식사를 하기 전에 다른 준비, 예를 들어 텐트를 설치하거나 에어 매트리스에 바람을 넣거나, 혹은 다른 반찬을 준비한다. 알파미에 물을 붓고 밥이 될 때까지 우두커니 쳐다보고 있지 않아도 되는 것이었다. 알파미는 즉각 섭취하는 행동식과는 조금 달랐다. 게다가 알파미의 권장 조리법 중 하나는 라면과 함께 먹는 것이었는데 물과 함께 끓이면 따로 시간을 할 애할 필요가 없었다.

맛을 선택한 이상 가장 맛있는 쌀을 구해야 했다. 그래서 선택한 품종이 '고시히까리'였다. 그리고 묵은 쌀이 아니라 햅쌀을 구입해 동결 건조하기로 했다. 사실 품종만큼이나 쌀의 맛을 좌우하는 것은 도정 시기였다. 도정한지 오래된 묵은 쌀은 산화되어 찰지고 고소한 맛을 잃어버린다. 가장 좋은 품종 중에서도 햅쌀을 선택한 것은 알파미 제조원가를 크게 상승시켰다.

'친환경' 목표를 충족시키기 위해 우선 유기능 인증을 받은 햅쌀을 구해야 했고, 가급적 탄소발자국을 줄일 수 있도록 멀지 않은 벼 재배지를 찾아야 했다. 다행히 서울에서 비교적 가까운 강화도에 친환경농업농민회가 있다는 것을 알게 되어 농민회를 통해 쌀을 구입했다. 이로서 알파미 제조원가는 다시 크게 상승했다.

주변의 많은 우려에도 불구하고 친환경 알파미는 그럭저럭 잘 팔렸고 개선을 거듭해 4차 생산까지 하기에 이르렀다. 다만 제조원가가 워낙 높아서 회사에 큰 이익을 가져다주지는 못했다.

가장 마지막에 생산한 알파미 V4.0은 내가 원하는 패키지 디자인을 구현하지 못해 아쉬운 경우였다. 나는 알파미 진공 포장을 230g 가스통의 직경과 같은 크기로 만들고 싶었다. 백패킹이나 전문 등반에서 경량만큼이나 중요한 것은 패킹 사이즈인데, 알

파미의 포장재를 원형으로 만들어 가스통이 들어가는 포트 안에 알파미를 수납한다면 훨씬 간결한 수납이 가능하다고 보았기 때문이다. 그러나 아쉽게도 끝내 원형 패키징을 만들지 못했다. 원형 진공 포장을 하기 위해서는 진공 포장 기계를 다시 설계해야 했고, 그랬을 때 최소 주문 수량은 수십만 개로 높아져 결국 포기할 수밖에 없었다.

알파미 개발 프로젝트에서 알 수 있듯이 개발 과정은 매순간이 선택의 기로이며, 최종 판단에 이르기까지 결과물의 품질, 시장 경쟁력, 사회 기여도 등 다양한 변수들이 영향을 끼친다. 비록 마지막 4차 알파미에서 원하는 패키지 디자인을 구현하지 못했지만, 간결한 백패킹 식사 문화를 위해 친환경적인 알파미를 만든다는 애초의 목표에 충실하지 않았다면 알파미는 세상에 나오지 못했을 것이다.

침낭은 **장비다**

복마전의 침낭 시장

내가 처음 구입했던 침낭은 지금은 상표가 기억나지 않는 세미 머미형의 캐시밀론[1] 충전 침낭이었는데 크고 무거워서 종주 산행에서 주로 메고 다녔던 나의 85리터 배낭의 3분의 1을 차지할 정도였다. 지금의 우모 침낭에 비해서 보온성은 보잘것없었으며, 겨울철에는 얇은 사각 침낭 하나를 더 가지고 다녀야 했다. 그래도 추운 겨울밤은 고통스러웠다. 그러다가 1980년대 후반, 지금은 거의 사라진 남대문 등산 장비점에서 구입한 몽벨의 머미형 우모 침낭은 신세계였다. 캐시밀론 침낭보다 부피와 무게는 절반으로 줄었고, 겨울밤 야영은 덜 고통스러웠다. 나는 이 머미형 침낭 덕분에 겨울 산을 많이도 쏘다녔다. 빙하기를 맞은 호모 에렉투스

1　일본에서 개발한 아크릴로나이트릴계 합성 섬유 상표명이다. 전통적인 침구의 보온 충전재로 사용하던 목화솜보다는 가볍고 보온성이 뛰어나지만 지금 수준에서는 백패킹용 침낭의 보온재로는 적당하지 않다.

가 불을 발견한 심정이 이런 게 아니었을까.

처음 침낭 개발에 나선 것은 2011년의 봄이었다. 침낭은 머미형 우모 침낭이 나의 동계 백패킹 경험을 크게 확장시켜 준 기억 때문에 더 큰 관심을 가지고 있었던 장비였다. 텐트는 좋은 텐트와 나쁜 텐트의 간격이 그리 크지 않지만 침낭은 좋은 침낭과 나쁜 침낭의 간격이 한마디로 하늘과 땅 차이다. 좀더 익스트림한 모험을 즐기는 아웃도어 마니아들에게는 침낭이 더욱 중요했다.

당시 내가 사용해본 침낭은 몽벨, 발란드레 등의 해외 제품이 대부분이었고, 국산 브랜드로는 D사의 침낭을 가지고 있었다. 침낭 개발을 시작하면서 가장 먼저 한 일은 국내의 모든 침낭 공장을 접촉하는 것이었다. 당시 나의 개발 요구사항은 그렇게 까다롭지 않았다. 가장 중요하게 생각했던 것은 침낭 내한온도에 대한 정확한 기준이었다. 침낭 제조사마다 상품 정보에 내한온도를 표기하는데 그 기준이 무엇인지를 알고 싶었고, 최대한 객관적인 정보를 제공하는 게 제조사로서 올바른 태도라고 믿었다. 그런데 어느 한 곳도 스스로 밝힌 내한온도의 객관적 근거를 제시하지 못했다. 그저 우모 몇 g을 충전했으니 대충 이 정도일 거라는 매우 자의적인 예상치였고, 심지어 경쟁사가 영하 10도라고 했으니 우리는 12도로 표기하자는 식이었다.

8차 샘플 끝에 양산

나는 몇 군데 업체들과 미팅을 마치고 나서야 갈 길이 멀었다는 것을 알아차렸다. 2011년 말까지를 개발 목표로 세웠지만 쉽지 않을 거 같았다. 첫 번째 샘플이 나왔지만 여전히 공신력 있는 내한온도와 우모의 필파워 측정이 숙제로 남았고, 봉제선으로 우모가 빠져나오는 문제를 완전히 해결하지 못했다.

750 필파워의 90:10 우모를 450g 충전한 첫 번째 샘플이 5월쯤 나왔고, 두 번째 샘플은 7월쯤에 나왔다. 그해 8월에 떠날 예정이었던 존 뮤어 트레일에 두 번째 샘플을 가져가기로 했고, 존 뮤어 트레일의 기온을 기준으로 스펙을 정했다. 당시 대부분의 국산 침낭은 모두 다운과 훼더의 성분비가 90:10이었는데 두 번째 샘플은 93:7 비율의 구스 다운을 450g을 충전했다. 나는 이

정도 품질의 우모와 충전량이면 영하 5도까지는 충분히 편안하게 수면을 취할 수 있다고 추정했다

약 한 달 동안 요세미티 계곡 캠핑과 존 뮤어 트레일을 종주하는 동안 두 번째 샘플은 나의 침낭에 대한 아이디어를 숙성시킬 수 있었던 좋은 경험이었다. 당시 최저 기온이 영하 3도까지 내려갔는데 영하 5도에서도 숙면을 기대했던 나는 실망했다. 밤새 추워서 몇 번이나 잠에서 깼으며, 끓인 물을 수통에 담아 침낭에 넣고 자야 했다.

여행에서 돌아온 나는 한 달의 필드 테스트를 정리해 침낭의 구조와 스펙을 재정의하고 샘플 작업을 계속 이어나갔다. 그렇게 하여 가을에 세 번째와 네 번째 샘플이 나왔고, 그제서야 어느 정도 기대했던 완성도를 보였다. 공장은 계속되는 샘플 작업에 지쳐갔지만 간절하게 호소하는 방법밖에는 없었다. 가을이 끝나갈 무렵 다섯 번째와 여섯 번째의 샘플을 만들 수 있었다. 그러나 곧 겨울이었다. 침낭은 완전한 계절상품이기에 서둘러야 했지만 P.P 샘플[2]을 확인하지 않은 상태에서 양산할 수는 없었다. 일곱 번째 샘플에 이어 P.P 샘플이었던 여덟 번째 샘플을 만든 것은 이미 겨울이었다. 결국 양산은 해가 바뀌어서야 시작할 수 있었다. 침낭을 만들어보겠다고 여기저기 쫓아다닌 지 1년이 지난 것이다.

---

2 Pre-Production 샘플. 양산하기 직전의 최종 샘플을 뜻한다.

가짜 거위털 사건

마지막 샘플을 점검할 때쯤 가짜 거위털 논쟁이 벌어졌다. 당시 백패킹이나 캠핑 좀 한다는 사람들 사이에서는 커다란 이슈였는데 모 커뮤니티에서 판매한 침낭이 거위털이라는 설명과는 달리 오리털이었다는 사실이 드러난 것이다. 이는 침낭의 스펙을 객관적인 검증 없이 임의로 작성하던 당시 업계 관례에 비추어 보면 충분히 예견할 수 있는 일이었다. 우모의 종이 거위털인지 오리털인지 일반인이 식별해내는 것은 불가능했고, 그 점을 악용한 '아니면 말고' 식의 부도덕한 행위였다. 많은 사람은 분노했지만 일부는 '가성비'라는 이유로 그릇된 행태를 비호하였다. 나 역시 문제의 그 침낭을 같은 산악회 회원을 통해 확인한 적이 있었다. 제시된 스펙에 비해서 침낭의 부피는 너무 컸고, 우모를 만져보았을 때 거친 질감은 양질의 우모가 아님을 단박에 알 수 있었지만 그때만 해도 그냥 넘어갈 수 있는 관행으로 치부되었다.

가짜 거위털 사건은 나에게 반면교사가 되었다. 나는 공급사의 정보를 100% 믿지 않고 직접 IDFL[3]에 보내 우모의 품질을 확인했다. 95:5의 솜털과 깃털 비율은 98:2가 나왔고 850 필파워는 실제 테스트 결과 860으로 측정되었다. 당시 내가 개발한 침낭을 구입한 고객들은 제시된 스펙보다 더 훌륭한 스펙의 침낭을 가진

3 IDFL(International Down and Feather Testing Laboratory)은 1978년에 설립된 세계 최대의 우모 충전재 연구소로 우모와 관련한 각종 테스트를 진행하고 있다.

셈이다.

주변 사람들은 '가짜 거위털 사건'이 침낭 생산을 준비하고 있던 나에게 좋은 기회라고 하면서 생산을 서두를 것을 권유했지만 나는 서두르는 것보다 침낭의 우모를 다시 점검하는 게 더 중요하다고 생각했다. 가장 먼저 한 일은 IDFL에 회원 가입을 한 후 우모 충전재의 각종 표준문서들을 검토하는 것이었다. 거위털과 오리털, 필파워 개념 정도만 알고 있었던 나는 각종 표준문서들을 살펴보면서 국제적으로 침낭에 관해 상당한 수준의 표준이 정립되어 있다는 사실을 알게 되었다. 나는 아무것도 모르고 침낭 개발에 착수했던 1년 전으로 되돌아간 느낌이었다.

국내 최초의 EN 13537[4] 테스트

나는 우모의 필파워와 구성비, 그리고 내한온도 테스트를 위해 IDFL측에 테스트를 의뢰하기로 했다. 당시 사용하기로 한 우모는 국내 최고의 우모 공급업체 제품이었고, 모 브랜드에서는 필파워 1000으로 TV 광고를 하고 있었던 자켓에 사용하는 우모와 같은 품질이었다. 나는 가짜 거위털 사건 이후 공장측이 제시하는 정보를 100% 신뢰할 수 없었다.

4 침낭에 관한 유럽 산업표준으로 2005년 발효되었다. 2016년에는 국제표준 EN ISO 23537:2016로 대체되었다.

테스트 의뢰서를 작성하고
마지막 P.P 샘플을 IDFL에 보
냈다. 당연히 EN 13537 내한
온도 테스트도 같이 요청했다.
국제 표준에 따른 내한온도
테스트는 약 100만 원 정도의
비용과 측정을 시료를 보내고
결과를 받아보기까지 길게는
한 달여의 시간이 필요하므로

적지 않은 부담이었지만 적어도 객관적인 내한온도 표기는 침낭
이라는 장비를 개발하는 사람으로서 포기할 수 없다고 생각했다.

산업표준은 법적으로 반드시 준수해야 하는 의무 조항이 아니
다. 의무 조항이 아니므로 EN 13537에 의한 내한온도 테스트를
받지 않아도 불법은 아닌 셈이다. 그러나 법적으로 의무 조항이
아니라고 해서 침낭 내한온도를 아무렇게나 표기하는 것은 대단
히 무책임한 일이다. 소비자들은 생산자가 제시하는 내한온도를
믿기 때문에 그 상품을 구입하는 것이다.

산업 표준으로서 EN 13537을 처음 소개했을 때 일부 사람들
은 발란드레Valandre, 카린시아Carinthia 등 해외 프리미엄 침낭을 예
로 들면서 EN 13537은 그저 마케팅이라고 폄하하기도 했다. 이들
업체는 당시에는 EN 13537 기준의 내한온도 표기를 하지 않았지

만 지금은 EN 13537, 또는 개정안인 ISO 기준에 따라 내한온도 를 표기하고 있다. 기준을 준수하는 것은 생산자나 소비자 모두 에게 도움이 되는 일이다.

시험 기관의 테스트 결과가 좋은 침낭임을 보증해주는 것은 아 니다. 그것은 아주 기초적인 객관적 지표이며, 사용자들의 침낭 선택을 돕기 위해 제공하는 상품 정보다. 내한온도 이외에도 좋 은 침낭의 조건에는 무게 대비 보온성, 충전재의 필 볼륨과 패킹 사이즈, 원단의 내구성과 발수 성능, 털 빠짐 여부, 그리고 결정적 으로 적정한 가격 등이 영향을 미친다. 그러나 무엇보다 사용자 의 안전에 큰 영향을 미치는 장비로서의 침낭을 개발할 때 마케 팅 목적으로 임의의 내한온도를 표기하는 것은 거짓 정보로 고 객을 속이는 행위와 다름없다. 참고로 EN ISO 23537:2016 기준 의 내한온도 분류는 아래와 같다.

Comfort temperature

쾌적 숙면온도로 표준 체형의 사용자가 편안한 자세로 숙면할 수 있는 온 도 범위를 말한다.

Limit temperature

제한 숙면온도로 표준 체형의 사용자가 웅크린 자세로 추위를 느끼지 않 고 수면할 수 있는 온도를 말한다.

Extreme temperature

극한 내한온도로 표준 체형의 사용자가 저체온으로 인해 인한 사망의 위
험을 피할 수 있는 최저 온도를 말한다.

위 내한온도 분류는 표준화된 지표일 뿐이며 개개인의 추위에
대한 내성, 야영지의 바람과 습도, 강우, 또는 강설 등의 조건 등
도 고려해야 한다

브랜드 사대주의

국내 최초! 이런 수식어는 마케팅 측면에서 그다지 세련된 것
은 아니지만 제로그램에서 근무할 당시 침낭 개발과 관련해서 나
는 특별한 자부심을 가지고 있다. 최소한의 공신력 있는 상품 정
보 제공을 위해 EN 13537 표준에 따른 내한온도 테스트 결과와
필파워 측정치를 공개한 것도 국내 최초였지만 발수 가공 처리된
우모를 사용한 것도 국내 최초였다. 우모는 단열 보온재로서는 최
고의 소재이지만 습기에 약하다는 치명적인 단점을 가지고 있는
데 이를 개선하기 위해 우모 공급 업체들은 우모의 발수 가공 솔
루션을 개발했다. 나는 우모 침낭의 성능 향상을 위해 대단히 중
요한 기술적 발전이라고 판단했고, 2015년부터 모든 우모 침낭
에 미국의 DownTek™ 우모를 사용했다. 2015년을 전후로 세계

적인 브랜드의 침낭들도 발수 가공된 우모를 사용하기 시작했고, 제로그램의 침낭은 그들과의 경쟁에서도 뒤지지 않는 제품을 개발한 것이다.

우모의 발수 가공 처리와 관련한 에피소드가 하나 있는데, 백패킹 관련 커뮤니티 운영자와 나눈 대화는 여러 가지로 인상 깊었다. 그는 커뮤니티 운영자답게 백패킹 동호인들 사이에서 나름 상당한 영향력을 가지고 있었는데 우모의 발수 가공은 과장된 홍보에 불과하다며, 해외 몇몇 유명 침낭 브랜드가 발수 가공된 우모를 사용하지 않고 있다는 사실을 사례로 들었다. 그가 알고 있는 해외의 몇몇 브랜드가 발수 가공된 우모를 사용하지 않으므로 우모의 발수 가공은 마케팅용일뿐이라는 주장에 나는 좀 어이가 없었다. 개발자 입장에서 제품의 성능을 향상시킬 수 있다고 판단되면 기술을 적용하는 것이지 누가 하고 안하고는 크게 중요하지 않다. 그가 보기에 해외 브랜드는 언제나 최고이며, 가장 옳은 것이었다. 나는 일종의 브랜드 사대주의라고 할 수 있는 이 편견 때문이라도 더 좋은 제품을 만들어야겠다고 다짐했다. 몇 년 후 그가 사례로 든 브랜드들도 발수 가공된 우모를 사용하기 시작한 것은 물론이었다.

동물 학대 이슈와 RDS

우모는 보온 충전재로서 가장 뛰어난 소재이지만 우모 제품
이 늘어나면서 사회적으로 동물 학대 이슈가 제기되었다. 산 채
로 털이 뽑히며 괴로워하는 거위의 영상을 우연히 본 나 역시 큰
충격을 받았다. 제품 성능을 향상시켜야 하는 개발자 관점과 윤
리적인 가치관이 충돌하는 순간이었다. 그러던 중 마침 2014년
노스페이스와 미국의 비영리단체인 텍스타일 익스체인지, 친환
경 인증 전문업체인 컨트롤유니온이 공동으로 RDSResponsible Down
Standard를 제안했다. RDS는 살아 있는 동물의 털을 뽑는 라이브
플러킹Live Plucking을 하지 않은 윤리적인 우모에 대한 국제적인 인
증제도다. 더 많은 비용이 발생했지만 나는 당연히 RDS 인증을
받은 우모만을 사용하기로 했으며, 2015년부터 제로그램의 모든
우모 침낭은 RDS 인증 우모만을 사용하기 시작했다. 우모를 채
취하는 농장뿐 아니라 우모를 수집해 세척 가공하는 공장과 침
낭의 봉제 공장까지 RDS 인증을 받아야 최종 완성품인 침낭에
RDS 인증마크를 사용할 수 있다. 나는 우모뿐만 아니라 RDS 인
증을 받은 공장에서 침낭을 생산했고 마침내 모든 우모 침낭에
RDS 인증마크를 사용할 수 있었다.

그럼에도 불구하고 나는 모든 동물학대와 환경 이슈로부터 완
전히 자유롭다고 생각하지 않았다. 그것이 지구에서 공존하는
생명체에서 얻는 재료이든, 광물에서 얻는 무기물이나 석유에서

얻는 재료이든 제한된 지구 자원을 사용하여 제품을 생산한다는 점에서는 애초부터 "Sorry Earth"라고 할 수 있는 것이다. 또한 소비자들의 환경 윤리 의식이 날로 높아지면서 제품 생산자들 역시 늘 현재의 환경 윤리 정책이 최선인지 살펴보고 또 살펴보아야 한다. 더 좋은 제품을 만들기 위한 기술과 더불어 더 윤리적인 제품을 만들기 위한 방법도 계속 발전하고 있기 때문이다.

나에게 맞는 침낭 선택

많은 아웃도어 장비들과 마찬가지로 침낭을 선택하는 문제도 쉽지는 않다. 선택이 힘든 장비 중 하나인 텐트보다도 더 까다로운 게 침낭이다. 텐트는 원단이나 모양, 색상, 설치 편의성, 무게 등을 고려하면 되지만 침낭은 원단뿐 아니라 충전재의 종류, 충전량, 총무게, 패킹 사이즈, 내한온도, 배플 구조, 그리고 표기된 스펙의 신뢰성… 등 색상이나 모양을 제외하더라도 비교 검토해보아야 할 항목들이 텐트에 비해 훨씬 많다. 그래서 멋진 텐트를 구하는 노력만큼이나 좋은 침낭을 고르는 노력이 중요하다.

먼저 침낭은 '장비'라는 점을 인식해야 한다. 당연해 보이는 이
야기를 강조하는 이유는 '모든 장비는 고유의 역할'이 존재하기
때문이다. 침낭은 '추위로부터 사용자를 보호'하는 것이 1차적인
고유의 역할이다.

"나는 어떤 아웃도어 액티비티를 즐기는가?"

침낭을 선택하기 전에 이것이 스스로에게 던져야 할 첫 번째
질문이다. 익스트림한 등반에서부터 동계 백패킹, 장거리 트레일
까지 본인의 아웃도어 액티비티가 하드코어에 가까운 경우와 가
족들과 함께 즐기는 캐주얼 캠핑으로 한정되어 있는 경우의 침낭
은 다를 수밖에 없다. 전자를 A, 후자를 B라고 한다면 다음과 같
은 선택 기준의 순서를 참고한다.

> **A:** 보온성 〉 무게 〉 부피 〉 편안함 -〉 머미형/우모 충전재가 유리
>
> **B:** 편안함 〉 보온성 〉 부피 〉 무게 -〉 사각형/합성 충전재가 유리

캠핑장에서의 야영은 보온을 위한 다른 장치들, 예를 들어 난
로, 전기장판, 두꺼운 매트리스 등을 활용할 수 있으므로 '편안
함'이 우선이다. 캐주얼한 백패킹이라면 그 중간쯤의 어느 제품이
될 것이다. 그러나 만약 혹한기 백패킹을 즐긴다면 보온성과 부피
가 최우선 고려 사항이 되어야 한다. 물론 가격은 훨씬 더 비싸다.

침낭의 모양도 선택의 중요한 기준이 된다. 머미형은 사람의 신

체 형태를 본 딴 모양으로 내부의 불필요한 공간을 줄여 무게 대비 보온성이 높다. 반면 사각형은 머미형보다 내부 움직임이 자유로워 편안하다. 이 둘의 장단점은 아래와 같다.

> **머미형**: 보온성이 우수하며, 불필요한 면적을 최소화하여 무게가 가볍고 패킹 사이즈가 작다.
>
> **사각형**: 편안하며, 지퍼를 완전 개방해 담요로 활용할 수 있다.

만약 캐주얼한 캠핑을 주로 즐기고 여름용 침낭을 찾는다면 당연히 사각형 침낭이 유리하다. 그러나 둘 중 하나만을 선택해야 한다면 머미형을 권장한다. 머미형은 약간의 불편함을 감수한다면 캠핑에서도 사용할 수 있지만, 사각형은 여름을 제외한 계절, 특히 겨울 백패킹에서는 사용할 수 없기 때문이다.

수면 쾌적 온도의 이해

침낭에 대해서 좀더 알고 싶다면 수면 쾌적온도를 이해하는 게 좋다. 수면 쾌적온도는 열의 발산과 생산 조절 노력이 가장 적은 온도를 말한다. 사람은 외부 온도에 따라 피부 모세 혈관을 확장하거나 수축해 땀 분비 조절로 체온을 유지한다. 이것은 현생 인류의 신체에서 털이 거의 사라지고 땀샘이 발달한 결과이기도 하다.

땀 분비를 통한 열 관리뿐 아니라 사람은 신체의 면적을 넓히거나 좁히는 자세 변화를 통해서도 체내 열 발산을 조절한다. 추우면 웅크리고, 더우면 몸을 펼치는 것으로 열 발산을 조절하는 것이다. 같은 침낭인데 유난히 좁고 답답하다고 느껴졌다면 그날 밤은 춥지 않았다는 뜻이기도 하다.

또한 기온이 내려가면 골격근의 긴장이 높아지고 떨림이 생겨 열을 발생하고, 간장의 열 생산량도 증가해서 체온을 일정하게 유지하도록 항상 조절한다. 이는 동계 백패킹에서 필요한 열량 문제와도 깊은 관련이 있다. 사람의 인체는 추울 때 열 생산을 높이기 위해 더 많은 열량을 소비한다. 동계 백패킹에서 더 많은 열량의 음식이 필요한 이유이다.

그렇다면 쾌적한 수면을 위해 적절한 침낭 내부 온도는 얼마일까? 일본수면과학연구소에 따르면 요와 이불 사이의 온도를 32~34℃ 범위에서 유지할 것을 권장한다. 즉 침낭 내부 온도를 약 32℃ 내외로 유지하는 것이 중요하다. 동계 백패킹에서 온수를 담은 수통을 침낭 안에 넣고 자는 것은 침낭 내부 온도를 올리는 가장 효과적인 방법의 하나다.

EN 1SO 23537-1

°C	♀ -6	♂ -13	-33
	쾌적온도	제한온도	극한온도
	표준 여성이 편안한 수면을 취할 수 있는 온도	표준 남성이 편안한 수면을 취할 수 있는 가장 낮은 온도	표준 여성이 사망 위험을 피할 수 있는 최저 온도

침낭의 계절 분류

추위를 느끼면 왜 웅크리게 되는 것일까? 사람이 추위를 감지하는 것은 신경계인데 인체의 내장기관을 추위로부터 보호하기 위해 진화된 감각의 하나다. 추위가 느껴지면 웅크리게 되고, 본능적으로 옆으로 누워 차가운 지표면으로부터 장기를 멀리 떨어지도록 한다. 사람의 장기는 배보다 등 쪽에 가깝게 있다. 그래서 추운 겨울날의 야영에서 바닥면의 등이 추우면 추위를 크게 느끼는 것이다. 추위를 느끼면 옆으로 웅크리고 자게 되는데 소중한 장기를 보호하기 위한 자연스러운 현상인 것이다.

텐트와 마찬가지로 침낭도 일반적으로 3계절용과 동계용으로 나누는데 보통 내한온도 20°F(-6℃)를 기준으로 한다. 앞서 설명했지만 EN ISO 23537:2016에 따른 침낭의 내한온도는 Lower Limit과 Comfort 온도가 있다. 동계용 침낭은 Comfort 온도 기준으로 최소 20°F(약 -6.6℃) 이하여야 한다. 물론 3계절용이라고 해도 동계에 사용불가라고 단정할 수는 없다. 요즘 많이 사용하는 핫팩이나 뜨거운 물을 담은 수통 등으로 보완할 수도 있기 때문이다. 반대의 경우도 마찬가지이다. 내한온도가 -6℃라고 해서 무조건 동계 백패킹에 적당한 것은 아니다.

텐트도 마찬가지이지만 결론적으로 이야기하자면 침낭도 계절별로 분류할 수는 있지만 절대적인 기준이 되지 않는 경우도 있다. 가을의 가장 추운 날은 겨울의 가장 따뜻한 날보다 훨씬 춥기 때문이다. 게다가 한국의 겨울 산은 상상 외로 춥다. 때로는 영하 20도 이하로 내려가는 날도 드물지 않다. 3계절 침낭과 동계용 침낭이라는 두 가지 분류만으로 침낭을 선택하기보다 자신의 백패킹 스타일, 추위에 대한 내성, 백패킹 대상지의 기후 등을 고려하여 선택하는 것이 바람직하다.

	보온성	압축성	속건성	습기 대응	가격
Down	O	O			
Synthetic			O	O	O

천연 우모와 합성 보온재의 비교

다운과 인공 보온재 중 어느 것이 더 좋은가? 이 주제는 해외의 많은 아웃도어 관련 커뮤니티에서도 아주 흥미를 끄는 주제의 하나다. 의류를 포함한 모든 아웃도어 장비가 그렇듯이 용도와 환경에 따라 답은 다를 수밖에 없다. 위 도표는 가장 일반적인 비교표다.

보온성과 압축 크기, 무게 등에서는 우모가 우수하며, 습기와 관리, 가격 면에서는 합성 보온재가 우수하다. 우모와 합성 보온재 중 어떤 것을 선택할 것인가에 대한 답이 여기에 있다. 추위로부터 신체를 보호하고 무게와 패킹사이즈를 줄이는 게 중요하다면 당연히 우수한 필파워의 구스다운이 좋은 선택이며, 사용 환경이 추위 대응력이나 경량성보다는 습기 대응력이 중요하며 저렴한 제품을 원한다면 합성 보온재가 더 좋은 선택일 것이다. 최근에는 합성 보온재 기술이 점점 발전하고 있고, 천연 우모 채취 과정에서의 동물 학대 문제가 사회적 이슈로 제기되고 있어서 합성 보온재에 대한 관심이 높아지고 있다. 캐주얼한 백패킹을 즐긴다면 굳이 비싸고 관리가 어려운 우모 침낭보다는 합성 보온재 침낭을 추천한다.

필파워와 충전량

침낭 스펙 중 가장 중요한 요소의 하나인 필파워에 대해서 알아보자. 침낭에 사용되는 우모는 거위털(구스다운)과 오리털(덕다운)이다. 오래전에는 닭털을 사용하기도 했다고 하나 최근에는 닭털 침낭은 거의 찾아볼 수 없다. 최상급의 구스다운은 FP 900까지 측정되는 데 비해 최상급의 덕다운은 FP600 수준이다. 필파워를 측정해주는 가장 공신력 있는 국제 기관은 IDFL이며, 측정

방법에 따라 유럽식과 미국식 수치가 다르다.[5]

우모의 필파워는 세탁 후에 부풀어 오르는 정도를 측정한 결과인데 유럽은 텀블 드라이Tumble Dry 방식을 사용하고, 미국은 스팀 컨디셔닝Steam Conditioning 방식으로 가공한 후 필파워를 측정한다. 스팀 컨디셔닝 방식보다 텀블 드라이 방식이 필파워가 낮게 측정된다. 최근에는 대부분 미국식으로 통일되어 사실상 스팀 컨디셔닝 측정 방식이 국제 표준이 되었다.

우모의 필파워가 높으면 침낭의 필 볼륨Fill Volume이 늘어난다. 필 볼륨은 침낭이 부풀어 오르는 정도를 뜻한다. 충전량도 중요하지만 무게와 패킹 사이즈가 중요한 백패킹용 침낭은 필 볼륨이 더 중요하다. 이 사실을 무시하고 더 무겁게 충전하면 무조건 더 따뜻한 침낭이라고 주장하는 것은 잘못된 정보이다. 물론 필파워 850 구스다운을 800g 충전한 침낭과 필파워 600의 덕다운 2kg 충전한 침낭을 비교한다면 동일한 디자인과 배플 구조를 전제로 2kg의 덕다운 침낭이 더 따뜻할 수 있다. 그러나 덕다운 2kg을 충전해 총무게 3kg의 침낭으로는 백패킹이나 고산 등반을 할

---

5 기존의 표준 필파워 측정 방식은 EN 12130:1998이었으나 2018년부터 EN 12130:2018으로 업데이트되었다. EN 12130:2018 필파워 측정 방식은 아래 세 가지 방법을 사용한다. 한국과 미국, 일본 등은 모두 스팀 컨디셔닝 측정 방법을 사용하고 있으며, 최근에는 유럽도 스팀 컨디셔닝 방법을 사용하는 경우가 많다.

- Method A - Steam Conditioning
- Method B - Tumble Dry
- Method C - Box Conditioning

수는 없는 노릇이다. 동계를 기준으로 한다고 해도 침낭 무게는 1.5kg 내외가 적정하다.

침낭의 챔버 설계

내가 아는 한 침낭은 개발자 관점에서 가장 까다로운 장비 중 하나다. 특히 우모 침낭은 우모의 충전 방식과 내부 챔버 구조에 따라 보온 성능에 결정적인 영향을 준다. 아무리 좋은 우모를 사용하고 충전량이 많다고 해도 내부 챔버의 격벽[6] 설계에 따라 최악의 보온 성능을 보일 수도 있다. 침낭 내부 챔버 설계와 관련하여 핵심 사항은 추위를 느끼는 정도가 신체 부위에 따라 다른데 이를 반영하여 우모를 분배하여 충전해야 한다는 것과, 분배한 우모가 한쪽으로 쏠리지 않도록 챔버를 설계해야 한다는 것이다. 우모가 한쪽으로 쏠리거나, 추위를 느끼는 정도에 따라 우모 충전량이 챔버별로 적절하게 분배되지 않았다면 충전량만큼의 보온 성능을 기대할 수 없게 된다. 우모 충전량만으로 침낭의 품질이나 보온 성능을 판단하는 것은 그래서 정확하지 않은 것이다. 우모 충전량에 비해 내한온도 테스트 결과가 기대에 미치지 못했

---

6 우모를 충전하는 침낭 내부 공간을 흔히 챔버라고 하며, 격벽은 우모의 쏠림을 막기 위한 칸막이를 뜻한다. 부분적인 훼손으로는 일시에 침몰하지 않는 선박의 구조와 비슷하다고 할 수 있다.

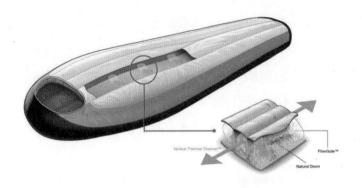

다면 챔버 설계를 의심해봐야 한다.

대부분의 세계적인 침낭 메이커들은 자신만의 독자적인 챔버 설계를 적용하고 있다. 우모를 충전하는 공간을 만들기 위해 위쪽과 아래쪽 원단을 봉제해야 하는데 이때 위아래 원단이 맞닿지 않도록 격벽을 넣어야 한다. 만약 위아래 원단이 봉제로 맞닿게 되면 그 부분은 우모를 충전할 수 없게 되고 소위 콜드 스팟Cold Spot이 형성되어 침낭 내부의 따뜻한 공기는 유실된다. 좋은 침낭은 기본적으로 좋은 우모를 사용해야 하지만, 좋은 우모는 침낭의 내부 설계에 따라 제 성능을 발휘할 수도, 혹은 전혀 쓸모가 없을 수도 있다.

같은 침낭으로 더 따뜻하게 자는 팁

좋은 장비는 쓰임새가 명확해야 한다. 이 말을 뒤집어 생각하면 제대로 쓰여야 장비로서의 가치를 발휘한다는 뜻이기도 하다. 침낭이 대표적인 사례다. 더 따뜻하고 더 가벼운 침낭, 그래서 훨씬 비싼 침낭을 구입하기 전에 현재 가진 침낭을 제대로 사용하고 있는지 점검해본다면 불필요한 소비를 막을 수 있다. 또한 같은 침낭으로 더 따뜻하게 잘 수 있는 몇 가지 팁을 소개하고자 한다.

개인의 추위 내성 파악 추위를 느끼는 정도는 개개인마다 많은 차이가 있으므로 본인의 추위에 대한 내성을 잘 파악하는 게 중요하다. 심지어 갑상성 기능저하에 따른 '한랭불내성'이라는 추위 민감증 질환도 있다. 결국 추위에 대한 개개인의 내성은 경험을 통해 본인이 가장 잘 알 수 있으며, 그에 따라 적절한 내한온도의 침낭을 준비한다. 체력과 영양 상태에 문제가 없다면 나이 차이는 크게 없지만 일반적으로 청년보다는 장년이, 장년보다는 노년의 체력이 약하므로 추위의 대응능력도 나이가 들수록 떨어진다. 나이 들수록 옆구리가 시리다는 것은 괜한 말이 아니다.

자신의 체형에 잘 맞는 침낭 침낭 내부에 너무 많은 공간이 있다면 그 빈 공간을 사용자의 체온으로 따뜻하게 만드는 데 더 많은 시간이 걸리게 된다. 침낭 빈 공간에 여분의 옷가지 등을 채워 넣을 수도 있지만 가장 좋은 것은 침낭 안에서 몸이 헤엄치지 않도록 잘 맞는 침낭을 고르는 것이다. 다른 한편으로 침낭이 너무 작으면 충전재가 충분히 부풀어 오르지 않아 보온에 불리하다.

수면용 긴 내의   속건성 내의는 몸을 뽀송뽀송하게 해주고 쾌적
한 수면을 도와준다. 춥고 습한 밤에는 긴 내의 위에 가벼운 미드
레이어를 걸치면 훨씬 따뜻하게 잠들 수 있다. 얇고 가벼운 내의
는 무게 대비 보온 효과가 뛰어나다.

추위를 느끼기 전에 침낭에 들어간다   이미 추위를 느낀 상태에서
침낭 안에 들어가면 침낭 내부의 온도를 따뜻하게 하는 데 많은
시간이 걸린다. 가급적이면 추위를 느끼기 전에 침낭 안으로 들
어간다.

적절한 음식과 수분 섭취   따뜻한 저녁을 먹고 뜨거운 물이나 차
를 마셔 수분을 유지한다. 지친 몸이 밤새 회복하려면 적당한 음
식과 수분을 섭취해야 한다. 단 지나친 수분 섭취는 수면 중 소변
문제가 생길 수 있으므로 주의한다.

침낭 입구를 잘 막는다   침낭의 목 배플neck baffle과 후드 등을 제
대로 여미지 않아서 수면 중 추위를 느끼는 경우가 많다. 조금
귀찮다 싶어도 처음에 침낭의 출입구를 잘 막아주어야 따뜻하
게 잘 수 있다. 대부분의 동계용 침낭은 체온 유실을 막아주는

목 배플이 있다. 만약 침낭에 단열을 위한 목 배플이 없다면 외부의 차가운 공기 유입을 막아주기 위해 목 주위에 옷을 둘러 목을 감싸준다.

단열 기능이 우수한 슬리핑 패드　겨울철에는 R-Value[7]가 4 이상인 슬리핑 패드를 사용한다. 그렇지 않으면 아무리 따뜻한 침낭이라고 해도 차가운 지표면 때문에 열을 뺏기게 된다. 충전재가 들어 있지 않은 공기 주입식 에어 슬리핑 패드는 겨울에 어울리는 제품이 아니다. 무조건 두껍다고 따뜻한 게 아니기 때문이다. 단열지수가 높지 않다면 추위를 가장 많이 느끼는 등 쪽에 얇고 가벼운 짧은 폼 패드를 이중으로 까는 것도 좋은 방법이다. 길이가 짧은 보충 슬리핑 패드가 없다면 배낭을 깔아주는 것도 도움이 된다.

모자 착용　울이나 플리스 소재 등으로 된 비니를 쓰는 것도 체온 손실을 막아준다. 따로 모자를 준비하지 않았다면 자켓의 후드로 머리를 감싸주는 것도 큰 도움이 된다.

뜨거운 수통　동계 백패킹에서 가장 많이 활용하는 방법으로 수통에 뜨거운 물을 담아서 침낭 안에 넣고 자는 것이다. 수통에

7　Resistance Value. 열 저항값으로 건축용 단열재의 단열 성능을 나타내는 값이다.

뜨거운 물을 담아 침낭 안에 넣고 자면 다음날 아침 물이 어는 것을 막을 뿐 아니라 차가운 물보다 빠르게 물을 끓일 수 있다. 아침에 수통의 물이 얼어서 따뜻한 차 한잔 끓여 먹지 못하는 경우를 종종 볼 수 있다.

1인용 침낭이 더 따뜻하다　캠핑에서 사용하는 2인용 침낭은 보온에 불리하다. 서로의 체온이 도움이 될 것 같지만 개방된 헤드 부분이 너무 크고 각자 뒤척이게 되면 따뜻한 공기가 더 많이 밖으로 빠져나가게 된다.

장비 개발자의 로망,
텐트 개발

장비 개발자의 로망

내가 처음으로 제대로 된 백패킹 텐트를 구입한 것은 1980년대 말이었다. 남대문의 등산 장비점에서 구입한 탑 클라이머Top Climber라는 국내 브랜드 제품이었는데 두랄루민으로 만든 폴대와 하이포라[1]로 만든 레인 플라이 등 당시로서는 최고의 기술 사양이 적용된 텐트였다. 2인용이었는데 무게는 2.5kg 정도로 당시로서는 경량에 속했다. 가격은 20만 원 정도였던 것으로 기억되는데 1990년의 최저 시급이 690원이었다는 사실을 감안하면 연장 근무까지 해도 한 달 급여를 훌쩍 뛰어넘는 금액이었다. 나는 이 텐트로 10년 이상을 정말이지 많은 곳을 다녔다. 당시만 해도 국립공원 포함해 대부분의 산에서 야영이 가능했던 시절이었다. 이런 기억 때문에 텐트는 나에게 아주 특별한 장비였다. 이제는 현

---

1 하이포라(Hypora)는 코오롱 스포츠가 국내 최초로 개발한 기능성 원단으로 방수 투습 원단의 대명사가 되었다.

역이 아니지만 나는 서른 살이 넘은 이 텐트를 아직도 버리지 못하고 있다.

텐트는 대부분의 아웃도어 장비 개발자들에게 궁극의 목표인데 나 역시 마찬가지였다. 더블월 텐트라면 적어도 세 가지 이상의 서로 다른 원단을 사용하고, 그 외에도 알루미늄 합금 소재의 텐트 폴과 플라스틱 부자재들, 지퍼, 스트링 등 관리해야 할 원부자재의 종류도 많아서 매우 까다로운 아이템이다. 특히 사계절이 뚜렷하고, 날씨 변화가 심한 우리나라의 기후 환경을 고려해야 하므로 외적인 변수도 많다. 그중에서도 한국 소비자들은 세계 최고 수준의 높은 안목을 가지고 있어서 텐트 개발의 부담감을 가중시켰다. 그도 그럴 것이 한국의 아웃도어 시장은 세계 최고의 브랜드들이 모두 들어와 각축을 벌이고 있고, 소비사들은 세계 최고의 품질 수준을 요구하고 있기 때문이다.

나는 텐트를 개발하기 전에 원단의 속성과 봉제 공정 등을 이해하기 위해 비교적 쉽게 접근할 수 있는 타프를 먼저 개발했다. 타프를 개발하는 과정도 쉽지는 않아서 거의 1년이 지나서야 양산을 할 수 있었지만 그 과정에서 나는 소중한 지식과 경험을 얻을 수 있었다. 가장 큰 경험은 생지를 직조하고, 염색한 후 코팅하는 원단의 생산 공정을 이해하게 된 것이었다. 그리고 나일론과 폴리에스터를 구분할 수 있게 되었고, 코팅의 종류와 특징도 이해할 수 있었다. 가장 기초적인 지식이었지만 그저 얼리어답터였을 뿐인 나에게는 그 마저도 높은 장벽이었다. 1년간의 타프 개발 과정을 통해 나는 제품 콘셉트에 맞는 좋은 원단을 식별할 수 있게 되었고, 텐트 생산 작업지시서에 표기해야 하는 원단의 사양을 스스로 정의할 수 있게 되었다.

성공의 절반은 파트너 공장

제품을 생산하는 데 있어 가장 큰 변수는 무엇보다 좋은 파트너 공장을 만나는 일이다. 나는 세계적인 텐트 브랜드들이 어디에서 생산하는지 그 공장을 조사하는 것에서 출발했다. 세계 최고의 텐트 개발 생산 회사였던 우리나라의 반포텍은 2000년대 초반 파산한 이후 의사소통이 잘되면서도 실력과 경험을 가진 텐트 공장을 찾는 일은 쉽지 않았다. 세계 최고의 텐트 개발 능력을 갖춘 반포텍의 파산으로 핵심적인 개발 인력은 뿔뿔이 흩어졌고, 그들이 중국 각지에서 새로운 텐트 공장을 운영하면서 명맥을 유지해나갔다. 반포텍이 파산한 이후 글로벌 브랜드 텐트 생산 공장은 대만의 T사, 홍콩에 본사를 두고 있는 J사, 그리고 한국인이 운영하는 베트남의 Y사 등이 있었다. 이들 텐트 공장은 여전히 고품질의 제품을 생산하고 있다.

　나는 텐트에 대해서 많이 알고 있다고 스스로 생각했지만 그것은 어디까지나 사용자 입장이었고, 직접 개발을 시작했을 때는 애송이랑 별반 다르지 않았다. 텐트 스케치를 들고 몇 군데 공장을 방문해 개발 상담을 진행했지만 좋은 성과를 내지 못했다. 가장 큰 어려움은 실리콘 코팅된 저 데니어의 얇은 원단을 봉제해본 경험이 풍부한 공장을 국내에서는 찾을 수 없다는 것이었다. 국내의 텐트 공장을 수소문하는 한편 플랜 B 차원에서 대만의 T사로 작업의뢰서를 작성해 보냈다. 처음 제품을 만들 때 협력 공장을 구하기 어려운 또 다른 이유는 대부분 메이저 브랜드와 거래해오던 공장 입장에서는 처음 들어보는 브랜드와 협업하는 것을 그다지 선호하지 않는다는 것이다. 다행히 T사는 긍정적인 회신을 보내왔고 샘플 개발 의뢰서에 맞게 샘플을 개발해서 보내주었다. 제로그램의 첫 번째 텐트였던 파피용의 프로토타입이었다.

　첫 번째 샘플이었지만 T사가 보내온 샘플은 상당히 만족스러

웠다. 그러나 미니멀리스 타프 시리즈를 생산했던 인천의 한 공장
에서도 거의 비슷한 시기에 샘플을 완성했다. 이 공장은 미니멀
리스트 타프를 만들었던 공장이기도 한데 양면 실리콘 원단 봉제
솜씨는 지금까지 내가 협업했던 공장 중에서 최고 수준이었다. 미
니멀리스트 타프는 품질 면에서 세계 최고 수준이었다고 자부할
수 있는데 처음 출시 후 몇 년 간의 경험들을 반영하여 지속적으
로 업그레이드가 되었다. 나 역시 최초의 제품이니만큼 디테일 완
성도에 많은 노력을 기울였는데, 어느 정도 시장에서 자리 잡을
무렵 한 업체가 똑같은 제품을 생산해 팔기 시작했다. 몇 년간의
사용 경험을 반영한 디테일도 똑같은 제품이었는데 약간의 변형
만으로도 실용신안이나 디자인 특허 침해를 피해갈 수 있기 때
문에 법적인 지적재산권을 보호받기 어려웠다. 그리고 우리나라
아웃도어 시장에서는 카피캣 문제를 대수롭지 않게 여기는 경향
이 강하다. 가성비라는 말로 카피캣을 묵인하고 소비하는 일은
결국 자국의 산업을 붕괴시키며, 타인의 창의적인 성과물을 가로
채는 일로서 지탄받아 마땅한 일이다. 카피캣 문제는 우리나라
에 아직 이렇다 할 세계적인 아웃도어 브랜드가 없는 원인이기도
하다. 결국 이 문제로 공장 측에 강력하게 항의를 하고 재발 방지
를 약속받았다. 약간의 불미스러운 일이 있었지만 그 후로도 오랫
동안 인연이 이어져 엘 찰텐 텐트 시리즈도 개발했는데 이 공장
과의 협업을 통해 나는 텐트 개발에 관한 많은 경험들을 쌓을 수

있었으며, 여전히 감사한 마음을 가지고 있다.

싱글월 3레이어 텐트

내가 만든 첫 번째 텐트는 2012년 파피용이었다. 싱글월 텐트로서 의류나 침낭 제작용으로만 사용되던 퍼텍스 3 레이어 원단을 처음으로 텐트에 적용한 사례일 것이다. 당시 사용된 원단은 퍼텍스 쉴드Pertex® Shield였다. 물론 결로를 최소화하기 위해 3레이어 원단을 사용한 텐트는 이미 여러 종류가 나와 있었다.

랩Rab에 인수 합병된 캐나다의 인테그랄 디자인Integral Designs은 넥서스의 부직포 계열 원단을 라이닝으로 사용해 자체 개발한 테그랄 텍스Tegral Tex로 MK 시리즈와 비비색을 개발했고, 바이블러 텐트Bilber Tents가 토드텍스ToddTex 원단으로 제작한 바이블러 Bibler 2 시리즈의 텐트는 아키텍처의 안정성이나 토드텍스의 혁신성 등으로 텐트 역사에 길이 남을 명작들이다.

당시 많은 3레이어 텐트들이 내부 결로를 줄이기 위해 가장 안쪽 레이어에 부직포Non-Woven 계열의 원단을 라미네이팅하는 방식

---

2   텐트 디자이너이자 뛰어난 개발자였던 토드 바이블러(Todd Bibler)가 만든 텐트 시리즈로 아와니, 피츠로이, 엘도라도, 밤쉘터 등이 있다. 토드 바이블러는 고어텍스의 빌 고어와 기술 협력을 통해 개발한 3레이어 원단을 자신의 이름을 따서 토드텍스라고 명명했고, 그가 설립한 바이블러 텐트는 1992년 블랙다이아몬드로 인수 합병되었다. 아직까지 블랙다이아몬드에서 나오는 바이블러 텐트들은 모두 인수되기 전에 토드 바이블러가 개발한 텐트들이다.

이었는데 결로는 줄일 수 있었지만 부직포 계열 원단의 특성상 패킹 사이즈가 지나치게 크고, 무겁다는 단점을 가지고 있었다. 결정적으로 이 부직포 계열 원단은 표면적이 커서 습기를 많이 머금을 수 있지만 이 때문에 텐트를 건조하지 않으면 부직포가 머금고 있는 습기 때문에 텐트는 더 무거워지고, 사용 후 완전히 건조하지 않으면 남은 습기 때문에 곰팡이가 발생할 수 있어서 관리의 어려움도 있었다.

그런 점에서 퍼텍스 쉴드 3레이어는 텐트 원단으로서 충분한 장점을 살릴 수 있을 것 같았다. 퍼텍스 원단의 스펙을 눈여겨봤던 나는 텐트 원단으로서의 새로운 가능성을 발견했다.

최초의 텐트, 파피용

2012년 퍼텍스 한국 공식 디스트리뷰터에서는 내가 요구하는 스펙에 맞는 샘플 원단을 제공해주었지만 텐트 제작용이라고 했을 때 그들은 처음에 고개를 갸우뚱했다. 퍼텍스 원단으로 텐트를 만들겠다는 클라이언트를 본 적이 없기 때문이었다. 나도 사

실은 이게 가능한가, 예상치 못한 변수가 있는 것은 아닐까 걱정이 없지는 않았다. 남들이 많이 사용하는, 그래서 기본적인 검증은 되었다고 판단되는 원부자재를 사용하는 게 개발자 입장에서는 가장 안전한 길이긴 하다.

지금 생각해보면 쉐이프를 좀더 가다듬고 가장 취약했던 폴 체결 포켓의 소재도 X-Pac™이나 다이니마 등 좀더 내구성이 강한 원단으로 덧댔다면 완성도를 더 높일 수 있었을 텐데 2012년 당시에는 내가 충분히 준비되어 있지 못했다. 아래는 파피용 텐트 개발 후 가진 인터뷰 내용이다.

Q. Pertex Shield 3Layer를 적용한 최초의 텐트로 알고 있다. 퍼텍스 쉴드의 성능에 대해 궁금하다.

A. 그것은 대단한 모험이었습니다. 나는 원단을 결정하는 데에만 6개월을 보냈습니다. 우선 섬유에 대해서 약간의 기초적인 지식을 말씀드려야 하는데 싱글월 텐트용 원단은 방수성능과 투습성능 못지않게 인장, 인열강도도 매우 중요합니다. 홑겹의 원단으로 사용자를 비바람으로부터 보호해주어야 하기 때문입니다. 내가 선택한 퍼텍스 Nylon 6,6(더블 식스) 원사를 사용해 가벼우면서도 강한 원단입니다. 또한 투습도(MVTR) 20,000g/m2/day는 1m2당 1일 20,000g, 즉 20리터의 수분을 투습하는 성능을 뜻합니다. 물론 이 테스트 결과치는 최상의 조건에서 얻어진 것입니다. 한국과 같이 일교차가 심하거나, 혹한기에 수분이 얼어붙어 투습 멤브레인을 막아버리면 결로를 완벽하게 제거할 수는 없습니다.

퍼텍스 3레이어를 적용한 파피용 시리즈는 이후 이벤트eVent 필름이 적용된 퍼텍스 DV 원단으로 제작한 파피용 DV로 진화해 결로 문제에서는 압도적인 성능을 보여주었으며, DAC의 페더라이트Featherlite NSL 폴대 3개 라인으로 아키텍처를 수정해 원정대용으로도 손색이 없는 파피용 EXP 개발을 마지막으로 파피용 텐트는 내 손을 떠났다.

DAC와의 인연

말로만 듣던 동아알루미늄(이하 DAC)를 처음 방문한 것은 2013년 봄이었다. 경량 텐트를 위한 알루미늄 합금 소재 폴대를 생산할 수 있는 공장이 당시에는 DAC와 연안알루미늄, 그리고 오성 등이 있었다. 저가의 중국산 폴도 있었지만 텐트 폴은 건물로 따지자면 뼈대를 이루는 철골과 같은 것인데 중국산 제품의 품질을 신뢰할 수 없었다.

DAC는 지금도 마찬가지지만 모든 텐트 업체가 텐트 폴을 주문한다고 해서 무조건 납품하지는 않는다. 최종 완성품뿐 아니라 원부자재 생산 공장도 얼마든지 브랜딩이 가능하다는 것을 보여준 DAC는 당시 나로서는 까다로운 업체였다. 당시까지만 해도 국내 브랜드에 납품을 하지 않았고, 불과 수백 개 수준의 발주에 큰 관심을 두지 않았다. 소위 '듣보잡'의 국내 브랜드가 폴대를 주문하겠다고 하니 처음에는 미팅을 잡기에도 쉽지 않았던 것이다.

인천의 DAC 공장을 처음 방문했을 때 나는 여러모로 깊은 인상을 받았다. 흔히 공장, 게다가 금속 공장이라고 하면 시끄러운 소음과 탁한 공기, 그리고 기름때가 찌든 작업복을 입은 공장 근로자들이 가장 먼저 연상되는데 DAC는 그런 선입관을 완전히 뒤엎었다. 복도와 계단에 설치된 예술적인 조형물들이 내 시선을 붙들었으며, 사무실과 붙어 있는 생산 라인도 공장이라고 하기에는 너무 정갈했다. 기술 외적인 요소들이라고 할 수 있지만 제품의 품질은 단지 기술만으로 이루어지는 것이 아니다. 더 정확하게 얘기하자면 기술마저도 사람의 마인드셋이 결정한다. DAC를 방문할 때마다 이곳은 사람의 마음이 기술을 완성하고 있다는 것을 느끼게 된다. 그렇게 해서 시작된 DAC와의 인연으로 엘찰텐 시리즈는 DAC의 폴대와 토이Toy라고 부르는 플라스틱 부품들을 적용하게 되었다.

성공의 절반은 협력사라고 했는데, 결국은 사람의 문제라고 할 수 있다. 오늘날의 DAC를 세계적인 기업으로 성장시킨 것은 다름 아닌 라제건 대표다. 그는 DAC의 수장이지만 또한 텐트 아키텍처 설계자이기도 하다. 지난 30년간 그는 텐트 역사에 길이 남은 수많은 모델들을 직접 설계했고, 여전히 텐트의 미래에 대한 아이디어로 눈이 반짝인다. 가끔 라 대표와의 미팅에서 그가 들려주는 얘기를 나는 하나도 빠짐없이 머릿속에 반복해서 기록하곤 했다. 특히 텐트 히스토리, 글로벌 비즈니스 등 수십 년간의 경험에 바탕한 그의 이야기에는 깊은 통찰력이 있어 나의 귀를 항상 쫑긋하게 만들었다.

풍동 테스트

DAC는 자체 풍동Wind Tunnel 테스트 시설인 윈드 랩Wind Lab으로도 유명하다. 윈드 랩은 강력한 모터를 이용해 바람을 일으켜서

텐트의 강풍 대응력을 테스트하는 시설로서 컴퓨터로 제어하는
시설은 실시간으로 바람의 세기를 화면에 보여준다. 윈드 랩 테
스트 룸을 거쳐간 세계적인 텐트 모델들은 수없이 많다.

텐트는 사용자의 안전을 위협하는 세 가지 기상 요소들을 막
아내는 역할을 한다. 비와 눈, 그리고 바람이다. 대부분의 텐트
는 기술 사양에서 원단의 내수압을 표기하는데 방수 코팅된 텐
트 원단은 불량이 아닌 다음에는 비가 새는 일이 매우 드물다. 지
속적이고 강한 폭우에는 출입구나 환기창 등을 통해 일부 누수
가 발생할 수 있지만 봉제선을 정상적으로 심 테이핑 처리를 했다
면 텐트 전체에서 누수가 발생해 사용자의 안전을 위협하지는 않
는다. 그러나 바람은 다르다. 국소적으로 바람이 새느냐의 문제가
아니라 텐트 전체 프레임을 손상시켜서 붕괴시킬 수 있기 때문이
다. 비가 새는 것은 '약간의 불편함'이지만 바람에 의한 텐트의 손
상은 사용자들에게 직접적이며 치명적인 위험 요소가 된다.

텐트의 프레임 구조를 공기역학적으로 컴퓨터 시뮬레이션해
테스트 근사치를 얻어낼 수 있지만 야외에서의 바람은 세기와 방
향, 지속 시간 등이 매우 불규칙하며, 정확히 예측하기 어렵기 때
문에 시뮬레이션만으로는 완전한 테스트를 장담할 수 없다. 강풍
환경에서의 텐트 안정성은 텐트 원단의 흔들림, 텐트 폴의 휘어
짐, 텐트 클립의 체결 강도와 마찰 등 다양한 변수들이 복합적으
로 작용하므로 가장 좋은 테스트 방법은 실제 강풍 환경을 재현

하는 것이다. 그 한 가지 사례는 풍동 테스트 과정에서 텐트 폴의 끝 부분Pole Tip이 체결 부품에서 이탈하면서 텐트가 무너진 경우 였다. 전체적인 아키텍처 문제가 아니라 특정 부품의 연결 방식에 문제가 있음을 확인할 수 있었는데 이것은 윈드 랩 덕분에 가능한 일이었다.

2014년 7월 16일 나는 약간 긴장한 상태로 DAC로 향했다. 당시 개발 완료 상태인 제품들의 풍동 테스트를 진행하기로 한 날이었다. 처음 진행하는 테스트라서 나는 그 결과가 몹시 궁금했고, 한편으로는 실망스러운 결과가 걱정되었다. 그러나 다행히도 모든 텐트 모델이 기대 이상의 테스트 결과가 나왔고, 그 이듬해인 2015년에 진행한 PCT UL의 풍동 테스트 결과는 태풍의 풍속[3]을 훨씬 넘는 32.9m/s이라는 놀라운 결과를 보여주었다. 30m/s가 넘어가자 텐트는 곧 무너질 거 같았고, 기기를 조작하는 사람은 테스트를 멈출 것인가를 내게 물었지만 나는 계속 진행할 것을 요청하였다. 결국 32.9m/s에서 텐트는 무너져 내렸고 시료가 되었던 텐트는 폐기해야 했지만 나는 텐트 아키텍처에 대해 약간의 자신감을 가질 수 있었다. 물론 침낭의 내한 온도 테스트처럼 텐트의 풍동 테스트 결과도 좋은 텐트의 유일한 조건은 아니다. 그러나 적어도 스스로 개발한 제품의 강풍 대응 능력이

---

3 기상학적으로 태풍은 중심 부근 최대 풍속이 17.2 m/s 이상으로 강한 폭풍우를 동반하고 있는 기상 현상을 말한다.

어느 정도인지, 그리고 가장 취약한 요소는 무엇인지 알고 있어야
더 좋은 제품을 개발할 수 있을 것이다.

나는 왜 아우터 프레임을 고집했는가?

마운틴 하드웨어의 Direkt 2는 알파인 등반가를 위해 만든 훌
륭한 돔형 싱글월 텐트다. 미국인 최초로 히말라야 8,000m급 열
네 개 봉우리를 모두 등정한 에드 비에스터스Ed Viesturs가 설계하
고, 20세기의 가장 뛰어난 솔로 스피드 등반가였던 율리 스텍4의
등반 경험을 반영해 개발된 Direkt 2는 경쟁사들의 다른 공격용
싱글월 텐트들인 블랙다이아몬드의 아와니, 인테그랄 디자인의
MK 시리즈, 랩의 라톡이나 서밋 슈퍼라이트가 이너 프레임 방식
인데 비해 외부 슬리브에 폴을 끼우는 아우터 프레임 방식을 채
용하였다.

텐트 내부에 폴을 설치하는 이너 프레임 방식은 텐트 내부를
폴 전체의 장력으로 받쳐주기 때문에 텐트를 설치했을 때 텐션
을 강하게 받는다. 그러나 기온이 떨어지면 나일론 원단은 약간
수축하는데 사용자들은 프레임 설치에 큰 어려움을 겪을 수밖에

4   율리 스텍(Ueli Steck)은 세계적인 알피니스트로 2009년 황금피켈 수상자이다. 스위스 머신이
    라는 별명을 가진 그는 이미 18세 때 아이거 북벽을 올랐으며, 2008년에는 아이거 북벽을 2시
    간 47분 만에 솔로로 등정하는 신기록을 세우기도 하였다. 안타깝게도 2017년 4월 30일 히말라
    아 눕체 솔로 등반 중 수락사했다.

없다. 고산 등반에서 장갑을 낀 상태로 이런 텐트를 치는 것은 거의 불가능에 가깝다. 이너 프레임의 그러한 단점 때문에 나는 아우터 프레임을 선호했다. 텐트 내부를 강한 장력으로 바깥쪽으로 밀어내면 '각이 잡힌' 모습으로 설치할 수 있지만 문제는 추위와 바람, 갑작스러운 비에 지친 모험가들이 텐트를 설치하는 데 너무 많은 시간과 에너지를 소비해야 한다는 것이다. 나는 빠르게 텐트를 설치하고 휴식을 취할 수 있는 게 더 중요하다고 생각했다. 실제로 영하 20도였던 어느 겨울 백패킹에서 이너 프레임 방식의 텐트를 혼자 설치하지 못해서 전전긍긍하던 동료를 도와 텐트를 함께 설치한 경험이 있다. 만약 그가 혼자 왔다면 그는 그날 밤 밤새 펄럭이는 텐트를 덮고 자야 했을 것이다. 나는 프레임 방식을 결정할 때 이 원칙을 분명히 하였고, 그 원칙 아래 텐트를 디자인하였다. 아우터 프레임인가, 이너 프레임인가 정하는 것을 결국 제품의 개발 사상이 결정하는 것이다.

장거리 하이커를 위한 텐트 컨셉션

2000년대 들어서 알루미늄 합금 소재의 경량 텐트 폴이 일반화되고, 경량의 나일론 원단 직조 기술도 크게 발전해 텐트의 무게는 혁신적으로 가벼워졌다. 2인용 백패킹 텐트를 기준으로 한다면 2000년대 이전에는 3kg, 2000년대 이후에는 2kg대,

2010년 이후에는 1kg대로 경량화되었으니 대체로 10년 단위로 1kg씩 가벼워진 셈이다. 텐트의 경량화는 보다 넓은 공간을 원하는 사용자들의 요구와 충돌한다. 이 문제는 모든 개발자들의 공통된 고민거리이며 숙제다. PCT UL 텐트의 개발 컨셉과 방향을 잡을 때도 마찬가지였다.

2013년 PCT UL 텐트의 컨셉을 정의할 때 나는 싱글월 수준의 경량성과 설치하기 쉬운 자립형[5]이라는 두 가지 목표를 설정하였다. 핵심 사용자 층은 장거리 하이커들이었다. 나는 장거리 트레일을 종주하는 많은 하이커들을 보았는데 몇몇 하이커들은 무게 때문에 폴대가 없거나 최소화된 텐트를 사용하고 있었다. 그러나 자립형이 아니기 때문에 지표면의 컨디션에 따라 텐트 설치에 어려움을 겪는 경우가 많았다. 2인용 경량 텐트의 경우 폴이 차지하는 무게는 약 400g 정도인데 400g의 경량화를 포기하고 어떤 지표면 환경에서도 쉽게 설치할 수 있는 텐트를 선택할 것인지, 반대로 펙 다운이 잘 되는 지표면을 찾는 번거로움이 있더라도 무게를 줄일 것인지는 각자 선택의 문제다. 나는 1.2kg 미만의 자립형이면서 더블월 방식의 텐트가 장거리 하이커들에게 좋은 선택이 될 수 있을 것이라고 믿었다.

무게를 줄이면서 텐트 원단의 내구성을 유지하기 위해 원단 스

---

5 텐트를 설치할 때 펙 다운을 하지 않고도 세울 수 있는 방식을 말한다.

펙은 10D 나일론에 실리콘 코팅을 하기로 했다. 실리콘 코팅은 방수 성능뿐 아니라 원단의 내구성을 높여준다. 단점은 코팅의 특성상 정전기가 발생해 먼지가 잘 묻는다는 것이었다. 먼지는 원단의 내구성과 방수 성능과 비교해서 큰 문제가 아니었다.

날씨에 따라서 레인 플라이를 설치하지 않고 메시 소재의 이너 텐트만으로 야영을 할 수 있다는 것도 장점이었다. 출입구 쪽의 폭은 백패킹 텐트로서는 충분한 크기인 130cm로 설계했지만 경량화를 위해서 뒤쪽은 110cm로 설계했다. 상체에 비해 하체가 차지하는 면적이 좁기 때문이다. 이렇게 해서 탄생한 PCT UL 텐트는 더블월 구조의 완벽한 2인용 텐트임에도 그 무게는 1.17kg에 불과했고, 비록 엘찰텐 시리즈와 같은 아우터 프레임은 아니었지만 DAC의 허브 폴 시스템과 여러 가지 토이를 적용해 빠른 설치가 가능한 텐트였다.

꽃찰텐, 못다한 이야기

엘 찰텐 시리즈 텐트는 여전히 인기 있는 모델이지만 2015년에 개발한 엘 찰텐 플로랄 에디션은 특히 많은 사람들의 사랑을 받았다. 내가 아는 한 디지털 프린팅을 한 나일론 원단으로는 세계 최초의 텐트일 것이다. 엘 찰텐 플로랄은 화려한 꽃 패턴으로 많은 사람들에게 기억되고 있지만 직접 개발한 나에게는 새로운 경

험을 쌓게 해준 텐트다. 나는 텐트 플라이 원단의 한쪽 면은 반
드시 실리콘 코팅을 고집했다. 실리콘 코팅은 경량 원단의 내구성
을 강화시켜주고 방수 성능을 높여주기 때문이다. 그런데 문제는
실리콘 코팅된 면에는 프린팅이 불가능하다는 것이었다. 즉 나일
론 원단에 프린팅을 하려면 코팅하기 전 공정에서 진행해야 했다.
생지를 직조하고, 생지 상태에서 디지털 프린팅 공장으로 원단을
옮긴 후 프린팅이 끝나면 다시 코팅 공장으로 보내야 하는 것이
었다. 이 복잡한 공정으로 인해 원단의 손실률이 높았고, 매 공정
마다 서로 다른 공장에서 진행되므로 불량률도 높아졌다.

　어쨌거나 엘 찰텐 플로랄 에디션이 세상에 나오게 되었고, 나
는 한정판임을 강조했다. 한정판을 강조해 매출을 올리려는 의도
가 아니라 진짜 한정된 수량만 만들겠다고 약속한 것이다. 지금도
많은 사람은 플로랄 에디션을 추가 생산해줄 것을 요구하지만 한

정판은 한정된 수량일 때 그 가치가 인정되는 것이다. 그리고 그 말을 믿고 더 많은 비용으로 제품을 구입한 고객들에게도 약속을 지키는 일이다. 새로운 고객도 중요하지만 믿어준 고객들도 브랜드에게는 고마운 존재다.

엘 찰텐 플로랄 에디션은 높은 인기를 반영하듯 사용자 스스로 애칭을 불러주었는데 그것은 개발자가 상상도 하지 못한 '꽃찰텐'이었다. 제품에 애칭을 붙이는 일은 마케팅 팀에서 의도하는 경우들이 많다. 그러나 꽃찰텐은 우리 팀원 누구도 생각해내지 못한 '아름다운' 이름이었다. 이후에도 블랙 에디션에는 '먹찰텐'을, 짙은 올리브 색상에는 '쑥찰텐'이라는 기발한 이름을 작명해 주었다. 역시 브랜드 소비는 브랜드 스토리에 참여하는 과정이다.

혁신 소재 큐벤과
소재주의

호기심 가득한 개발자

일반적으로는 개발하고자 하는 장비의 콘셉트를 잡은 후 콘셉트를 충족시키고 기능을 극대화할 수 있는 소재를 찾는다. 그러나 호기심 많은 개발자들은 새로운 소재에서 제품의 영감을 많이 얻기도 한다. 역순인 셈이다. 진기한 세상 이야기에 소설가가 다시 펜을 들고, 신비로운 풍광이 사진가의 카메라 셔터를 바쁘게 하듯이. 나 역시 큐벤 원단을 알고 나서 관련 문서와 적용 제품들을 한동안 열심히 조사한 적이 있었다. 당시 큐벤 원단을 생산하고 있던 큐빅 테크놀러지에 문의 메일을 보내고 관련 자료를 받아서 꼼꼼하게 읽어보았다. 그리고 제품 스케치를 마치고 2014년에는 실제 제품 생산을 위해 제법 많은 양의 큐벤 원단을 주문하기도 했다.

그러나 좋은 제품은 호기심만으로 만들어지지 않는다. 나는 몇 가지 제품에 대한 콘셉트를 정의하고 실제 양산해줄 공장을 찾았지만 경험 있는 업체를 끝내 찾지 못했다. 대부분의 공장들은 무엇보다 생산성이 너무 떨어진다고 손사래를 쳤다. 그도 그럴 것이 일반적인 나일론이나 폴리에스터 원단과는 달리 재단이 어렵고, 봉제 방법도 까다로웠기 때문이다.

DCF? Dyneema®?

DCF 마니아들은 소재의 경량성과 내구성 이외에도 DCF 특유의 텍스처 질감과 마치 한국의 전통적인 한지를 연상시키는 비주얼에 큰 매력을 느낀다. DCF는 소재의 특성상 구김이 많이 생기는데 오히려 그 자연스러운 구김을 좋아하는 것이다. DCF는 여전히 매력적인 소재이며 마니아층이 있는데 과연 어떤 특징들을 가지고 있는지 알아보자.

DCF는 네덜란드 DSM의 등록된 상표인 Dyneema® 기술로 제작된 원단인데 DCF를 알아보기 전에 먼저 Dyneema®에 대한 이해가 필요하다. Dyneema®는 초고분자량 폴리에틸렌[1] 소재로 만든 섬유로서 무게 대비 최대 강도를 가지며, 기본적으로는 흰색과

---

1 초고분자량 폴리에틸렌(Ultra High Molecular Weight Polyethylene, UHMWPE)이 표준 폴리에틸렌과 구별되는 점은 매우 긴 폴리머 사슬과 높은 분자량으로 인해 내구성이 뛰어나다는 점이다. UHMWPE는 Dyneema®의 독자적인 기술은 아니다. Dyneema® 이외의 대표적인 UHMWPE 소재 섬유로는 Spectra Fiber가 있다. UHMWPE 섬유는 DCF와 같은 원단 제작 이외에 강화 코드를 만드는 데도 사용된다.

검정색으로 생산되지만 생산 후 염색을 통해 원하는 색상을 제작할 수 있다. 중량 대비 철보다 대략 15배 강하고, 아라미드 계열의 섬유보다 40% 강하다. 완전 방수일 뿐 아니라 물에 젖지도 않으며, 물에 뜬다. 화학 구조상 자체적으로 UV를 차단하고, 다른 화학 물질에 대한 저항성이 높다.

Dyneema®는 이런 특징들로 인해 원래 산업 현장과 군사, 의료용으로 많이 사용되었으며, 아웃도어 레저 산업이 크게 성장하고 섬유 생산 기술이 발전하면서 적용 범위가 크게 확장되어 최근에는 가방, 의류 등에도 적용되고 있다. 전통적인 Dyneema® 원단은 격자무늬가 있는 그리드스톱Gridstop이였으며, DSM이 큐벤을 개발한 큐빅 테크놀러지Cubic Technology를 인수하면서 복합적 구조의 합성 섬유인 큐벤을 Dyneema® Composite Fabric로 재정의했다. Dyneema®는 UHMWPE 소재로 만들어진 초강력 섬유 소재로 DSM의 등록된 상표이고, DCF는 Dyneema® 기술을 적용해 만든 DSM사의 원단의 한 종류인 것이다. Dyneema®는 그 외에도 모터 사이클용 의류에도 적용되는데 수년 전부터 면 소재와 혼합해 데님 원단을 개발하기도 했다. 사실 DSM과 같은 큰 기업체에서 몇몇 브랜드의 텐트나 배낭 시장은 크게 매력적이지 않을 수 있다. 아웃도어 장비용 원단으로서 DCF는 니치 마켓으로서의 의미가 있을 뿐이다.

흥미로운 원단 CTB1B3-1.0/H2

지금까지 보아온 원단 중에서 가장 흥미로운 원단 중 하나는 CTB1B3-1.0/H2였다. DCF 원단의 하나인 CTB1B3-1.0/H2는 ePTFE[2] 멤브레인을 원단 중간에 라메네이팅한 3 레이어 원단인데 무게는 m2당 31~40g으로 현존하는 방수 투습성 원단 중에서 가장 가벼운 원단에 속한다. 무게 뿐 아니라 내구성이 중요한 바깥층 레이어는 Dyneema® 직물로 처리해 기능성 아웃도어 원단이 갖추어야 하는 경량성, 내구성, 방수성, 투습성을 모두 충족

2 Expanded Polytetrafluoroethylene의 약자. 폴리테트라플루오로에틸렌(Polytetra
   fluoroethylene, PTFE)는 비가연성 불소수지로서 내화학성, 내열성, 낮은 마찰 계수 등의 특징
   을 가지는데 PTFE를 빠른 속도로 확장시키면 다공성 소재가 되어 특징 물질을 투과시키거나
   배제하는 특성을 갖게 된다. 이렇게 확장된 PTFE를 ePTFE라고 하며 대표적으로 Gore사의 제
   품이 있다.

시켜주는 원단이다.

최고 사양의 원부자재만을 골라서 사용하는 것은 선택의 문제이기 때문에 제품의 개발과 생산에서 크게 어려운 일은 아니다. 오히려 중요한 것은 개발자가 정의한 컨셉과 기능에 부합되는 소재의 적용이다. '소재의 적정성'은 기능성의 문제만은 아니며, '가격의 적정성'도 고려해야 한다. 제품 기획 단계에서 흔히 목표 가격을 정하게 되는데 CTB1B3-1.0/H2의 낮은 생산성과 그에 따른 높은 제조비용은 시장에서의 가격 경쟁력 확보에 큰 어려움을 주었다. 큐벤 3레이어 원단이라고 불리는 이 원단은 정말 멋진 재료였고, 좋은 어플리케이션을 만들어 내고 싶었지만 나는 샘플 텐트 하나만을 만드는 데 그치고 말았다. 나는 여전히 미련을 가지고 있으며, HMG나 OMSIGHT 등 몇몇 브랜드는 자사의 혁신성을 부각시키기 위해 CTB1B3-1.0/H2로 제작한 초경량 방수투습 자켓을 내놓기도 했다.

큐벤 본사 방문 대장정

큐벤 원단을 개발하고 직접 생산하는 큐빅 테크놀러지Cubic Tech nology는 미국 아리조나 메사에 있는데 그곳을 직접 방문한 것은 2016년 4월이었다. 큐벤 원단으로 텐트를 개발하고자 한 지 2년이 지났지만 나는 그때까지 가시적인 성과를 내고 있지 못했다.

생산 공정이 너무 까다롭고, 그런 까다로운 공정을 마다하지 않고 생산해줄 공장을 찾지 못했기 때문이다. 2015년 네덜란드의 DSM에 합병되어 지금은 Dyneema® Composite Fabric(이하 DCF)이라는 단일 브랜드로 전개하고 있지만 큐빅 테크놀러지 본사를 방문했을 그 당시만 해도 큐벤Cuben Fiber으로 더 알려져 있었다(인수 합병이 공식화된 것은 2015년 5월이다).

일행은 2015년 PCT를 종주하고 나와 함께 근무하고 있던 김광수, 역시 같은 해에 PCT를 종주하고 CDTContinental Divide Trail 종주를 위해 다시 길을 나선 양희종, 이렇게 셋이었다. LA 공항에서 렌트카를 픽업한 후 조슈아트리 국립공원 캠핑, 아리조나 메사의 큐빅 테크놀러지 미팅, 뉴멕시코주의 실버 시티에서 열리는 CDT 하이커들의 킥오프 행사 참가, 그리고 다시 텍사스 주 멕시코 국경에 있는 엘패소El Paso까지 운전하는 총 1,400km의 흥미로운 여정이었다. 엘패소에서는 비행기 편으로 다시 LA로 이동한 후 다른 일행들과 합류하여 미국 본토에서 가장 높은 휘트니 산을 등반하기로 되어 있었다.

조슈아트리 국립공원

이 대장정의 첫 번째 이벤트는 조슈아트리 국립공원이었다. 화성에 나무가 자란다면 이런 풍경이 아닐까 싶을 만큼 조슈아트리 국립공원은 대단히 인상적이었다. 황량한 벌판에는 융기한 게 아니라 어디에선가 굴러온 듯한 바위들이 드문드문 뭉쳐 있었고, 거기 용설란과에 속하는 조슈아 나무가 군락을 이루고 있었다. 공원 군데군데 바위에는 볼더링을 즐기는 사람들이 꽤 있었다.

국립공원이므로 야영 허가를 받기 위해 방문자 센터에 들렀지만 마침 금요일이라서 비어 있는 사이트는 없었고, 예약 취소자들이 있을 거라는 기대로 일단 야영장으로 향했다. 사전 예약이 필요한 야영장이라고 해도 선착순 사이트 몇 개는 남겨두는 경우가 많아서 비어 있는 사이트가 몇 군데 있었다. 비록 화장실이나 물을 구할 수 있는 곳에서는 거리가 조금 떨어져 있었지만 한적한 분위기였다.

'화성'에서의 캠핑은 좋았다. 우리나라의 잘 정비된 캠핑장과 비교할 수는 없지만, 독특한 형상의 조슈아 트리의 실루엣과 쏟아지는 별, 그리고 적막함까지 캠핑장은 자연에 동화되기에는 부족함이 없었다. 야영장까지 차량 진입이 가능해서 백컨트리 분위기의 캠핑장과는 달리 많은 사람들이 RV 차량을 이용해 캠핑을 즐기거나, 대형 텐트를 가지고 와서 캠핑을 하고 있었다. LA에서 200km 정도 떨어진, 비교적 가까운 거리이므로 LA에 간다면 외계 행성 같은 분위기에서 한번쯤 캠핑을 해볼 만한 곳이다.

모래 폭풍에 갇힌 사연

조슈아트리에서 야영한 후 다음 날 메사의 큐빅 테크놀러지에서 미팅을 하기로 되어 있었다. 미팅을 마친 후에는 CDT의 킥오프 행사가 열리는 뉴멕시코주의 실버시티로 가야 하는데, CDT 종주에 나선 양희종을 CDT의 출발지인 실버시티까지 태워다 주기로 했기 때문이다.

네비게이션은 조슈아트리 국립공원 지역을 빠져나와 작은 마을을 지난 후 지방도로에 들어서는 경로를 알려주었다. 나는 계기판을 보고 주유를 할지 잠시 망설였지만 계기판 바늘은 연료가 30% 이상 남았음을 표시하고 있었다. 이 정도면 150km 정도는 갈 거 같았고, 설마 150km를 가는데 주유소 하나 없을까 싶어서 마을을 지나쳐 지방도로에 올라섰다.

　도로는 단조롭게 직선으로 쭉 뻗어 있었지만 출발할 때만 해도 사막의 이색적인 풍경에 지루한 줄 모르고 운전했다. 가스 스테이션이 나오면 커피와 샌드위치로 간단하게 식사도 할 요량이었지만 30분이 지나고 1시간이 지나도 도로는 그냥 일직선으로 뻗어나갈 뿐 가스 스테이션을 알리는 이정표가 없었다. 차창 밖 풍경은 어느새 황량한 사막으로 바뀌어 있었고 모래바람이 불기 시작했다.

　조슈아트리를 출발한지 100km가 넘어갔지만 가스 스테이션은 나오지 않았다. 마침내 주유 경고등에 불이 들어왔고 나는 에어컨 작동을 중단시킨 후 최대한 속도를 줄여 연비 운행을 했다. 차창 밖 모래 바람은 폭풍으로 변해서 앞이 제대로 보이지 않았다. 사막 한가운데를 지나고 있어서 모바일 통신도 불통이었다. 차량 와이퍼를 작동하지 않고서는 한 치 앞을 볼 수 없는 상태에서 더듬더듬 앞으로 갔다. 그것밖에는 할 수 있는 일이 없었다. 내가 가진 상식으로는 연료의 10%가 남은 상태에서 주유 경고등이 들어온다는 것이었는데 경고등이 들어오고 나서도 30~40km 이상은 운행한 것 같았다. 연료가 바닥나서 차가 멈춰 선다고 해도 모래 폭풍 때문에 꼼짝없이 차에 갇혀 있어야 했다.

　이제 곧 차가 멈춰서도 이상할 것이 없다는 생각에 포기하다시피 엑셀레이터에 발을 살짝 올려놓고 슬슬 앞으로 나갔다. 그런데 기적 같은 일어났다. 끝없이 이어질 거 같았던 사막 한가운데 도로 옆에 작은 가게가 하나 보였다. 모래 폭풍은 어느덧 조금

잦아들고 있었고 우리는 안도의 한숨을 내쉬었다. 그러나 문제가 완전히 해결된 것은 아니었다. 우리나라 편의점 같은 작은 가게였을 뿐 주유소는 아니었기 때문이다. 일단 전화통화가 가능하고 사람들에게 도움을 청하기로 하고 가게로 들어섰다.

가게 입구에서 우리는 구세주 같은 안내문을 발견했다. 무려 24시간 내내 연료 서비스를 한다는 것이었다. 전화를 하자 서비스 맨은 짐칸에 기름통을 잔뜩 실은 밴을 타고 10분 만에 나타났다. 사막 한가운데에 어디 있다가 나타났는지 그는 연료가 떨어져 오갈 수 없었던 우리들에게는 슈퍼맨 같았다. 뚱보 슈퍼맨은 아마도 이게 직업인 듯 했다. 이 구간은 우리와 같은 곤경에 빠지는 경우가 더러 있을 것이다. 연료는 일반 가스 스테이션보다 네 배 정도 비쌌다.

큐벤 텐트 개발을 중단하다

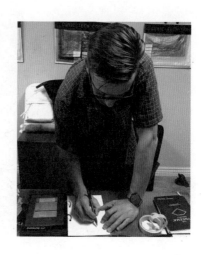

우연곡절 끝에 메사의 큐빅 테크놀러지 본사에 도착했다. 한적한 동네에 자리 잡은 큐빅 테크놀러지는 생산도 겸하고 있었는데 연구소 같은 분위기였다. DCF 어플리케이션 매니저인 웨스Wes Hatcher는 배낭이며, 의류 등 DCF으로 제작된 제품들을 소개해주었다. 그가 코멘트를 달아준 DCF 스와치북은 아직까지도 나에게는 큰 도움이 되고 있다.

나는 이미 DCF로 타프 샘플을 개발했었고, DCF 3레이어 원단인 CTB1B3-1.0/H2로 텐트 샘플도 개발해둔 상태였지만 그 완성도에 대해서는 만족하지 못했다. 2015년에 개발한 패스포트와 신용카드를 수납할 수 있는 넥 월렛은 이미 꽤 인기가 있었지만 간단한 소품 이상의 제품을 개발하고 싶었다. 그러나 DCF 원단이 텐트의 좋은 소재인지에 대해서는 나는 확신을 하지 못한 상태였다.

같은 해 여름에는 DSM의 테크니컬 슈퍼바이저인 빈센트와 함께 베트남의 텐트 공장도 방문했지만 나는 여전히 적합성에 대한

의심을 거두지 못했다. 경량 백패킹 장비는 무게도 중요하지만 패킹 사이즈도 중요하다. 그런 점에서 DCF 소재 텐트는 나일론 소재 텐트보다 패킹 사이즈가 크다는 단점이 있다. 물론 이 문제는 아키텍처를 단순화시켜 원단 사용량을 줄이면 어느 정도 해결할 수 있지만 동일 면적으로 만든다면 패킹 사이즈가 커지는 것은 감수해야 한다. Non-Woven 계열 원단은 봉제 없이 테이핑만으로 제품을 만드는 게 가장 좋은 방법이다. 특히 패턴 조각을 이어 붙일 때 겹쳐지는 부분을 양면 심 테이프로 접착하고 연결 부분을 강화하기 위해 다시 한 번 단면 테이프로 보강해줘야 한다. 그런 점에서 DCF는 특성상 곡선이 많이 들어간 돔 형태 텐트에는 적합하지 않은 소재인 것은 분명하다. 억지로 돔 형태 텐트를 만든다고 해도 그것은 그냥 전시회 부스 입구에만 세워져 있는 컨섭카 역할을 할 뿐이지 필드에서 잘 달리지는 못할 것이다.

베트남 공장의 숙련된 기술자들도 심 테이프 작업은 여러 명이 달라붙어 수작업으로 밖에 할 수 없었다. 네다섯 명이 달라붙어 패턴 조각의 양쪽을 잡아당긴 후 테이핑하는 과정은 흡사 페라리를 만드는 것 같았다. 나는 솔직히 페라리를 좋아하지만 페라리를 만드는 것에는 큰 관심이 없었다. 이후에도 빈센트는 DCF 소재 텐트 생산을 독려하고 여러모로 많은 도움을 주었지만 결국 나는 DCF 소재의 텐트 개발을 중단하고 말았다. 그러나 주로 직선으로 구성된 설계라면 DCF는 여전히 매력적인 소재다. 당시 빈센트는 DCF 전용 심 테이핑 자동 기계가 개발 중이라고 했는데 지금쯤은 상용화되었을지도 모른다.

소재주의와 팬시

DCF는 매우 혁신적인 소재이지만 모든 장비에 어울리는 원단은 아니다. 좋은 음식 재료일수록 경험 많은 요리사가 정성을 다해 요리해야 좋은 음식이 나온다. 장비도 마찬가지다. 아무리 좋은 소재라고 해도 소재의 특성을 잘 이해하고, 적절한 곳에 사용하지 않으면 소재의 장점은 묻히게 된다. 개발자들은 '소재주의'에 빠지는 것을 항상 경계해야 하며, 혹시나 내가 기능성 장비를 개발하는 것인지 아니면 팬시용품을 만드는 것인지 명확하게 인식할 필요가 있다. 물론 이것은 기능성 장비 개발은 좋은 것이며, 팬시용품 개발은 나쁜 것이라는 가치 판단의 문제가 아니다. 페라리는 페라리로서의 가치가 있는 것이고, 포드 트럭은 포드 트럭으로서의 가치가 있는 것이다. 개발자는 다만 제품이 요구하는 기능과 콘셉트에 해당 소재가 적합한지를 판단하면 된다.

2012년 전 세계적으로 단 100개만 생산했다는 시에라 디자인의 DCF 소재 MOJO UFO 텐트를 무려 1,800달러에 구입해서 직접 사용해보기도 했던 나는 신기하기는 했지만 그 텐트를 산에 갈 때 선뜻 배낭에 담지는 않았다. 오로지 DCF로만 모든 제품을 생산하는 HMG, 그들의 첫 번째 배낭은 아직도 가끔 사용하기는 하지만 봉제선의 내구성은 불만스러웠다. 그럼에도 불구하고 뚝심 있게 DCF로 제품을 개발하고 있는 HMG를 비롯해 로커스 기어나 야마 마운틴 기어의 제품들은 완성도가 뛰어나며, 나는 그들의 일관된 개발 사상에 경의를 표한다.

돛을 만들던
X-Pac™의 재발견

뜻밖의 시장 아웃도어

모든 것이 처음 의도대로 되는 것은 아니다. 사업은 전혀 예상하지 못했던 부정적인 결과로 이어질 수도 있고, 반대로 미리 기대하지 않았던 시장이 생기기도 한다. X-Pac™은 후자에 속할 것이다. 원래 디멘션 폴리얀트Dimension-Polyant의 X-Pac™ 원단은 요트의 돛을 만들기 위해 개발된 특수 원단이다. 모기업인 Sioen Industries는 벨기에의 섬유 제조업체로서 특히 특수 산업 분야에서 사용되는 보호복을 위한 코팅, 방직 등에 차별화된 기술력을 가지고 있으며, 그 모태는 1907년에 설립한 Sioen-Sabbe이다. 모기업 기준으로는 100년 이상의 역사를 가진 기업인 셈이다.

X-Pac™이 세일링 돛이 아닌 아웃도어 장비 원단으로 주목받기 시작한 것은 2010년대 초반부터다. BPL 커뮤니티에 X-Pac™에 관한 문의와 토론이 올라오기 시작한 것도 2011년부터인데 특히 백팩 원단으로서 X-Pac™에 대한 관심이 높아졌다.

X-Pac™의 재조명

경량 배낭에서 많이 사용하는 X-Pac™ 시리즈의 원단은 배낭 원단으로 인기를 얻기 전에도 장비 개발자들에게 주목을 받고 있었다. 특히 TX07 FR/PU 원단은 원정용 텐트의 슬리브와 바닥 보강 위치에 부분적으로 사용되고 있었다. 내가 기억하기로는 본격적인 상용 제품에 X-Pac™이 적용된 것은 마운틴하드웨어의 텐트 Direkt 2였다. Direkt 2는 알파인 스타일의 고산 등반용 싱글월 텐트이기 때문에 무엇보다 가볍고 강풍 대응력이 뛰어나야 했다. Direkt 2는 돔형 싱글월 텐트인데 외부 슬리브에 폴을 끼우는 아우터 프레임 방식이라서 특히 폴대를 끼우는 슬리브가 쉽게 마모될 가능성이 높았다. Direkt 2는 이 문제를 해결하기 위해 X-Pac™의 TX07 원단으로 슬리브를 제작되었다. TX07은 70D 나일론을 베이스로 PET 필름을 라미네이팅한 원단인데 특히 텐트의 내마모성이 필요한 부분, 예를 들어 슬리브나 텐트의 모서리 등 취약한 부분에 사용하도록 개발된 원단이다.

인디펜던트 브랜드뿐 아니라 마운틴 하드웨어 같은 메이저 브랜드는 여전히 백팩에 X-Pac™를 일부 적용하고 있다. 최근에는 디스이즈네버댓Thisisneverthat이나 뉴에라New Era와 같은 스트릿 패션 브랜드들도 가방이나 소품에 X-Pac™을 사용하기도 한다. 그만큼 대중적인 소재가 되었으며, 성능에서도 모자람이 없다는 뜻이다.

X–Pac™이란?

미국 디멘션 폴리얀트의 특허 받은 라미네이션 공정으로 개발
된 X-Pac™은 인열강도와 내구성이 뛰어나 고급 백팩과 기어 백
에 많이 사용하고 있다. 뛰어난 내구성은 X-Pac ™의 독특한 레
이어 구조 덕분인데 아래와 같은 4 레이어 구조로 되어 있다.

직조 나일론 표면Woven Nylon Face

겉면은 직조된 나일론으로 이루어져 있는데, 가장 바깥쪽 면에서 내마모
성과 발수성(DWR)을 높여주는 역할을 한다.

X-Ply 원사X-Ply yarn

표면에 보이는 다이아몬드 패턴은 X-Ply 원사를 사용한 레이어인데 바이
어스[1]의 안정성과 인열 강도가 우수하다.

---

[1] 직조 원단은 날실과 씨실이 교차하는데 이 교차점의 45도 방향을 바이어스(bias)라고 한다. 실
이 교차하지 않는 방향이라 원단에서 가장 약하고 변형이 일어나기 쉽다.

PET 필름PET Film

세 번째 레이어는 완전히 방수가 되는 PET 필름이며 원단이 늘어나는 것을 방지한다.

직조 폴리에스터 뒷면Woven Polyester Backing

가장 안쪽은 폴리에스터 레이어로서 이음새를 강화시켜주는 역할을 한다.

여러 개의 레이어를 라미네이팅한 원단의 경우 각 레이어가 떨어지는 박리剝離 현상이 종종 발생하는데 나는 X-Pac™에서 한 번도 이런 현상을 발견하지 못했다. 그만큼 품질이 우수하다고 할 수 있다.

X-Pac™ 시리즈

X-Pac™은 단일 아이템이 아니다. 다양한 데니어[2]의 다른 원사와 혼합하여 여러 가지 아이템으로 구성되어 있다. X-Pac™의 대표적인 아이템 몇 가지를 알아보자.

X-Pac™은 우선 추천 용도에 따라 미션 시리즈Mission Series와 익스페디션 시리즈Expedition Series로 분류하며, 겉표면을 나일론 대

2 Denier. 원사 1g으로 9,000m의 실을 뽑을 수 있는 단위. 예를 들어 30D(데니어)는 9,000m의 실을 생산하기 위해 30g이, 10D는 10g의 원사가 필요하다.

신 논 우븐Non-Woven 폴리에스터로 코팅한 LiteSkin™ 시리즈도 생산하고 있다. LiteSkin™ 시리즈는 표면이 우븐 타입이 아니라 좀더 캐쥬얼 패션 쪽에 포커싱된 원단이라고 할 수 있다. 그 외에 도 겉표면은 면으로 제작한 코튼 덕Cotton Duck과 침낭 라이너를 위 해 알루미늄 호일을 라미네이팅하여 특수 제작된 VS75라는 아이 템도 선보이고 있다.

X-Pac™과 관련한 많은 사람들의 관심은 아마도 배낭일 텐데 배낭 제작에 사용하는 원단은 대부분 익스페디션 시리즈다. 익스 페디션 시리즈는 겉표면에 사용된 나일론과 폴리에스테르의 종 류에 따라 다시 아래와 같이 분류한다.

VX03 – Light – X-Pac™

VX07 – Standard – X-Pac™

VX21 – Terrain – X-Pac™

VX42 - Rugged - X-Pac™

VX51 - Extreme - X-Pac™

뒤에 숫자는 표면층에 사용된 나일론과 폴리에스테르의 데니
어를 의미한다. 즉 03은 30D 나일론과 폴리에스테르, 21은 210
데니어 나일론과 폴리에스테르를 사용했음을 의미한다. 따라서
숫자가 높아질수록 인장, 인열강도를 우수하며, 무게도 더 무겁
다. 배낭에는 일반적으로 VX21를, 경량 배낭에는 VX07를 사용
한다.

X-Pac™ Vs. Dyneema®

많은 사람이 Dyneema®와 X-Pac™을 비교한다. 해외 커뮤
니티에서도 이 두 가지 소재에 대해서 종종 토론이 벌어진다.
Dyneema® 중에서도 특히 DCF_{Dyneema® Composite Fabric}와 X-Pac™
를 비교하는데 이는 두 원단이 경량 배낭 소재로서 가장 인기 있
기 때문이다. 그러나 X-Pac™은 단일 원단이 아니라 네 개의 레
이어로 이루어진 복합 직물이고, 핵심 기술은 라미네이팅이라고
할 수 있다. 즉 원단을 직조하는 것이 아니라 네 개의 각각 다른
직물을 겹쳐서 만드는 것이다. 이에 비해 DCF는 단일 원단으로
서 이 둘을 직접적으로 비교하는 것은 어려운 일이다.

DCF와 X-Pac™은 둘다 자외성에 강하며, 물에 젖지 않으므로 배낭 제작으로는 최고의 원단인 것은 분명하다. 같은 무게를 전제로 한다면 Dyneema®는 가장 강한 원단이다. 그러나 X-Pac™에 비해 더 비싸다. 튼튼하고 가벼운 배낭을 만드는 게 목표라면 DCF가 유리할 것이다. 반면 DCF 소재의 배낭보다는 약간 무겁지만, 그러나 여전히 가벼운 배낭을 만든다면 X-Pac™도 좋은 선택이다. X-Pac™은 염색 MOQ인 1,000야드 이상을 주문하면 원하는 색상을 지정할 수 있다는 장점이 있다.

그럼에도 불구하고 사람들은 무엇이 더 좋은지를 알고 싶어 한다. 모두 좋은 원단이며, 어떻게 활용하는지가 더 중요하다는 게 나의 대답이다. 다시 말해서 개발자가 자신이 설정한 개발 방향에 맞게 소재를 선택했는가가 본질인 것이다.

기능성 경량 원단의
선두주자, 퍼텍스

작은 발견, 큰 혁신

아웃도어 장비의 경량화는 BPL 스타일을 추구하지 않더라도 거대한 방향성 같은 것이다. 동일한 크기와 동일한 성능을 제공한다면 더 무거운 장비를 선호할 소비자들은 없기 때문이다. 장비 경량화를 위해서는 장비 완제품 개발사뿐만 아니라 원부자재 개발사의 지속적인 기술 혁신을 요구한다. 동일한 성능, 또는 더 나은 성능을 보장하면서 무게를 줄이는 것은 기술 혁신의 결과이며, 치열한 경쟁 속에서 점점 발전하고 있다. 그중 원단 분야에서는 Pertex®(이하, 퍼텍스)가 단연 선두라고 할 수 있다.

모든 혁신은 아주 작은 발견에서부터 시작된다. 1979년 영국의 해미쉬 해밀턴Hamish Hamilton은 텐트 안에서 물을 끓이면서 발생한 수분이 원단의 미세한 조직을 따라 번지면서 빠르게 건조하는 것을 발견했다. 물이 고여있는 것보다 표면에 넓게 확산되어 있을 때 더욱 빨리 건조한다는 매우 간단한 원리를 발견한 것이다. 관

습에 얽매이지 않는 디자이너였던 해밀턴은 이 아이디어를 놓치
지 않고 1980년 도트 매트릭스 프린터에 사용하는 합성 직물 제
조사인 퍼시피어런스 밀스Perseverance Mills Ltd를 찾아가 원단의 컨
셉를 설명하고 마침내 퍼텍스 원단을 개발하게 된다.

　1980년 영국에서부터 사업을 시작한 퍼텍스는 2005년 일본의
미쯔이와 제휴하여 첨단 기술을 적용한 고기능성 원단을 생산하
기 시작했으며, 현재는 대부분 일본에서 생산하고 미쓰이가 세계
독점 판매권을 가지고 있다.

최고의 다운프루프downproof 원단

　무엇보다 퍼텍스는 우모 제품에서 최고의 성능을 발휘한다.
2011년 나는 처음 침낭을 개발하면서 모든 제품에 퍼텍스 원단
을 적용했다. 이 과정에서 퍼텍스 한국 공식 디스트리뷰터로부터
많은 도움을 받았고, 퍼텍스뿐 아니라 원단 전반에 대한 지식을
얻을 수 있었다. 내가 만들고자 하는 제품에 맞는 아이템을 선정
하기 위한 우리의 토론은 진지했으며, 적합한 아이템으로 최고의
결과물을 만들어내자는 목표도 일치했다.

　퍼텍스의 진가는 침낭에서 제대로 발휘된다. 원단의 터치감이
나 염색 색상의 발현은 말할 것도 없고, 침낭의 겉감이나 안감으
로 사용했을 때 무엇보다 우모 빠짐이 다른 원단에 비해 현저하

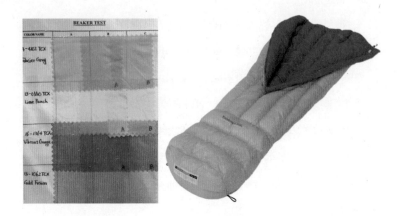

게 적다는 것이었다. 우모 빠짐을 방지하는 가공을 흔히 다운프루프라고 하는데 원단 조직을 조밀하게 직조하고, 직조 후 표면에 얇은 코팅을 입히는 공정을 말한다. 이런 공정을 통해 아무리 얇고 가벼운 원단이라고 해도 우모가 빠져나오는 것을 막아준다.

퍼텍스의 다운프루프 성능에 대한 높은 신뢰성 때문에 나는 투올러미 SUL을 개발할 당시 과감하게 7D의 초경량 원단Pertex™ Quantum GL 7D을 사용할 수 있었다. 투올러미 SUL은 유럽 최고의 프리미엄 구스다운 업체인 애니멕스ANIMEX의 퓨어 화이트 구스다운을 사용하고, 지금은 파산해 퍼텍스 본사에서도 매우 안타깝게 생각했던 퉁상Tungsang Performance Outdoor Ltd에서 생산한 침낭으로 세계 최고 수준의 경량 침낭이라고 감히 말할 수 있는 제품이었다.

퍼텍스 라인업

이제 퍼텍스에 대한 일반적인 정보를 알아볼 차례다. 초경량 기능성 원단의 글로벌 리더인 퍼텍스는 소비자가 요구하는 사양에 따라 쉴드SHIELD, 퀀텀QUANTUM, 이퀼리브리엄EQUILIBRIUM 등 3개의 라인업으로 나눠져 있다.

Pertex® Shield

퍼텍스 쉴드는 내구성, 방수성 및 투습성이 뛰어난 원단으로 퍼텍스 중에서 최고의 퍼포먼스를 제공한다. 극한 환경을 고려한 전문가용 자켓이나 우모 제품에 사용한다. 방수와 함께 투습이 되는 필름을 라미네이팅한 3레이어와 투습 PU 코팅한 2.5 레이어 제품이 있다.

PERTEX® QUANTUM

퍼텍스 퀀텀은 퍼텍스의 핵심 기술력을 집약한 원단으로 아주 가는 원사를 사용하여 직조한다. 경량과 패킹했을 때의 최적화된 크기가 장점이다. 침낭이나 경량 방풍 자켓에 사용한다. 퀀텀의 프리미엄 라인업은 퀀텀 프로는 기존의 엔듀런스(ENDURANCE)를 계승하고 있다. 극한 환경에서의 악천후 대응력이 높아서 전문가용 침낭 제작에 사용한다.

PERTEX® EQUILIBRIUM - Double weave fabrics

퍼텍스 이퀼리브리엄은 이중 직조 구조의 원단으로 촘촘하게 짜여진 바깥면은 거친 외부 환경으로부터 사용자를 보호하고, 좀더 개방적으로 짜여진 내부면은 몸에서 수분을 제거하는 데 효율적이다. 소프트한 방한 자켓 제작에 어울린다.

지속가능성을 향한 혁신

퍼텍스는 아웃도어 산업이 환경 보호를 위한 책임이 점점 증가하고 있다고 하면서, 환경에 미치는 영향을 최소화하기 위한 매우 의욕적인 청사진을 발표했다. 2019년 발표한 〈PERTEX® 지속가능성 보고서PERTEX® SUSTAINABILITY REPORT〉에 따르면 2022년까지 원단 생산의 80%를 50% 이상의 재활용 소재를 이용해서 생산하겠다는 것과 모든 원단의 DWR(발수 가공) 처리 공정을 100% 비불소를 사용하겠다는 두 가지 목표를 제시했다. 이와 함께 퍼텍스는 최근 지속가능성을 위한 중요한 기술적 혁신의 하나로 '바이오베이스드BIOBASED'라는 아이템을 추가했다. 바이오베이스드는 바이오 기반 원단으로 최소 25%를 식물에 기반한 재생 가능한 성분으로 만들어진다. 특히 바이오 기반 성분은 집약적인 농사가 필요 없고, 가뭄에도 강한 비식용 작물인 피마자 식물의 씨앗에서 추출한다. 가뭄에 강하다는 것은 농업용수를 적게 사용한다는 측면에서도 친환경적 의미가 크다고 할 수 있다.

바이오베이스드 공정 다이아그램에서도 알 수 있듯이 피마자

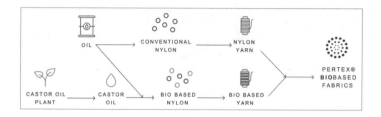

씨앗에서 바이오 기반 나일론을 만드는 데 필요한 기름을 추출하여 기존의 나일론과 같은 방식으로 원사를 뽑아낸다. 즉 석유 대신 재생 가능한 피마자 기름을 사용하겠다는 것이다. 물론 바이오 기반의 원사만 가지고는 아웃도어 제품이 요구하는 내구성 수준을 보장할 수 없으므로 기존의 나일론 원사와 함께 직조한다. 재생 가능한 천연 성분을 활용함으로써 퍼텍스 바이오 기반 직물은 화석 연료 사용을 줄이는 데 도움이 될 뿐 아니라 작물 재배 단계에서도 CO_2 배출을 억제하여 기후 변화를 완화하는 데 기여할 것을 기대하고 있다.

이제 책임 있는 아웃도어 기업들은 단순히 무게나 성능 향상을 위한 기술 개발뿐 아니라 지속가능성을 위해서도 많은 노력을 기울어야 하는 시대가 되었다. 21세기의 혁신 방향은 지속가능성으로 나아가야 하며, 글로벌 리더 브랜드의 지속가능성을 위한 혁신은 전체 아웃도어 산업에도 긍정적인 신호가 될 것이다. 그동안 우리는 자연에게 너무 빚지고 살아왔다.

장비 개발
FAQ

동대문 원단 시장과 청계천에서 일하는 봉제공을 찾아다니던 시절 내가 가장 답답해했던 것은 물어볼 곳이 없다는 것이었다. 섬유나 금속 공학을 전공하지도 않았고, 관련 업체에서 경력을 쌓은 것도 아니라서 책상 위 모니터를 바라보고 있으면 창이 없는 네모난 공간 속에 갇힌 느낌이었다. 어둠 속에서 더듬이만으로 사물과 주변을 인지해야 하는 곤충처럼 나는 벽을 더듬더듬 만져 나갔다.

막상 장비 개발에 관련된 이야기를 정리하려고 하니 한편으로는 하찮은 이야기들이기도 하고, 또 한편으로는 너무 방대한 이야기이기도 했다. 여기서 다루는 FAQ는 더듬이 시절 내가 가졌던 질문과 겨우 얻은 대답이기도 하고, 이 책에서 다 서술하지 못한 장비 개발 이야기이기도 하다.

Q. MYOG 타프를 제작하려고 합니다. 어떤 원단을, 어디에서 구해야 하나요?

A. 타프나 텐트 원단은 크게 두 가지 종류가 있습니다. 나일론과 폴리에스테르가 그것입니다. 나일론은 가볍지만 폴리에스테르에 비해 비싸고 봉제가 까다롭습니다. 폴리에스테르는 나일론에 비해 상대적으로 무겁지만 저렴하고, 인쇄했을 때 색상이 잘 표현됩니다. 타프나 텐트 제작용 원단은 방수가 되어야 하는데 코팅하지 않은 원단은 방수가 되지 않으므로 코팅이 된 나일론이나 폴리에스테르 원단을 사용하면 됩니다.

보통 원단을 구하기 위해서 동대문 원단시장을 찾는데 아쉽게도 방수 코팅된 나일론이나 폴리에스테르 원단은 찾기 어렵습니다. 대부분 의류 제작용 원단만을 취급하기 때문입니다. 조금 번거롭겠지만 해외의 원단 소매 사이트를 이용하는 게 가장 좋습니다. 아래 소개하는 사이트는 우수한 품질의 원단을 소분하여 판매하는 곳입니다.

- RipstopByTheRoll: https://ripstopbytheroll.com
- Dutchware: https://dutchwaregear.com/

Q. 원단의 종류가 다양한데 각각의 특성이 궁금합니다.

A. 원단의 종류는 워낙 많아서 한권의 책으로도 펴낼 수 있을 정도입니다. 분류법도 다양한데 우븐Woven과 니트Knitt의 차이를 이해하

면 도움이 됩니다. 우븐은 의류에서는 남방, 와이셔츠 등에 주로 사용하는 원단으로 씨실과 날실을 교차하여 제작한 직물이고 텐트 원단도 우븐으로 분류합니다. 니트는 티셔츠, 스웨터 등을 제작하는 원단으로 한 올의 실로 직조하여 생산합니다. 쉽게 비유하며 뜨개질과 같은 방식이라고 할 수 있습니다.

원단을 이해하기 위해서는 생산 과정을 먼저 이해하는 게 좋습니다. 원단 제조는 아래와 같은 공정으로 이루어집니다.

원사 → 생지 직조 → 염색 → 코팅 또는 후가공 → 완성

우리가 알고 있는 원단 브랜드들은 엄밀하게 따지자면 대부분 원사의 브랜드이기도 합니다. 대표적으로 미국 인비스타의 코듀라 CORDURA® 원단의 경우 코듀라 원사를 구입해서 코듀라 생산 라이센스를 가지고 있는 직조 공장에서 원단을 생산합니다. 즉 인비스타가 직접 최종 완성품으로서 코듀라 원단을 생산하지 않습니다. 섬유 강국이라고 할 수 있는 우리나라에도 코듀라 인증을 받은 원단 생산업체가 많으며, 전 세계적으로도 우수한 품질을 인정받고 있습니다.

Q. **원단에 코팅을 하는 이유는 무엇인가요?**

A. 코팅을 하지 않은 상태의 원단을 생지라고 부릅니다. 생지 원단은

방수, 발수, 투습 등의 기능성이 전혀 없는 상태입니다. 아웃도어 장비에 필요한 원단은 대부분 발수, 방수 코팅을 해야 합니다. 한 가지 사례를 설명하면 쉽게 이해가 될 것 같습니다. 20D 원단으로 텐트를 만들려고 대구의 섬유 업체에 원단 공급을 요청합니다. 원단 업체에서 20D 생지 재고를 가지고 있다면 클라이언트의 요청에 따라 염색한 후 원하는 내수압 수준으로 코팅을 해서 원단을 공급합니다. 만약 이 때 생지가 없다면 20D의 생지를 직조해야 하므로 납품까지는 더 많은 시간이 필요합니다. 통상 이 과정은 2개월 정도 소요됩니다. 아웃도어 장비에 적용되는 코팅 방식은 크게 두 가지 방식이 있습니다. 폴리우레탄 코팅(이하 PU)과 실리콘 코팅이 그것입니다. PU 코팅은 실리콘 코팅에 비해 비교적 저렴하며, 장점으로는 인쇄, 심테이핑 접착이 가능하다는 점입니다. 실리콘 코팅은 코팅의 내구성이 강하며, 원단의 인장, 인열강도를 높여주는 효과가 있습니다. 단점으로는 인쇄와 심테이프 접착이 불가능하다는 점이다.

Q. 타프나 텐트 등 방수가 필요한 제품은 내수압을 표기하는 경우가 많은데 적정한 내수압은 어느 정도인가요?

A. 원단의 방수 성능은 내수압으로 측정해 표기하는데, 내수압은 지름 1cm의 원통 기둥에 물을 담아 원단위에 올려놓는 방식으로 측정합니다. 즉 내수압 1,200mm는 1.2m의 물기둥을 원단 위에 올려놓았을 때의 방수성능을 의미합니다. 텐트의 경우 원단의 내수압이

1,500mm 이상이면 방수 성능에는 문제가 없습니다. 약한 비에는 500mm, 보통 수준의 비에는 1,000mm, 강한 폭우에는 1,500mm 정도의 내수압 성능이 필요합니다. 텐트 바닥의 경우의 사람의 체중이 실리기 때문에 2,000mm 이상의 내수압이 필요합니다. 보통 원단 공장에서는 클라이언트의 요구보다 더 높은 내수압에 맞게 코팅을 합니다. 원단 전체를 골고루 코팅하지 못할 수도 있기 때문에 품질 보증은 위해 보통 요구 사항보다 30% 이상의 내수압 코팅을 적용합니다.

제품의 기술 사양에 대한 정보가 부족했던 시절에는 자사 제품의 내수압이 5,000mm, 10,000mm라고 홍보하기도 했지만 2,000mm 이상이면 큰 의미가 없습니다. 오히려 지나치게 높은 내수압은 코팅을 두껍게 했다는 이야기이므로 원단의 무게가 크게 늘어나고 제품의 무게도 증가하게 됩니다.

Q. 레인 자켓은 방수 기능뿐 아니라 자켓 내부의 습기를 배출하는 투습도도 중요하다고 알고 있습니다. 투습도는 어떻게 측정하나요?

A. 투습도는 1평방미터당 24시간 동안 습기를 방출하는 정도를 측정해 MVTRMoisture Vapor Transmission Rate로 표기합니다. 예를 들어 MVTR 테스트 결과값이 20,000g/m2/day라고 하면 하루 동안(24시간) 1평방 미터에서 20,000g의 습기를 방출할 수 있다는 뜻입니다. 캐주얼한 레인 자켓의 경우 5,000g/m2/day 수준이면 쾌적함을 느낄 수 있으며, 악천후에 노출되는 경우가 많은 전문가용 레인 자켓은

10,000g/m2/day 이상을 요구합니다. 실험실에서의 모든 테스트 결과와 마찬가지로 투습도 측정 역시 정해진 환경에서 시료로 측정하기 때문에 실제 완성된 제품의 투습성능은 다를 수 있습니다.

Q. 우모의 품질을 어떻게 구분하나요?

A. 우모의 품질은 다음과 같은 세 가지 요소가 결정하며, IDFL의 우모 품질 분석도 세 가지 항목으로 진행합니다.

- 필파워 Fill Power
- 성분비율 Content Analysis
- 품종 Species Analysis

필파워는 30g 다운이 차지하는 부피를 세제곱 인치로 나타낸 수치로서 세탁한 우모를 압축한 후에 부풀어오르는 정도를 측정합니다. 예를 들어 800 FP는 1온스의 우모가 부풀어 오르는 공간이 800in³인 것입니다. 필파워가 높을수록 충전재 사이의 공기를 더 많이 가둘 수 있어서 단열 효과가 뛰어납니다.

우모의 성분비율도 우모 품질에 큰 영향을 미칩니다. 우모 침낭의 경우 다운클러스터(솜털) 90 : 페더(깃털) 10 비율을 사용하는 경우가 많지만 글로벌 프리미엄 침낭의 경우 성분비율은 95 : 5 수준입니다. 다운 의류나 침낭 등의 라벨에는 각 나라의 표준에 따라 충전재의 성분

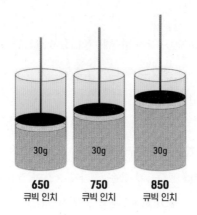

비율을 표기하도록 되어 있습니다. 여러분의 자켓이나 침낭도 정상적인 제품이라면 다음과 같은 형식으로 표기되어 있을 것입니다.

90% Down / **10% Duck Feather**

IDFL의 품종 분석에서는 거위, 오리, 드물게는 닭털의 구성비를 분석합니다. 다른 조건이 동일하다면 당연히 거위털의 품질이 가장 우수합니다.

그 외 개체의 원산지, 사육환경, 후가공 처리(냄새, 발수 등) 등도 우모 품질에 영향을 미치며, 최근에는 가치지향적 소비를 중요하게 여기면서 우모 채취 과정에서 동물학대 여부도 중요한 판단 기준이 되고 있습니다.

Q. 3 레이어는 알겠는데 2.5 레이어는 무엇인가요?

A. 3 레이어 원단은 세 개의 서로 다른 역할을 하는 원단을 3중으로 겹쳐서 만든 원단입니다. 바깥쪽 원단은 바람과 비를 막아주는 역할을 하고, 중간의 멤브레인은 투습 기능을 담당하며, 안쪽 원단은 땀이나 기름 성분으로부터 멤브레인이 오염되는 것을 막아주는 역할을 합니다. 원단 기술이 발전하여 3 레이어 원단이 많이 가벼워지긴 했지만 여전히 일반 원단보다는 무겁고, 가격도 비쌉니다. 이같은 단점을 보완하기 위해 개발된 원단이 2.5 레이어 원단입니다. 2.5 레이어 원단은 물리적인 원단으로만 보자면 2 레이어라고 할 수 있습니다. 가장 안쪽에 원단을 겹치지 않고 코팅으로 대신하기 때문입니다. 3 레이어보다 가볍고 가격도 저렴하다는 장점이 있습니다.

Q. Dyneema®과 X-Pac™ 원단은 어디서 구하나요?

A. 대량 주문한다면 Dyneema®는 DSM 본사(https://www.dsm.com), X-PacTM은 디멘션 폴리얀트 본사(https://www.dimension-polyant.com)에 구입을 문의하십시오. 소량 주문하신다면 앞서 소개한 RipstopByTheRoll이나 Dutchware에서 구입할 수 있습니다. 소매 방식의 소량 주문은 재고 상태에 따라서 원하는 아이템과 색상이 없을 수도 있습니다.

Q. 원단 제작할 때 색상은 어떻게 정하나요?

A. 제품 색상 결정은 정말 어려운 숙제입니다. 특히 의류 니사이너들

에게는 색상 지정이 가장
어려운 과정의 하나입니
다. 기성 원단 중에서 주
문하는 경우에는 이미 염
색이 완료된 상태이기 때
문에 직접 원단을 보고
정하게 되며, 자신만의 색

상을 원할 경우에는 염색 MOQ 이상을 주문해야 추가 비용이 발생
하지 않습니다. 염색 MOQ는 최소 600야드에서 1000야드 정도입니
다. 염색 MOQ는 한 번의 염색 공정에서 처리할 수 있는 최소 수량인
데 MOQ 이하를 주문하더라도 염색에 들어가는 비용은 비슷하기 때
문에 단가는 상승하게 됩니다.

원단 색상은 대부분 팬톤 컬러 북에서 원하는 색상을 지정하여 업체
와 협의합니다. 팬톤 컬러를 지정한 후에 원단 공장에서는 염색 색상
을 테스트하기 위해 B/T Beaker Test 작업을 하고, 그 결과물이 원하는
색상이라면 본 염색 작업을 하게 됩니다.

Q. 텐트 폴은 보통 듀랄루민이라고 하는데 이 금속의 특징은 무엇인가요?

A. 두랄루민 duralumin 은 독일의 알루미늄 회사인 Durener Metall
werke AG.에 근무하던 금속공학자 알프레드 빌름(Alfred Wilm,
1869~1937)이 20세기 초에 발명한 것으로 구리 4%, 마그네슘 0.5%

를 알루미늄에 넣은 합금입니다. 이 합금은 고온에서 급랭시켜 상온에 두면 점차 단단해지는데 이 과정을 시효경화라고 합니다.

1931년 미국에서는 두랄루민 합금의 마그네슘 성분을 1.5%로 늘려서 보다 강한 합금으로 개량했는데 이를 초두랄루민으로 부르기도 합니다. 1936년 일본에서는 초두랄루민보다도 더 강한 극초두랄루민을 발명했는데, 이것이 오늘날 항공기 제작용으로 사용하는 두랄루민입니다.

두랄루민을 이용한 텐트 폴은 1980년대 등장했습니다. 그 이전에는 탄성 때문에 화이버 글라스Glass Fiber라는 유리섬유 소재의 텐트 폴을 사용했습니다. 화이버 글라스에 비해 두랄루민 소재 폴은 더 튼튼하고 유연하며, 결정적으로 더 가벼웠습니다. 한국의 DAC는 자체 기술 혁신을 통해 더 가벼운 소재를 개발해 텐트의 경량화를 선도했습니다.

두랄루민의 종류는 구리, 마그네슘, 망간을 합금 정도에 따라 달라지는데 보통 60** 시리즈(6061), 70** 시리즈(7071, 7075)로 분류합니다. 텐트 폴대는 일반적으로 7075가 가장 우수한 것으로 알려져 있습니다. 60** 시리즈는 강도가 떨어져서 직경이 두꺼운 오토캠핑 제품이나 저가형에 주로 적용합니다. 다만 70** 시리즈는 구리 성분이 많아서 내부식성이 약하다는 단점이 있는데 이 단점은 아노다이징을 통해 해결하고 있습니다.

Q. 플라스틱 부품은 어디서 구입할 수 있나요?

A. 플라스틱 부품을 생산하는 대표적인 업체는 국내에서는 우진플라스틱, 에이스화학 등이 있으며, 해외 업체로는 YKK, ITW Nexus, Nifco Inc., Duraflex 등이 있습니다. MYOG 방식으로 한두 개 제품을 직접 만든다면 대부분의 플라스틱 부품은 신설동 시장에서 구할 수 있습니다. 신설동 시장에서는 플라스틱 부품뿐만 아니라 가방 제작을 위한 지퍼, 원단 등 거의 대부분의 원부자재를 구할 수 있습니다. YKK의 경우 한국지사가 있으므로 쉽게 문의가 가능하고, ITW Nexus나 Duraflex의 경우에는 해외 본사나 해외 공급사에 문의해야 합니다. 다만 제품의 특성상 세계적인 플라스틱 부품 생산업체들은 큰 공장들과 직접 거래를 하기 때문에 소량으로 주문하는 것은 어렵습니다. 이런 경우에는 원단과 마찬가지로 아래 원부자재 리테일러를 통해 구입할 수 있습니다.

- RipstopByTheRoll: https://ripstopbytheroll.com
- Dutchware: https://dutchwaregear.com/

Q. 제품 디자인을 마치고 생산을 의뢰하려고 합니다. 공장 측에서 MOQ를 제시하는데 MOQ는 무엇인가요? 그리고 어떻게 대응해야 하나요?

A. MOQMinimum Order Quantity는 최소 주문수량을 뜻합니다. 대부분의

공장은 대량 생산 라인을 갖추고 있기 때문에 생산성이나 공장 가동 효율성을 위해 주문수량을 늘릴 것을 요구하는 반면, 주문자는 판매 예측을 정확하게 할 수 없기 때문에 리스크를 줄이기 위해 생산량을 줄이고자 합니다.

MOQ는 제품에 따라 다르지만 텐트나 침낭과 같이 복합적인 생산 라인이 필요한 경우 300개 정도이며, 간단한 티셔츠나 가방류는 100개 단위로도 생산해주는 경우가 있습니다. 공장에서 제시하는 MOQ보다 주문 수량이 부족하다면 추가비용을 지불하고 생산을 의뢰하기도 합니다.

Q. 기획 중인 제품을 국내에서 생산하려고 합니다. 국내에서 생산할 수 있는 공장이 있나요?

A. 마케팅 차원에서 메이드 인 코리아를 원한다면 많은 발품을 팔아야 합니다. 만들고자 하는 제품에 따라 다르겠지만 품질 때문에 국내 생산을 고집한다면 그것은 올바른 선택이 아닐 수 있습니다. 매우 안타까운 일이지만 현재 텐트나 침낭 등 축적된 기술력이 필요한 제품은 대부분 국내 생산이 어렵습니다, 의류나 단순 봉제 제품을 제외한 국내의 아웃도어 장비 생산 시설은 매우 낙후되어 있으며, 기술력도 부족한 편이기 때문입니다. 그러나 창의적인 디자인을 경쟁력으로 한다면 생산 공장과 활발한 피드백 과정이 필요하기 때문에 국내 생산이 유리합니다. 생산량이 많지 않은 경우에도 해외 공장에서 생산

하기 어렵습니다.

Q. 간단한 소품을 직접 만들고 싶습니다. 무엇부터 시작해야 하나요?

A. 가장 먼저 해야 할 일은 아마도 머릿속에 있는 아이디어를 형상화하는 일일 것입니다. 형상화란 추상적인 생각을 그림이나, 도면, 적어도 메모 형식으로 구체화시키는 것입니다. 이를 위해 가장 좋은 방법은 접근하기 쉬운 소프트웨어 사용법을 익히는 것입니다. 대표적으로는 일러스트레이터와 같은 2D 그래픽 툴이나 아이디어를 손쉽게 디지털 이미지로 만들 수 있는 오토데스크 스케치북, TopHatch의 컨셉 등이 있으며, 실제 생산을 위해서라면 오토캐드와 같은 3D 모델링 툴이 유용합니다. 물론 소프트웨어 사용법을 익히는 것이 필수는 아닙니다. 손으로 그린 스케치도 제품을 개발할 때 훌륭한 기본 정보가 되며, 이때는 최대한 자세히 그리거나 메모하는 것이 좋습니다.

Q. 텐트 개발에 관심이 많습니다. 텐트 개발의 전체적인 과정을 알고 싶습니다.

A. 텐트는 보통 컨셉 정의, 사이즈 정보를 포함한 쉐이프의 형상화와 아키텍처 설계, 원단과 폴대, 지퍼 등의 소재 선정, 패턴 제작, 샘플 제작, 완성품 생산 과정을 거칩니다. 전체 과정은 건물 건축 과정과 비슷하다고 할 수 있습니다. 즉 도면 작성 후 철골을 세우는 것으로 시

작하듯이 텐트도 스케치를 한 후 폴대를 세워서 아키텍처를 확정하
는 것으로 시작합니다.

Q. 장비 개발에 도움이 될 만한 추천 도서가 있나요?

A. 모든 일의 기본이 되는 것은 풍부한 인문학적 소양이라고 생각합
니다. 호기심을 가지고 세상을 들여다보고 자기만의 관점으로 재해
석할 때 독창적이며 창의적인 아이디어를 얻을 수 있을 것입니다. 안
타깝게도 국내 출간 도서 중에는 장비 개발과 직접적인 관련이 있는
서적은 많지 않습니다. 그중에 몇 권을 고르자면 아래 책들을 추천하
고 싶습니다.

《아웃사이더》(Gestalten 편집부, 한스미디어, 2015)
원제는 'The Outsiders – The New Outdoor Creativity'입니다. 멋진 사진
과 스토리만으로도 많은 영감을 얻을 수 있습니다.

《Bill Moss: Fabric Artist and Designer》(Marilyn Moss, Chawezi, 2014)
섬유 아티스트이자 디자이너였던 빌 모스의 생애를 다룬 책입니다. 국내
에는 출판되지 않아서 아마존 등에서 해외 주문을 해야 합니다. 빌 모스는
현대 텐트의 전설이라고 할 수 있는 인물입니다. 오늘날의 많은 텐트의 원
형을 이 책 에서 발견할 수 있습니다.

《섬유지식 기초》(안동진, 한울, 2020)

섬유에 대해서 알고 싶다면 이 한 권만으로도 방대한 정보를 얻을 수 있습
니다.

《감 매거진GARM Magazine》 시리즈

한 가지 소재를 집중적으로 다루는 원토픽One Topic 매거진 감GARM 시리즈
중에서 특히 플라스틱, 패브릭, 알루미늄 이 세 가지는 소재의 기본 지식과
함께 최근 기술을 이해하는 데 도움이 됩니다.

《세계의 디자인Great Designs》(필립 윌킨슨, 시그마북스, 2014)

스위스 군용 나이프에서 애플 아이패드까지 전 세계적으로 가장 뛰어난
제품 디자인 사례를 소개하는 책입니다.

4부

브랜드, 그리고
아웃도어 비즈니스

모든 상품에는 만든 사람들의 지문,
곧 브랜드 지문이라고 말할 수 있는
철학과 콘셉트, 그리고 브랜드 방향성이 어떤 형태로든 존재한다.
단순히 제품에 로고만 박는 것은,
아직도 5,000년 전에 자기 소 엉덩이에 불도장을 찍는 것과 같은 것이다.
— 《유니타스 브랜드-23 브랜딩 임계지식 명언》 중

제로그램, 그 출발
– 브랜드 철학은 스토리텔링의 수원지다

현대 사회는 브랜드의 창조와 소비의 시대다. 많은 사람이 브랜드를 소비하고, 스스로 브랜드가 되려는 욕망에 들떠 있다. "No-Brand!"라고 외치는 브랜드마저도 그 욕망의 아종亞種이다.

천박한 투기꾼들은 브랜드를 돈으로 만들 수 있다고 착각하지만 브랜드는 자본만으로 만들어지지 않는다. 브랜드는 사람에 의해, 사람의 이야기가 만드는 것이다. 브랜드 소비는 소비자가 브랜드 스토리에 참여하는 과정일 뿐 더이상 지출이 아니다.

사람들이 브랜드를 소비함으로서 스스로 브랜드가 되는 것, 이 쌍방의 자존감이야말로 브랜드의 근원인 것이다.

브랜드 네임과 스토리텔링

브랜드 네임과 제품 이름을 정하는 일은 새로 태어나는 아이의 이름을 짓는 것처럼 고민되고 중요한 일이다. 별 생각 없이 무조건 가장 좋은 것, 가장 높은 곳, 가장 멋진 곳의 이름을 따서 모델명을 정하기도 하지만 비록 과학적인 관점은 아니지만 '이름'이 사람의 운명까지도 영향을 미친다는 '성명학'도 있을 정도로 브랜드 네임과 제품 이름 역시 가벼이 작명할 수는 없는 일이다.

아웃도어 시장에 무수히 나타났다가 홀연히 사라지는 브랜드와 장비들이라면 상관없겠지만 수십년, 수백 년을 이어가며 혁신을 거듭해가야 한다면 브랜드 네임과 제품명은 브랜드의 철학까지도 담고 있어야 한다. 노스페이스는 말 그대로 '북벽'을 의미하는데 등반가들에게는 가장 위험하고 험난한 벽을 의미하기도 한다. 북벽이 갖는 '곤란함'과 '도전'이라는 의미를 통해 노스페이스는 풍부한 스토리텔링을 전개했고 오늘날 아웃도어 브랜드에서 가장 강력한 브랜드 파워를 갖게 되었다.

한 가지 더 예를 들자면 트랑고Trango라는 이름이 있다. 트랑고는 카라코람 산맥에 속한 거대한 첨탑 모양의 봉우리를 통칭하는 트랑고 타워Trango Towers에서 유래되었다. 그중 가장 높은 그레이트 트랑고 타워는 해발 6,286m로 알파인 거벽 등반의 성지이기도 하다. 이런 의미를 가지고 있어서 트랑고라는 이름은 브랜드 네임이나 제품명에 많이 사용되고 있는데 클라이밍 장비의 브랜드명이기도 하며, 해외 아웃도어 의류 브랜드 중에도 브랜드 네임에 트랑고를 포함한 경우도 있다. 뿐만 아니라 마운틴하드웨어의 대표적인 원정대용 텐트 제품명이 '트랑고'이며, LA Sportiva의 대표적인 빙벽화 모델명도 트랑고다.

브랜드 네임이 거대한 산맥을 이룬다면 브랜드가 거느리는 제품명은 하나하나의 봉우리라고 할 수 있다. 좋은 제품은 이름에서 이미 그 제품의 기본 콘셉트가 반영되는 법이다. 피츠로이야말로 트랑고만큼 아웃도어 장비에서 흔한 이름의 하나라고 할 수 있다. 이미 1980~1990년대 한국의 한 업체는 피츠로이라는 모델명으로 오랫동안 텐트를 생산해서 판매했고, 블랙다이아몬드 역시 하이엔드급 텐트에 피츠로이라는 이름을 붙인 적이 있다. 조금 생뚱맞지만 정체성이 모호한 등산복에도 피츠로이라는 이름을 많이 붙이는데 피츠로이는 남미 아르헨티나에 있는 파타고니아 산맥의 최고봉 피츠로이 산에서 이름을 따온 것이다. 산의 높이는 3,405m에 불과하지만 날카로운 첨봉과 악천후 등으로 고난이도 알파인 등반의 성지와 같은 곳이다.

경량화는 메가트렌드

2011년, JMT 종주를 준비하면서 한편으로는 새로운 비즈니스를 모색하고 있었다. 당시 아웃도어 장비의 글로벌 메가트렌드는 단연 '경량화'였다. 나일론 원단은 더 가볍고 더 튼튼해졌으며, 얇고 미끄러운 원단을 봉제하는 기술도 중국, 대만, 베트남 등의 생산공장에서 축적되고 있었다. 특히 텐트의 골격을 이루는 알루미늄 합금 소재 텐트 폴의 기술 혁신도 눈부셔서 한국 기업인 DAC 는 2000년대 들어 전 세계 백패킹 텐트의 경량화를 이끌었다.

미국을 중심으로 한 경량 하이킹 씬에서는 HMG, ZPacks 등 인디펜던트 브랜드들이 비록 코티지 인더스트리 수준이었지만 확고한 마니아층을 확보하고 있었고, 1988년에 설립한 고라이트는 당시만 해도 승승장구하고 있었다. 안타깝지만 고라이트는 미국 최대 브랜드 소유기업인 VFC에 인수된 후 무리한 의류, 신발 사업 확장과 소매점 확대로 2014년 파산하고 말았다.

그에 비해 중저가 시장에 머물고 있던 빅 아그네스Big Agnes는 경량화라는 메가트렌드에 잘 적응했고, DAC와의 협업을 통해 강력한 프리미엄 브랜드로 성장할 수 있었다.

브랜드 네이밍, ZEROGRAM

나는 경량화를 일시적인 유행으로 생각하지 않았다. 지속적인 방향성이라고 판단했고, 브랜드 네임에 그런 큰 흐름을 담아내고 싶었다. 몇 가지 키워드에서 출발했다. Lightweight, Wild, Nature… 그러나 하나같이 신선한 느낌을 주지 못했다. 이미 많은 브랜드들이 크던 작던 연관 키워드로 브랜드 비즈니스를 하고 있었기 때문이었다.

2011년 5월 어느 날 마치 삿갓을 쓰고 지나가던 낭인이 담 너

머로 휙 던져준 거처럼 'ZEROGRAM'이라는 키워드가 떠올랐다.

모든 물질은 무게를 가지고 있다. 0g은 애시당초 과학적으로 불가능한 일이다. 그러나 경량화를 일시적인 트렌드가 아니라 지속적인 방향성이라고 이해했던 나는 끝내는 도달할 수 없는, 그러나 끝없이 도전의식을 일깨우는 브랜드 네임으로서 '제로그램'을 1순위로 정하고 주변의 의견을 들어보았다.

경량화라는 글로벌 메가트렌드를 이해하지 못하거나, 백패킹 장비에서 무게가 차지하는 의미를 경험하지 못한 사람들은 시큰둥해했다. 사전에 등재된 단어도 아니라서 익숙하지 않았고, 혹자는 미국은 온스나 파운드 단위를 사용한다며 부정적이었다. 그러나 나는 좌고우면하지 않기로 했다. 21세기 천하를 지배하고 있는 구글이나 유튜브, 한때 인터넷 시대를 주도하던 야후는 또한 얼마나 생소한 이름이었던가.

브랜드 네임을 ZEROGRAM으로 정한 후 남은 숙제는 스토리텔링이었다. 그저 기발한 이름 하나만으로 글로벌 브랜드가 될 수는 없는 노릇이었다. 나는 스스로 경량 장비와 장거리 하이킹의 '전사'가 되어야 했고, 그해 존 뮤어 트레일 종주는 큰 자양분이 되었다. 스토리텔링을 스피치 학원에서 배울 수는 없는 일이기 때문이다. 가끔 미국 출장을 가서 명함을 건넬 일이 있으면 상대방은 항상 "Wow!, Awesome!"이라는 반응을 보였으므로 구구절절 브랜드를 설명하지 않아도 된다는 점은 브랜드 네임은 만든 사람으로서 즐거운 경험이었다. 그러나 거기까지였다. 그들은 ZEROGRAM을 경량 장비 브랜드로 기계적으로 이해했고, 가치를 담은 브랜드 철학으로까지 확장해서 이해하지 않았다.

ZEROGRAM은 앞으로 더 나아가야 했다. 제로그램은 2011년부터 LNT의 후원 브랜드로 활동하며 국내에 LNT 수칙을 소개했다. 그것은 단순히 마케팅 차원만은 아니었다. 경량화 기술 담지자로서의 ZEROGRAM에서 더 나아가 경량화가 가장 친환경적인 아웃도어 스타일이라는 점을 알리는 문화 담지자 Culture Bearer가 되어야 했다. 그 길은 적어도 한국에서는 전인미답의 길이었으며, 2011년에는 단지 첫발을 간신히 뗄 수 있었을 뿐이었다.

브랜드 철학과 브랜드 DNA

사실 브랜드 철학은 어느 날 갑자기 형성되는 것은 아니다. 깊은 산 동굴 속에서 면벽구년한 후 홀연히 득도할 수도 없는 노릇이다. 브랜드 철학이 분명해야 일관된 스토리텔링이 가능하다는 것은 이미 말한 바 있으나 일관된 스토리텔링을 통해 다시 브랜드 철학은 보다 정교해진다. 정교해진 브랜드 철학은 이제 브랜드의 대내외 활동 전반을 이끌어간다. 딱히 명문화된 강령으로 존재할 필요도 없다. 나는 이것을 흔히 '전일적全—的'이라고 표현한다. 직원들에게도 특히 전일적이어야 한다는 점을 강조했다. 한 가지 예를 들자면 LNT의 환경윤리 지침을 널리 알렸던 제로그램은 대외적인 행사에서뿐 아니라 내부적으로도 철저하게 1회용품 사용을 금지했다. 제품 생산에 친환경 소재를 사용하거나 상품 포장에 폴리 백(비닐)을 사용하지 않겠다는 선언을 넘어서는 일상생활 전체를 관통하는 환경윤리 수칙인 셈이었다.

강건한 브랜드는 외부의 고객뿐 아니라 내부의 직원들까지도 브랜드가 제시하는 가치와 목적에 동참하게 만든다. 회사에서 일어나는 모든 업무에서 브랜드의 DNA가 작동하게 되고, 조직 구성원들은 스스로 브랜드 엠버서더가 된다. 이 단계에서 조직 내부에는 브랜드만의 독특한 브랜드 문화1가 형성된다. 이제 브랜드는 외부 시선에서뿐 아니라 내적으로도 단단해져서 전일적으로 브랜드 철학이 관철되는 조직이 된다. 브랜드 문화가 없는 브랜드는 이미 브랜드가 아니다.

브랜드의 형성 과정은 내부적으로는 전일적인 브랜드 철학을 바탕으로 일관된 메시지와 브랜드 철학에 부합되는 일관된 스토리를 전달하는 과정이며, 외부적으로는 그 스토리에 귀 기울이는 지지층을 조금씩 넓혀가는 과정이다. 고객들은 매우 세심하다. 제품에 일부 하자가 있는 것은 용납할 수 있으나 일관되지 않은 이야기에는 쉽게 등을 돌린다.

혹자는 장사하면서 무슨 철학을 운운하냐고 비아냥거릴 수 있다. 그렇게 얘기했던 사람들은 돈 받고 물건 파는 따위가 고상하게 철학을 얘기하는 것이 못마땅했을 것이다. 나는 그런 비아냥에 굴복하지 않았다. 그들의 관점에서는 철학을 그저 강단철학으로만 이해할 뿐이며, 학교 시험공부 때나 외웠던 소크라테스나 니체의 이름만을 연상하겠지만 철학은 외워야 하는 이념 체계가 아니라 개개인의 삶을 변화시키는 방향성이다. 아무리 난전을 한다고 해도 자기 나름의 철학을 가졌을 때 삶은 더욱 풍요로워지는 것이다.

나와 함께 일했던 사람들은 대부분 매우 헌신적이었으며 성실했으나 마지막에 이르러야 하는 단계, 전일적인 브랜드 철학의 담

---

1   It is the culture formulated and defined by the company in which the employees live the core values of the brand to solve problems of the customers, make strategic and fruitful decisions, and deliver a high quality and branded customer experience externally.
원문: https://www.marketing91.com/brand-culture/

지자에서 그만 멈춘 경우가 많았다. 이것은 그들의 문제가 아니라 리더의 역량 부족이 더 큰 원인이다. 어쨌거나 전일화된 브랜드를 만드는 일은 브랜드의 이니시에이터 역할이 가장 크기 때문이다. 이 책은 회고록이 아니므로 나와 일했던 인연을 가진 모든 사람들에게 내 부족함을 고백하는 것으로 이 이야기는 갈음한다.

제로그램의 브랜드 철학 세 가지

제로그램의 브랜드 철학은 크게 세 가지로 구성되어 있었다.

첫 번째는 'We are sorry to earth!'였다. 이 슬로건은 2011년 제로그램의 네이밍과 거의 같은 시기에 만들어졌다. 아웃도어의 무대는 자연이다. 그리고 그 영역은 8,000m의 고산과 사막, 극지방까지 확대되어 지구의 구석구석 사람의 발길이 닿지 않는 곳이 없다. 사람의 발길은 결국 지구에게 큰 상처를 주고 있다. 지구의 나이는 46억 년이지만 현생 인류의 나이는 20만 년으로 지구의 2만 3,000분의 1이며, 지금과 같이 전 지구적으로 문명을 이룬 것은 고작 1만여 년으로 46만 분의 1에 불과하다. 46억 년의 역사를 가진 지구는 아주 짧은 시간 동안 인간 문명에 의해 깊이 병들어가고 있다. 나는 아웃도어 활동을 독려하고 관련 상품을 만들고자 했을 때 바로 이 점을 마음속에 깊이 새겼다.

두 번째는 개발 사상으로서 '무게 없는 장비'를 만들겠다는 것

이었다. 이론적으로는 중력이 있는 한 무게가 없는 물질이란 있을
수 없지만 궁극적으로 무게 없는 장비를 꿈꾸는 것은 불가능에
대한 도전을 멈추지 않겠다는 의지이기도 했다. 불가능에 대한
도전은 모험가들에도 필요한 자세이지만 장비 개발자에게도 필요
한 태도라고 생각했다.

끝으로 세 번째는 '길 위에서-On the trail'라는 슬로건이었다.
나는 단지 트렌드만 좇아서 제로그램이라는 브랜드 네임을 정한
게 아니라 오랫동안 아웃도어 활동을 하면서 내 짐이 가볍고 단
순했을 때 더 큰 자유와 즐거움을 느낄 수 있다는 것을 알게 되
었고, 그 결론은 오롯이 길 위에서 얻은 것이었다. 그리고 다시 길
위에 섰을 때 자연에 미치는 영향을 최소화하는 생각과 행동으
로 이어졌다. 인간이 자연 속으로 들어가는 것은 원래 있던 자리
가 아닌 곳으로 들어가는 것이므로 작게, 적게, 조용히 스며들어
야 한다고 생각했다. 제로그램이라는 브랜드는 결국 물질적인 질
량[2]의 차원뿐 아니라 자연을 대하는 환경 철학으로 완결되길 원
했던 것이다.

이렇게 '제로그램'이라는 브랜드 네임은 정해졌지만 제품을 개
발하는 일은 나에게 있어서 전인미답의 길이나 마찬가지였다. 차

2　과학의 관점에서 무게와 질량은 다른 개념이다. 무게는 물체에 작용하는 중력의 크기이므로 중
　력이 다른 곳에서는 무게도 달라진다. 질량은 말 그대로 물질이 가진 고유의 양으로서 환경이
　바뀌어도 변하지 않는다. 그러나 우리는 지구라는 동일한 중력을 가진 행성에 살고 있기 때문에
　무게와 질량은 거의 같은 의미로 사용한다. 이 책에서도 혼용하는 경우가 있다.

라리 지도 한 장 들고 난생처음 가보는 곳을 찾아가라면 그것은
할 수 있는 일이었으나 제품을 개발하는 일은 지도 자체가 없었
다. 원부자재 생산업체나 임가공 공장은 기본적으로 B2C 비즈니
스를 하지 않기 때문에 대부분 제대로 된 홈페이지도 없었고, 마
땅한 업체조차 찾기가 어려웠다. 봉제공으로 몇 개월간 위장취업
이라도 할까 하는 생각마저 들었다.

당장의 목표는 그해 2011년 말까지 타프를 개발하는 것이었는
데 원하는 원단을 찾는 일부터 쉽지 않았다. 종로5가의 등산용품
매장에 전시된 제품들 중에서 나에게 맞는 장비를 구입하는 일
은 익숙했지만 직접 장비를 만드는 일은 마치 눈을 감고 지하철
역을 찾아가서 원하는 노선의 지하철을 골라 탄 후 가고자 하는
역에 내리는 일만큼이나 어려운 일이었다.

책상에 앉아 모니터를 쳐다본다고 해결될 문제가 아니었다. 머
릿속에 처음 떠오른 곳이 종로5가와 동대문, 청계천이었고, 수십
년간 그곳에서 봉제일을 했을 노련한 봉제 숙련공들이었다. 그들
이라면 내가 그린 스케치를 보고 원하는 제품을 만들어줄 수 있
을 것 같았다. 나는 어렵게 구한 양면 실리콘 코팅된 나일론 원단
을 들고 무작정 청계천으로 향했다.

브랜딩 vs. 마케팅

마케팅의 임계점을 넘은 활동, 그것이 브랜딩이다.[1]

브랜드의 형성 과정

나는 마케팅이나 브랜딩 전문가가 아닐 뿐 아니라 관련 수업을
들은 바도 없어서 감히 마케팅과 브랜딩에 관해 이야기하는 것이
분수를 넘어서는 일일 수도 있다. 여기에서는 세련된 이론을 제시
하거나 뛰어난 방법을 제시하기보다는 지난 10년간의 경험을 중
심으로 이야기하려고 한다. 그마저도 사람의 기억은 조작되기도
하려니와 내 경험을 일반화시키는 오류도 있을 수 있으므로 가벼
운 마음으로 읽어주길 바란다.

마케팅과 브랜딩은 병렬적으로 함께 집행되기도 하고, 하나의
프로세스에 마케팅과 브랜딩이 모두 섞여 있기도 한다. 그래서 어
떤 접점에서는 이 둘을 구분하는 게 모호할 때도 있다. 이 둘의
관계를 가장 구분하기 쉽게 표현하자면 브랜딩은 전략으로서 브

---

1 《브랜딩 임계지식 명언》(모라비안 유니타스, 2011)에서 인용.

랜드 아이덴티티를 구축하는 것이고, 마케팅은 전술로서 인지도 상승을 통해 매출을 늘리는 것이다. 집행되는 업무 프로세스로 구분하자면 마케팅은 소셜 미디어를 포함한 온라인, 옥외 광고, 매체 광고 등의 오프라인 홍보 방법과 도구가 포함된다. 이에 비해 브랜딩은 비즈니스의 모든 프로세스에 스며 들어있는 일관된 철학과 그것을 전달하는 메시지다. 전략이 없는 전술만으로는 브랜드가 될 수 없다.

브랜드는 그 출발이 아주 중요하다. 브랜드의 형성 과정은 다음과 같은 단계를 거친다.

Initiate – 최초의 단계   브랜드의 가치와 비전을 수립하는 단계다. 아직은 외부적으로 브랜드를 알리기 전 단계다. 브랜드 비즈니스의 성패는 이 첫 번째 단계에서 대부분 갈라진다. 출발이 잘못된 열차는 영원히 엉뚱한 궤도를 달릴 수밖에 없기 때문이다.

Create – 생성 단계   아이덴티티와 전략이 수립되는 단계다. 초기 단계에서 제시된 철학이 구체적인 전략으로 정교해진다. 이 과정을 통해 브랜드 아이덴티티는 보다 분명해지며, 다양한 환경에서도 전개할 수 있는 전술이 만들어진다.

Educate & Tell – 전일화 단계   내부적으로는 직원들을 교육하고 성장시켜서 스스로 브랜드 담지자가 되도록 하는 과정이며, 외부적으로는 일관된 메시지와 스토리텔링을 전개하는 단계다. 이 단계에서 브랜드는 가장 많은 노력과 비용을 지출하게 된다.

Extension – 확장 단계　브랜드만의 조직 문화가 정착되었으며, 고객들에게도 신뢰받는 단계다. 이제 가벼운 트렌드 변화에도 쉽게 흔들리지 않는다. 그들이 제시하는 컬러가 올해의 컬러가 되며, 그들의 만드는 스타일이 올해에 유행할 스타일이 된다. 마침내 브랜드는 해당 카테고리 상품 전체를 대표하는 대명사가 된다. 브랜드는 이와 같은 과정으로 스스로 복제하며 자가발전하는 단계로 진화한다. 더불어 고객들이 자발적으로 브랜드 스토리를 풍부하게 창조한다.

브랜드가 되지 못하는 가장 큰 이유는 브랜드 생성 단계, 또는 전일화 단계를 충분하게 거치지 않고 확장 단계로 넘어가려는 욕심 때문이다. 아니면 아예 처음부터 브랜딩을 이해하지 못하거나 생성 단계, 전일화 단계에 대한 투자를 가치 없는 것으로 보기 때문이다.

떴다방 비즈니스와 브랜딩

한국 아웃도어 산업 규모는 한때 연매출 7조 규모를 넘나들었다.[2] 그러나 그 속을 들여다보면 기형적이기 이를 데가 없었다. 그 어느 분야보다 진정성 있는 브랜드 스토리와 아웃도어 액티비티

경험이 중요한 아웃도어 비즈니스에서도 소위 '돈이 된다'는 소문
으로 '옷장사꾼'들과 '자본 거간꾼'들이 꼬이기 시작했다. 광고 시
장에서 최고가를 호가하던 연예인들은 줄줄이 아웃도어 브랜드
의 모델로 나섰다. 등반용 하네스(안전벨트)를 어색하게 착용한 연
예인이 말끔한 옷차림과 자못 진지한 표정으로 신문 전면을 장식
했고, 아웃도어 월간지들도 찌라시 수준의 그런 광고들과 광고주
입맛에 맞는 수준 이하의 기사로 도배하므로서 독자들을 점차
잃어가고 있었다. 거대한 블랙홀처럼 욕망의 도가니 속으로 다들
빨려 들어가고 있었으니 한국 아웃도어에는 문화는 없고 천박하
기 이를 데 없는 자본의 전략만이 횡행했다. 그러기를 10년, 사람
들은 '왜 우리에게는 파타고니아와 같은 브랜드가 없느냐?'라고
한탄하기 시작했다.

　그중 가장 희극적인 장면은 N 브랜드다. 브랜드 런칭 초기부터
패션, 섬유 강국 이탈리아를 영민하게 써먹은 N 브랜드는 억대
의 비용으로 당대의 톱스타들을 전속 모델로 계약했고, 이 전략
은 완벽하게 성공해 거의 1조 원에 이르는 역대 최고가로 사모펀
드에 매각하기에 이르러 투자 시장에서 두고두고 회자되었다. 아
웃도어 비즈니스 관련자들에게 하나의 롤 모델이 된 셈이었다. 문
제는 자본은 문화나 진정성 있는 스토리텔링에는 관심이 별로 없

2　삼성패션연구소의 통계 자료에 따르면 2014년 7조 1,600억 원으로 정점을 찍은 후 2018년 2조
　5,000억 원대로 떨어졌다.

다는 것이다. 삶의 질을 향상시키고 개개인의 자존감을 높여주는 아웃도어의 본질에 대한 관심보다는 당장 매출 결과로 이어지는 광고에만 관심을 갖는다. 그들은 지속가능한 아웃도어를 위한 환경보호 활동과 모험가들을 지원하기보다는 연예인들을 앞장세우기 바빴다. 엄청난 광고 모델 비용과 TV를 포함한 매스미디어 광고비용은 결국 소비자가 감당해야 했고, 지갑에서 현찰이 빠져나가는 대신 저급한 품질로 소비자들에게 되돌아갔다. 일종의 저강도 전략이므로 소비자 입장에서는 부지불식간에 물 좋은 '고객'이 되었을 뿐이다. 그 후 코미디는 계속되어 외국 TV 채널의 이름을 빌린 업자들이 그 비슷한 전략으로 수천억대의 매출을 올리고, 이름을 빌려준 TV 채널은 뜻밖의 라이센스 계약으로 벌어들인 현금에 흡족해하는 동안 한국의 아웃도어는 '철학의 빈곤' 시대를 맞게 된다.

만인을 위한 브랜드는 없다

제품도 마찬가지지만 나는 만인을 위한, 만인의 브랜드는 불가능하다고 생각한다. 모든 사람에게 사랑받는 브랜드가 있을 수 있을까? 국민 브랜드라고 일컬어지는 상표가 정말 브랜드일까? 브랜딩은 스토리에 참여하고 이를 통해 소비자들이 스스로 브랜드가 되는 과정이다. 나의 이런 생각 때문에 더러는 논쟁에 휘말

리기도 했고, 브랜드 지지층을 좁히는 우를 범하기도 했다. 그런
데 브랜드 지지층을 넓히는 것은 의도한다고 되는 것이 아니다.
모든 사람에게 아첨을 늘어놓는다고 모든 사람이 지지하는 것은
아니기 때문이다.

특히 나는 어떤 제품이 잘 팔린다고 비슷한 제품을 만들거나,
남들과 똑같은 방식으로 마케팅하는 것을 가장 싫어했다. 나와
함께 일했던 직원들에게도 마찬가지였다. 마케팅 관련 서적에서
제시한 방법대로 기획안을 작성하면 나는 반려하기 일쑤였다. 특
히 나는 마케팅 관련 서적을 믿지 않았다. 대부분의 마케팅 서적
은 이미 일어난 결과들을 분석해 먹기 좋은 상태로 방법을 제시
한다. 과정에 대한 다양한 변수들은 생략되고, 성공과 실패를 단
순하게 정형화시키기 때문에 그것을 곧이곧대로 믿을 수 없었다.
더군다나 우리가 제시하고 실천하려는 가치관에 부합되는지도
의심스러웠기 때문이다.

진정성 마케팅 – 먼저 실행한 다음 약속하라!

제로그램의 대표적인 슬로건이자 브랜드 철학의 첫 번째 자리
를 차지했던 'Sorry Earth'를 이야기할 때 공허한 마케팅 용어가
아니라 정말 지구에게 미안한지, 그리고 지구 환경을 위해 아웃도
어 제품 제조사로서 무엇을 더 노력해야 하는지 거듭해서 되돌아

보았고, 혹시나 개선해야할 것들은 없는지 수시로 살펴보았다. 진정성이야말로 브랜드가 고객을 위해 할 수 있는 최고의 서비스라고 생각했기 때문이다.

그런데 진정성 마케팅의 핵심은 무엇이고, 진정성은 어떻게 측정할 수 있으며, 측정 지표는 무엇인지를 두고두고 고민했다. 그저 오랜 시간 일관된 메시지를 전달하는 것으로만 알고 있었지, 보다 명쾌한 정의를 내릴 수는 없었다. 그러다가 한 가지 의미 있는 사례를 발견하게 되었다. 바로 미국의 세이프웨이Safeway 슈퍼마켓 체인의 유기농 매장 운영 사례가 그것이다. 그들은 매장 내의 식재료를 유기농 제품으로 변경했는데 이로 인한 판매가 상승으로 고객들은 외면했고, 높은 원가 때문에 수익성이 점점 악화되었다. 그러나 세이프웨이는 유기농 제품으로의 변화 정책을 바꾸지 않고 3년간 지속적으로 실천했고 마침내 고객들은 그들의 '진정성'을 믿기 시작했다. 세이프웨이의 사례를 분석하면서 "먼저 실행하고, 그 다음에 약속하라!Deliver, then promise!"라는 진정성 마케팅의 명언이 등장했다. 그렇다. 고객이 알아줄 때까지 일관되게 실천하는 것이야말로 진정성이다. 객관적인 지표로 정량화하는 것에만 익숙하다면 이미 진정성 마케팅은 시작하지 않은 것이다.

진정성과 관련된 적절한 사례라고 생각하지는 않지만 LNT 원칙을 국내에 널리 알린 것에 나는 약간의 자부심이 있다. LNT 후원을 시작한 것은 2011년 제로그램을 시작하던 해였다. 지금은

아웃도어 동호인들의 환경의식이
많이 높아졌지만 당시만 해도 환
경 아젠다는 전혀 관심 밖이었다.
아웃도어 관련 기업들도 마찬가
지였다. 한창 시장이 급성장하고
있었을 때라서 그들은 매출 극대
화에 온통 관심이 쏠려 있을 뿐

그들이 만든 제품이 어떻게 사용되는지, 아웃도어 문화는 어떤
방향으로 만들어지고 있는지 그다지 관심이 없었다. '쏘리 어스'
라고 얘기했을 때 지구에게 미안하다면 산에도 가지 말라는 일부
의 비아냥에도 불구하고 나는 환경 문제를 강하게 제기하지 않으
면 문화도 비즈니스도 공멸할 수 있겠다 싶었다. 10여 년이 지난
지금 이제 LNT는 누가 주도적으로 말하지 않아도 대부분의 아웃
도어 활동에서 기본적인 활동 원칙이 되었다. 나는 이제 특별히
LNT를 얘기하지 않아도 되는 시점이라고 생각했고 스토리텔링에
서도 LNT를 언급하는 수준을 낮추었다. 사람들이 스스로 실천하
고 있었으므로 우리의 역할은 거기까지였기 때문이다.

모두에게 자존감을!

앞서 나는 진정한 브랜드 소비는 브랜드 스토리에 참여하는 과정일 뿐 지출이라고 생각하지 않으며, 사람들은 이를 통해 스스로 브랜드가 되는 과정이라고 했다. 결국 이것은 브랜드를 파는 사람이나 사는 사람 모두에게 자존감이 주어져야 가능한 일이다. 나는 제품의 판매뿐 아니라 사업의 전 영역에서 '모두의 자존감'을 가장 중요하게 생각했다. 진정성 마케팅 역시 모두의 자존감을 존중했을 때 가능하다.

이런 나름의 원칙은 엠버서더 정책에서도 적용되었다. 내가 근무할 당시 제로그램의 엠버서더 정책은 아웃도어 전문가의 경험과 모험을 존중한다는 원칙 아래 수립되었다. 그래서 팀 제로그램을 소개할 때 "진정성 있는 아웃도어 활동과 어드벤처를 지지하며, 이들의 경험담을 여러분과 나눈다"고 했던 것이다. 특별히 제품에 대한 우호적인 리뷰를 포스팅하거나 브랜드 노출을 의무화한다는 계약 따위는 아예 없었다. 이른바 인플루언서 마케팅 수준에서 그들을 대한다는 것은 그들의 큰 모험에 대한 모독이다. 고객이 우리의 자존감을 돈으로 살 수 없듯이 우리 역시 때로는 목숨을 걸고 모험을 마다하지 않는 아웃도어 전문가들의 자존감을 돈으로 살 수는 없기 때문이다. 형편이 좋았다면 더 크게 그들의 모험을 지원하고 아웃도어의 지평을 넓힐 수 있었을 텐데, 지나고 보니 무척 아쉬운 일이다.

더 넓은 연대,
더 단단한 지속가능성
– 차이를 넘는 연대는 가장 높은 수준의 사회성이다

유대감에서 연대의식으로

아웃도어 비즈니스는 다른 분야의 비지니스와 다른 특징을 가지고 있는데 그것은 아웃도어와 관련한 다양한 이해 관계자들 간의 깊은 유대감이 존재한다는 것이다. 특히 함께 아웃도어 활동을 했을 때 참가자들은 극적인 유대감을 경험하게 된다. 많은 시간을 만나는 것보다 하루만의 산행이나 캠핑으로 유대감이 더 긴밀해지는 경험은 아웃도어 동호인들이라면 누구나 가지고 있다. 수백만 년의 진화 역사를 압축한 진화 재연극을 함께 경험했기 때문이다.

비단 같은 시간과 공간에서 아웃도어 활동을 함께 즐겼을 때에만 유대감이 형성되는 것은 아니다. 우리는 시대와 분야가 다르더라도 다른 이의 모험과 도전에 대한 존경심을 공통적으로 가지고 있다. 수직의 길을 오르는 존경받는 산악인은 수평의 길을 걷는 장거리 하이커의 경험을 존중하며, 목숨을 거는 급류 카약커는 트레일 러너의 활동에 찬사를 보낸다. 제조사와 소비자와의 관계에서도 마찬가지다. 기본적으로 아웃도어 활동에 대한 유대감이 형성되어 있지 않다면 좋은 제품, 진정성 있는 스토리텔링은 불가능하다. 자연의 경이로움에 똑같이 공감하며, 서로의 모험을 격려하기 때문에 활동 분야가 서로 달라도 같은 길을 함께 걷는 것과 같은 유대감을 느끼는 것이다. 그래서 나는 트레일 버디Trail Buddy, 즉 길동무라는 표현을 좋아한다.

1부에서 살펴보았지만 유대감은 인류의 오랜 전통이자 진화의 결과이며, 강력한 경쟁력이었다. 그러나 이해집단의 구성이 복잡해지고, 한편으로는 범세계적인 관계가 형성되는 현대 사회에서는 무리의 범위를 뛰어넘는 연대의 가치가 더욱 중요해졌다. 유대는 직접적인 관계 속에서 자연스레 느끼는 감정이며, 연대는 유대를 확장한 보다 높은 수준의 사회의식이다. 정서적 유대감은 현대 사회에서는 연대의식으로 발전한다. 아웃도어 경험을 공유한 사람들은 깊은 유대감을 가지게 되며, 이 같은 유대감에 기초한 아웃도어 비즈니스는 여느 분야보다도 '연대의식'이 강할 수밖에 없다.

KBD, 액티비티 중심의 백패커 페스티벌

2015년은 아주 특별한 해였다. 코리아 백패커스 데이Korea Backpacker's Day, KBD가 처음 열린 해이기 때문이다. KBD를 기획하

면서 나는 기존의 대규모 아웃도어 행사들에 대해서 몇 가지 문제의식을 가지고 있었다. 그중에서 가장 아쉽게 생각하고 있었던 것은 대부분의 아웃도어 관련 페스티벌이 캠핑 중심의 정적인 프로그램이라는 것이었다. 자연 풍경과는 거리가 먼 개활지에 집단 텐트촌을 형성하고 끊임없이 요리 경연대회를 하는 식의 획일화 된 행사는 점점 수준이 높아지고 다양하게 분화되고 있는 아웃도어 동호인들의 요구를 제대로 수용하지 못했다. 그래서 KBD 기획안의 핵심 키워드는 다양한 아웃도어 액티비티의 직접적인 체험이었다. 아웃도어가 텐트 치고 음식 먹고 잠만 자는 것이 아니라 캠핑을 다양한 액티비티와 연계했을 때 더욱 흥미로운 경험이 될 수 있다고 판단했고, KBD는 바로 그런 직접적인 체험의 플랫폼이 될 수 있도록 기획되었다.

당시만 해도 이렇다 할 백패킹 관련 이벤트가 없다는 것도 아쉬운 점이었다. 백패킹은 기본적으로 단출한 장비로 다른 아웃도어 액티비티와 유연하게 연계할 수 있는 장점이 있다. 2015년 전북 진안에서 열린 첫 번째 KBD는 진안고원길의 하이킹과 금강 상류에서의 팩래프팅, 그리고 운일암반일암에서의 볼더링을 주요 액티비티로 배치했고, 약 250여 명의 백패킹 동호인들이 참가했다. 비록 체험 수준이었지만 KBD를 통해 그동안 쉽게 접근할 수 없었던 아웃도어 액티비티를 직접 접하면서 야영 중심의 획일화된 아웃도어가 아니라 좀더 풍부한 아웃도어 라이프를 즐길 수 있는 포털의 역할을 기대했다. 액티비티 프로그램을 진행해준 전문가들도 KBD의 취지를 잘 이해해주었고, 재능기부 방식으로 적극적으로 행사에 동참했다. 서로 분야가 달랐지만 아웃도어 동호

인으로서의 연대의식이 크게 작용했던 것이다. 한편으로는 아웃
도어 리더쉽이 향상되는 기회이기도 했다. 이듬해에는 카약과 트
레일 러닝, 트레드 클라이밍, 오리엔티어링, 지오캐싱, SUP Stand Up
Paddle 등의 액티비티가 추가되어 한국에서 즐길 수 있는 거의 대
부분의 액티비티들을 체험할 수 있게 되었다.

　KBD에는 아웃도어 관련 업체들이 제품을 소개하는 부스도
마련했다. 새로운 제품을 동호인들이 직접 보고 정보를 얻는 것
도 페스티벌의 중요한 콘텐츠였다. 이때도 몇 가지 남다른 원칙이
있었는데 다른 브랜드의 제품을 카피하는 업체는 참가할 수 없으
며, 오래된 재고를 땡처리하기 위해 부스를 운영하는 것도 금지시
켰다. 우리나라의 아웃도어 관련 전시회는 흔히들 재고를 처리하
기 위해 참가하는 경우가 많은데 전시회의 격을 떨어트리는 일일
뿐 아니라 장기적으로는 아웃도어 산업 전체에도 부정적인 영향
을 미친다. 전시회는 전시회답게 브랜드 스토리와 신제품을 소개
하는 플랫폼이어야 한다는 게 내 생각이었다. 나는 KBD가 재고
떨이하는 난전으로 변질되는 것을 원하지 않았다.

　아웃도어 비즈니스의 특징으로 이해관계자들 간의 남다른 유
대감을 제시했는데 이는 당연하게도 아웃도어 관련 업체들도 포
함하는 이야기다. 나는 참가업체 관계자들에게도 KBD의 일반
참가자들과 함께 즐길 수 있는 프로그램 운영을 요청했다. 예를
들어 리페어 킷을 판매하는 곳은 참가자들의 장비를 수선하는

프로그램을 운영했으며, 트레일 러닝화 업체는 초보자를 위한 트레일 러닝 체험 프로그램을 진행하는 식이었다. 이런 내용적인 결합이 축적되는 과정이 곧 아웃도어 문화를 풍성하게 만드는 것이라고 생각했기 때문이다.

Eco-Friendly 페스티벌

KBD를 기획하고 운영하면서 무엇보다 가장 기억에 남는 것은 행사 전체 일정에서 친환경 정책을 관철시켰다는 것이다. 우선 참가자들에게 페트병에 든 생수 사용 자제를 요청했고, 좀더 '급진'적인 친환경 운영 정책으로는 행사장 내에 쓰레기통을 없애고 개수대에서 설거지를 금지시킨 것이었다. 쓰레기통이 설치되는 순간 수많은 쓰레기들이 분리되지 않은 채 쌓일 것은 불을 보듯 뻔한 노릇이었다. 더 심각한 것은 음식은 다른 지역에서 구입하고, 소중한 공간을 내어준 지역에는 쓰레기만 버리고 가는 것이었다. 쓰레기를 함부로 버리지 않는 것에서 더 나아가 자기가 가져온 쓰레기는 고스란히 자기가 되가져 가서 버리는 것이 옳은 일이었다. 이것은 내가 오랫동안 주장해온 '공정 백패킹 윤리지침'과도 부합되는 일이었다. 이 운영 방침은 일부 참가자들에게 원성을 사기도 했지만 여느 캠핑 대회와는 달리 '백패킹'이라는 타이틀을 건 행사였으므로 설거지를 하지 않고, 쓰레기도 되가져 가는 약

간의 불편함은 감수해야 함을 설득했다.

결과는 놀라웠다. 개수대에 아무렇게나 버려진 음식 쓰레기와 쓰레기통에 넘쳐나는 온갖 쓰레기들이 우리가 그동안 보아온 캠핑장의 불쾌한 아침 풍경이었지만 KBD 행사장의 아침은 달랐다. 참가자들은 자신이 가져온 쓰레기를 모두 배낭에 다시 넣었으며, 남은 음식물조차 되가져갔다. 참가자들은 스스로도 놀라워했다. 행사장은 수백 명이 모여서 캠핑을 했던 곳이라고는 믿을 수 없을 만큼 깨끗했고, 참가자들은 이 변화의 큰 흐름에 동참했다는 사실을 뿌듯해 했다. 사람들은 이미 변화할 준비가 되어 있었던 것이다. 변화는 때로 트리거가 필요하다. 나는 함부로 쓰레기를 버리는 골목길에 꽃을 놓아두자 사람들은 더이상 쓰레기를 버리지 않았다는 일화가 떠올랐다.

한 달도 안 되는 짧은 시간 동안 한마음으로 행사를 준비하고 무사히 끝낼 수 있었던 것은 스태프들의 헌신적인 노력 덕분이었다. 수백 명이 모이는 대형 행사를 기획하고 운영해본 경험이 전무했지만 행사의 기조와 방향이 명확했기 때문에 그나마 해낼 수 있었다. 행사의 기획과 운영에서도 가장 중요한 것은 철학과 원칙이라는 점을 다시 한 번 깨닫는 계기가 되었다. 행사가 끝나고 참가자들이 돌아간 텅 빈 행사장에서 스태프들은 혹시나 하는 마음으로 쓰레기를 수거했지만 몇 년이나 지났을 오래된 쓰레기를 포함해서 한 주먹도 안 되는 작은 쓰레기만을 모았을 뿐이었다. 쓰레기는 적었고 우리 모두의 마음은 커졌다. KBD를 마치고 모든 사람들에게 감사의 마음을 전하기 위해 나는 'Pride of Backpackers'라는 배너를 웹사이트 초기 화면에 게재하였다.

쉐어그램, 경험과 지식을 공유하다.

나는 농담삼아 '문무를 겸비'한 아웃도어 전문가라는 표현을 자주 사용했다. 모든 문화 활동이 각자 고유한 가치와 오랜 역사를 가지고 있듯이 아웃도어 역시 분야가 달라도 각자 고유한 가치와 역사를 가지고 있다. 더 높게 오르고, 더 멀리 걷고, 더 빨리 뛰는 신체적 능력도 중요하지만 타인의 경험과 지식을 공유하고, 이를 통해 도전과 모험의 꿈을 더 크게 가지는 것도 중요하다. 모

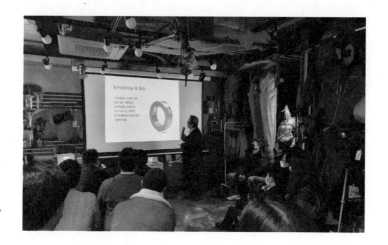

든 모험은 꿈을 가지는 것에서부터 출발하기 때문이다. 개인의 직
접적인 경험만으로는 모든 꿈을 이룰 수 없는 일이다.

2015년부터 제로그램에서는 매월 쉐어그램이라는 인도어 프
로그램을 진행했다. 쉐어그램은 지속가능한 백패킹 문화를 위해
백패킹 대상지 정보, 음식, 장비, 환경, 문화 등 백패킹 전반에 걸
친 경험과 지식을 공유하는 플랫폼이었다. 백패킹이 주요 주제이
긴 했지만 그동안 쉐어그램에서 다루었던 주제는 보다 폭넓었다.
목숨을 건 고산 등반과 카약 원정에서부터 해외 장거리 하이킹의
경험담, 하이킹 스케치, 아웃도어 사진 촬영 등의 재능 공유, 아웃
도어 관련 도서 출판 기념식, 텐트의 역사 등 아웃도어와 관련된
인문학까지 다양한 주제로 진행되었다. KBD는 수백 명의 동호인
들이 한곳에 모여 아웃도어 활동을 직접 즐기는 페스티벌이었다

면 쉐어그램은 각 분야 전문가들의 경험과 지식을 공유하는 플랫
폼이었다. 나누면 나눌수록 커지는 게 지식이다. 욕심을 내자면
쉐어그램이 아웃도어 분야의 TED가 되길 기대했고, 많은 사람들
이 쉐어그램을 통해 경험과 지식이 확장되어 더 큰 꿈을 가슴속
에서 키울 수 있기를 기대했다. 우리나라의 아웃도어 문화가 더욱
융성하기 위해서는 경험과 지식을 나누는 활동이 더욱 확대되어
야 한다는 생각은 지금도 변함이 없다.

같은 길, 각자의 길

2014년에 시작된 제로그램 클래식은 해외의 장거리 트레일을
걷는 프로그램이었다. 그동안 일본 북알프스를 시작으로 2015년
미국 노스 케스케이드, 2016년 홍콩 란타우 트레일, 2017년 미
국 워싱턴주 PCT 구간, 2018년 일본 야리가다케, 2019년 미국 콜
로라도 트레일 등을 다녀왔다. 백패킹 장비 전문 브랜드 책임자
로서 나는 장거리 하이킹이야말로 우리나라 아웃도어 문화를 풍
성하게 만드는 필수적인 액티비티라고 생각했다. 물론 이 생각은
2011년 JMT 종주라는 나의 개인적인 경험도 크게 작용했다.

장거리 하이킹은 모든 것들이 허물을 벗고 본질을 드러내는
과정이다. 길은 걷는 동안 사람들은 일상에서 단 한 번도 본 적
이 없는 자신의 또 다른 자아를 만나게 되고, 자신의 육체적 정신

적 한계와 마주치게 된다. 1박 2일의 백패킹은 단지 하루 정도 불편함을 참으면 되지만, 3일째가 지나고 4일이 넘어가면 지금까지의 경험과는 완전히 다른 환경과 그 속에 놓인 '나'를 발견하게 되는 것이다. 그리고 마침내 길을 끝마쳤을 때는 내면으로부터 가슴 벅찬 세레모니를 받게 된다. 길은 누가 대신 걸어줄 수도 없거니와 목적지가 제 발로 다가오는 법도 없다. 오로지 스스로의 걸음으로 걸어야 하는 길이다. 백패킹 경험과 지식이 크게 확장되는 것은 덤이다.

다른 많은 아웃도어 브랜드들도 유사한 프로그램을 운영하고 있다. 하지만 우리의 프로그램 운영 방식은 남달랐다. 대부분의 회사는 이런 프로그램을 대행업체에 의뢰하여 운영한다. 그러나 우리는 적어도 백패킹과 관련해서는 꽤나 경험이 많았을 뿐 아니라 담당 직원들도 장거리 하이킹 경험이 많아서 단 한 번도 외부 대행업체에 맡긴 적이 없다. 좀 건방지게 얘기하자면 우리보다 잘 할수 있는 대행업체를 찾을 수 없었다. 우리가 직접 운영한 또 다른이유는 함께 길을 걸으면서 고객, 혹은 잠재적 고객들과 직접적으로 소통하는 것이 중요하다고 생각했기 때문이다. 직원들과 나는브랜드 담지자가 될 수 있으나 닳아빠진 이벤트 대행업체는 브랜드 담지자가 될 수 없다. 적어도 아웃도어 분야에서는 그렇다.

우리의 참가자 선정 방식도 일반적이지 않았다. 다른 회사는이런 종류의 프로그램을 마케팅으로만 여기기 때문에 정량적인결과가 담긴 보고서를 부서장에게 제출해야 할 것이다. 정량적인결과는 결국 선정된 사람의 소셜미디어 팔로워와 홍보 포스팅 숫자, 좋아요 등의 반응을 기준으로 작성될 것이다. 그렇다 보니 소위 '핵인싸'라고 할 수 있는, 소셜미디어 세계에서 이름이 알려진사람들만 모아서 프로그램을 운영하게 된다. 그러나 우리는 그렇게 하지 않았다. 참가 신청자들의 SNS를 참고하지만 팔로워 숫자는 중요하지 않았다. 장거리 하이킹의 취지를 잘 이해하고, 참가하려는 간절함이 선정 기준이었다. 내가 알아보지 못했다면 유감이지만, 6년간 진행했던 해외 장거리 하이킹 프로그램에서 SNS의 유명인은 단 한 명도 없었다. 그들은 우리의 프로그램에 참가하지 않아도 다른 곳으로부터 많은 요청을 받을 것이고 기회도많을 것이다. 그리고 나는 그들의 화려한 프로필에 비해 소박하기

짝이 없는 제로그램 클래식 참가 경력이 한 줄 더 들어가는 것도
마뜩잖았다.

지금은 국내에서 철수한 세계적인 아웃도어 브랜드의 해외 트
레킹 프로그램의 운영 과정은 타산지석이 될 만한 사례였다. 해
외 트레킹 프로그램 참가자를 모집하면서 '핵인싸'들만을 모아서
사전 홍보에 열을 올렸다. 그리고 그들에게 제시한 미션은, 내가
보기에는 개인의 자존감은 안중에도 없는 다소 모욕적인 내용들
도 있었다. 결국 그 이벤트는 별다른 성과도 없었을 뿐 아니라 대
부분의 참가자들에게도 불쾌한 기억으로 남았다. 아마도 대행업
체가 진행했겠지만 클라이언트의 요구가 있었을 테니 결국 대행
을 의뢰한 브랜드의 문제이며, 마케팅으로만 접근해서 벌어진 일
이었다.

나는 이쯤에서 이벤트에 응모하는 사람들도 한번쯤 되돌아보
았으면 한다. 나는 앞에서 소비가 자신의 신념을 드러내는 한 방
식이 되어가고 있는 시대라고 했듯이 이벤트 응모나 참가도 자기
신념을 표현하는 시대가 올 것으로 예상한다. 우리 사회의 수준
은 점점 높아지고 있기 때문이다. 이제 '가치지향적 이벤트 참여'
로 스스로 자존감을 높여보는 건 어떨까?

녹색연합과의 협업

진정한 콜라보레이션은 서로의 가치와 생각을 존중하면서 교집합을 이끌어내는 것이다. 그런 측면에서 최근 유행하는, 서로 이름만 빌려주는 콜라보레이션은 '명의 대여'일 뿐이라 할 수 있다. 환경단체인 녹색연합과의 공식적인 인연은 2016년 KBD부터 시작되었다. 나는 백패킹이 자연에 미치는 영향은 다른 어떤 아웃도어 활동보다도 크다는 점을 늘 주목했다. 녹색연합은 1991년 창립한 이래 정부 지원금 없이 회원 회비 중심으로 활동하는 환경단체다. 오랫동안 현장에서 조사하고, 환경문제의 대안을 제시하고 있는 녹색연합이 가진 콘텐츠는 특히 백패킹 동호인들에게 필요한 것들이었다. 백패킹 3세대들이 등장하면서 '흔적 남기지 않기'는 기본이 되었으며, 자신의 취미 활동이 사회적으로 좀더 의미 있게 쓰인다면 그들은 더욱 큰 자부심을 갖게 될 것이었다.

녹색연합의 활동가들이 직접 KBD에 참석해 다른 이유로 산과 숲을 누비고 다니는 백패킹 동호인들의 정서를 이해하고, 그들의 활동에서 환경적으로 개선되어야 할 문제점을 공유하는 것은 또 다른 환경 운동의 한 방법이라고 생각했다. 나만 하더라도 수십 년간 남은 음식물은 땅을 파서 묻으면 되는 줄 알았다. 백패킹 동호인들도 몰라서 실천하지 못하는 안타까운 경우가 허다했을 것이다.

이렇게 해서 시작된 협업으로 녹색연합은 매년 KBD에서 홍보 부스 및 자체 프로그램을 운영하였고, 2017년에는 협업의 수준을 높여서 '그린백패커' 활동을 시작했다. 그린백패커 활동은 백패킹 동호인과 환경운동 단체와의 본격적인 연대 활동이라는 측면에서 큰 의의를 가진다. 서로의 이름만 빌려주고 콜라보레이션이라고 주장하는 것은 제로그램이나 녹색연합이나 모두 민망한 일이다.

환경을 보호하고 지구의 미래 생태계를 염려하는 개인과 집단의 연대는 계속되어야 하며, 그 폭은 더욱 넓어져야 한다. 산악인들은 때로는 낮은 곳으로 내려와 높이 오르지 못하는 사람들의 이야기에 귀 기울여야 하고, 러너들은 잠시 속도를 늦추어 다른 사람의 손을 잡아야 하며, 먼 길을 걷는 하이커들은 사람 사는 마을에서 걸음을 멈추어 그 멋진 길을 오랫동안 보호하도록 호소해야 한다. 환경운동가 역시 마찬가지다. 더 일상적인 표현으로 지구의 미래를 위한 길에 더 많은 사람들이 동참할 수 있도록 해야 한다. 개인의 경험이 사회의 집단지성으로 확장되고 연대의 폭을 넓혀나갈 때 아웃도어의 지속가능성도 더 단단해질 것이다. 우리의 경험과 지식은 다 소중한 것이기 때문이다. 때로는 목숨을 걸거나 자기의 온 인생을 바쳐서 얻은 경험과 지식 아니겠는가.

협동조합의 **제안**
– 이제 우리도 협동조합이 필요하다

지속가능한 경제 조직

지속가능한 아웃도어는 미래유지 가능한 생태계와 함께 생태 친화적인 아웃도어 문화가 정착되어야 가능하다. 이번에는 생태 친화적인 아웃도어 문화의 물적 토대가 되는 유통과 소비 방식으로서의 협동조합을 살펴보려고 한다.

협동조합 조직은 시장경제 시스템에서 가장 생태 친화적인 경제조직이며, 그런 측면에서 아웃도어 산업의 유통과 소비에 가장 적합한 지속가능한 경제 모델이라고 할 수 있다. 여기에서 살펴볼 협동조합 유형은 소비자협동조합이다. 1844년 영국 로치데일 지역 노동자들이 공장주와 상인들의 독과점 폭리에 맞서 밀가루와 설탕, 버터, 오트밀을 파는 협동조합을 결성한 것이 소비자협동조합의 시초로 알려져 있다.

한국에서의 성공적인 생태 친화적인 소비자협동조합 사례로는 한살림, iCOOP 등이 있으며, 대기업에서 생산되는 많은 식품

과 음식 재료들이 유전자 조작, 화학 비료와 농약의 남용, 각종 화
학 첨가제 사용 등 반 생태적인 생산 방식을 따르고 있기 때문에
소비자 스스로 신뢰할만한 식품을 구입할 수 있도록 협동조합을
결성한 것이 그 출발점이다. 지역 단위 소규모 소비자협동조합들
도 대부분 친환경 제품의 수요에 따른 것이다. 친환경 식품에 대
한 수요와 마찬가지로 아웃도어 장비에 대해서 우리는 친환경적
인 수요를 담아낼 '그릇'이 필요한 시점이 되었고, 그 그릇의 한 모
델이 지속가능한 아웃도어 협동조합이 될 수 있을 것이다.

아웃도어 마니아들의 협동조합 REI, 경험을 팔다

아웃도어 취미를 가진 사람들이 미국 여행을 가면 반드시 들
리는 곳이 있는데 바로 REIRecreational Equipment, Inc.이다. REI는 여느
업체와는 달리 소비자협동조합 형태로 출발했으며, 미국 최대의
스포츠 아웃도어 제품 유통 채널이다. 아웃도어 천국답게 규모
도 어마어마해서 하나의 매장이 보통 우리나라 대형 마트 수준이
다. 캠핑이나 자전거와 같은 캐주얼한 장비에서부터 클라이밍, 카
약 등 전체 아웃도어 분야를 망라하는데, 특히 인상적인 것은 지
역의 아웃도어 환경에 따라 매장의 제품 구성이 다르다는 것이
다. 예를 들어 눈이 많이 오는 지역의 매장에는 스키나 스노우 슈
잉 장비들을 많이 갖추고 있으며, 암벽등반 대상지가 많은 곳에

서는 클라이밍 장비가 빼곡하다. REI는 현재 미국 내 39개 주에서 165개의 매장을 운영하고 있으며, 직원 수는 1만 3,000명에 이른다.

많은 사람은 REI를 방문했을 때 긍정적인 경험을 했다고 이야기하는데 무엇보다 직원들이 아웃도어 경험이 풍부한 사람들이라서 그들의 장비에 대한 조언에서 진정성이 느껴지고, 신뢰할 수 있기 때문이다. 매장 매니저들은 제품 판매에 열을 올리는 게 아니라 경험을 바탕으로 고객이 필요한 장비가 무엇인지를 조언한다. 재고가 많거나 이익이 많이 나는 제품을 권장하는 일반적인 영업 방식과는 다른 것이다. 여기에 친절함까지 더해지니 정찰가 판매 정책에도 불구하고 많은 사람들이 REI를 신뢰하게 된 것이다.

REI는 아웃도어 마니아들이 스스로 좋은 제품을 구입하기 위한 작은 조직으로 출발했다. 1938년 열렬한 등반가이자 아웃도어 마니아였던 매리Mary와 로이드 앤더슨LloydAnderson은 등반 그룹의 친구들과 함께 품질이 우수한 장비를 공동으로 구매하기 위해 REI를 설립했다. 처음에는 오스트리아의 피켈Ice axe을 저렴하게 공동구매하는 것으로 시작했고 호응을 얻자 점차 품목을 확대했다. 이들의 출발이 순조로웠던 것은 아웃도어 마니아들의 실질적인 수요를 잘 반영했기 때문이다. REI의 히스토리 첫 문장은 "It all started with an ice axe(모든 것은 피켈로부터 출발했다)"로 시작한다. REI의 모든 매장 출입문에는 피켈로 만든 손잡이가 있다. REI의 설립 취지를 반영한 것으로 피켈 손잡이는 이곳이 아웃도어 마니아들을 위한 협동조합임을 상징한다.

REI는 2019년 기준으로 연간 매출은 31억 2,000만 달러(한화 약 4조 5,000억 원)였으며, 평생 회원 자격을 갖는 회원 수는 1,900만 명이다. 2020년 미국의 스포츠 아웃도어 시장 규모가 약 25조로 예상된다[1]고 하니 REI는 전체 매출의 거의 20%를 차지하고 있는 셈이다. 이런 객관적인 지표들만 보더라도 REI는 미국뿐 아니라 전 세계적으로 가장 영향력 있는 스포츠 아웃도어 유통 채널이라고 할 수 있다.[2]

---

[1] 스태티스타 자료 참조(https://www.statista.com/outlook/259/109/sports-outdoor/united-states)

[2] 여담이지만 REI의 정치경제적 영향력도 상당해서 2013년 REI의 CEO이며, 투철한 환경론자인 샐리 주얼은 오바마 정부의 내무 장관에 임용되기도 했다.

REI의 성공사례는 여러 가지 관점에서 분석할 수 있겠으나 무엇보다 협동조합 설립 당시의 정신을 유지하는 데 많은 노력을 기울이고 있다는 점을 들 수 있다. 몇몇 대주주들이 이익을 독점하는 게 아니라 이익의 일정 비율을 회원들의 주문 금액에 따라 매년 연 배당금으로 환급해준다. 조합원들의 신뢰는 단순히 배당금 때문만은 아니다. REI는 단순히 제품만 판매하는 것이 아니라 오랫동안 아웃도어 전문가들과 함께 다양한 아웃도어 프로그램을 운영하며 아웃도어 비즈니스의 기반을 확대하고, 각종 아웃도어 문화 행사 프로그램을 운영하면서 아웃도어 마니아들의 신뢰를 쌓아왔다. 특정 계절에만 필요한 아웃도어 장비, 예를 들어서 스키나 카약 등의 장비 대여 서비스도 아웃도어 문화를 촉진하는 데 긍정적인 역할을 한다. 오랫동안 지역 내의 아웃도어 허브 역할을 하면서 쌓은 신뢰를 바탕으로 오늘날의 REI가 만들어진 것이다. REI는 1938년 설립 이후 80년 이상 일관된 사업 기조를 유지하면서도 협동조합이 지속가능한 비즈니스 모델이 될 수 있다는 것을 보여준 모범적인 사례라고 할 수 있다.

아웃도어 경험 공유 생태계와 아웃도어 리더십

REI가 소비자들에게 신뢰받는 또 다른 이유는 그들이 단순히 제품만을 판매하는 것이 아니라 지역 기반의 아웃도어 활동 허브

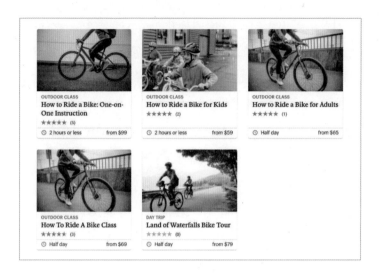

역할을 하고 있다는 점이다. 1년 내내 아동에서부터 성인에 이르기까지 다양한 연령층을 대상으로 지역의 특색에 맞는 아웃도어 프로그램을 운영하는데, 일종의 지역 기반 아웃도어 스쿨 역할을 하고 있는 것이다. 나는 지속가능한 아웃도어 문화를 위해 이 점을 특히 주목한다. 사회적 관계 형성과 공동체를 위한 환경의식 교육은 관습적인 사고의 영향력이 적은 성장기 때 훨씬 효과적이다. 또한 어렸을 때부터 아웃도어 활동을 통해 모험심을 함양하고 스스로의 한계를 극복해가는 체험은 성장기 청소년들에게 더없이 소중한 산교육이다.

　프로그램 참가자들에게도 멋진 경험을 제공하지만 다른 한편 각 프로그램을 진행하는 아웃도어 전문가들은 자신의 오랜 경험

과 지식을 공유함으로서 지속가능한 아웃도어 문화를 형성하는
데 기여할 수 있다. 이러한 아웃도어 경험 공유 생태계야말로 REI
의 비즈니스 기반이라고 할 수 있다. 지속가능한 아웃도어 생태계
는 크고 작던 이러한 경험 공유 플랫폼이 많아져야 가능하다. 아
웃도어 전문가들의 경험과 지식이 어느 뒷골목 선술집이나 골방
에서만 공유되는 것이 아까운 일이기도 하지만 그들의 경험과 지
식은 사회적 자산이기도 하다.

　이쯤에서 나는 아웃도어 리더십의 중요성을 강조하고 싶다. 미
국은 특히 아웃도어 리더십 교육 프로그램이 활성화되어 있는데
아웃도어 리더십 교육은 단순히 아웃도어 관련 기술을 가르치는
것이 아니라 대인 관계 형성과 의사소통, 행동 과학 학습, 상담을
통해 아웃도어 리더가 되기 위한 이론 및 실습을 결합한 교양 과
목이다. 제도권 교육으로는 채울 수 없는 실질적인 '전인교육'인
셈이다. 미국의 아웃도어 리더십 교육의 대표적인 조직은 비영리
교육 단체인 국립아웃도어리더십스쿨[3]이다.

　1965년에 설립된 NOLS의 교육 내용은 백패킹, 카누, 급류 카
약, 팩 래프팅, 동굴 탐험, 암벽 등반, 플라이 낚시, 승마, 바다 카
약, 등산, 래프팅, 세일링, 스키, 스노보드 등 대부분의 아웃도어
액티비티를 망라하고 있으며, 오지에서 필요한 응급처치 의료, 환

3　국립아웃도어리더십스쿨[National Outdoor Leadership School, NOLS]의 공식 웹사이트에서
　그들의 교육 내용을 확인할 수 있다. [https://www.nols.edu]

경 윤리, 위험관리 등 아웃도어 리더십을 위한 다양한 교육 과정을 진행하고 있다. NOLS는 지금까지 28만 명 이상의 학생들을 교육했는데, 교육 프로그램은 유타대학, 웨스턴 콜로라도대학, 센트럴 와이오밍 대학 등에 교육 커리큘럼으로 제공되고 있으며, 많은 대학들과 직접 학점 계약을 맺고 있기도 하다.

아웃도어 활동이 성장기 아이들에게 주는 긍정적인 교육 효과와 현대인들의 삶의 질 향상에 기여하는 역할 등을 고려한다면 아웃도어 경험 공유 생태계와 아웃도어 리더십 교육에 대해서 사회 전체가 관심을 가져야 한다. 이미 많이 늦었지만 그렇다고 성급하게 해외 모델을 모방하는 식으로는 성과를 낼 수 없다. 해외의 성공 사례들은 수십 년간 시행착오를 겪고 대중들의 요구를 반영한 결과다. 연말 보고서를 위한 성과 중심의 사업방식으로는 또 하나의 고리타분한 조직이 될 것은 뻔한 일이기 때문이다. 새로운 아웃도어 문화는 미래의 지속가능한 아웃도어 환경에 대해 우려하는 아웃도어 전문가, 환경보호에 대한 사회적 책임의식을 가진 기업, 그리고 비영리 환경단체들이 연대해 그 주체가 되어야 한다.

협동조합의 유형

나는 지속가능한 아웃도어 문화를 위한 세 가지 과제, 아웃도어 마니아들에 의한, 아웃도어 마니아를 위한 소비자 협동조합과 아웃도어 경험 공유 플랫폼, 그리고 아웃도어 리더십 교육을 제시 하였다. 그중에서 협동조합에 대해서 좀더 알아보자. 다만 이 책 의 주제가 협동조합은 아니므로 협동조합에 관해서는 일반적인 정보만을 소개하기로 한다. 기본적으로 협동조합은 조합원이 소 유하고 민주적으로 관리되는 경제 조직으로서 조합원들의 요구 와 이익을 목표로 한다. 협동조합은 운영 및 소속 주체에 따라 크 게 소비자 협동조합과 생산자 협동조합으로 나눌 수 있다.

소비자협동조합은 회원들이 사용하는 재화나 서비스를 직접 구매하기 위해 만든 협동조합이다. 우리나라의 경우에는 생활협 동조합이라는 용어를 주로 사용하는데 대표적으로는 한살림, 두 레생협, 아이쿱생협 등이 있으며, 대부분 식료품을 중심으로 활 동하고 있다.

생산자협동조합은 말 그대로 산업별, 지역별 생산자들이 조직 한 협동조합으로서 대기업의 막강한 자금력과 마케팅 능력에 대 응하여 생산과 유통 과정에서의 생산자 이익을 도모하기 위한 조직이다. 오늘날에는 직접적인 재화의 생산뿐 아니라 서비스 상 품을 만들어 판매하는 경우가 많아서 폭넓게 사업자협동조합이 라고도 한다. 대표적으로는 농업협동조합, 수산업협동조합, 산림 협동조합 등이 있으며, 최근에서는 협동조합기본법[4]이 발효됨에 따라 다양한 형태의 산업별, 지역별 생산자협동조합이 설립되고 있다.

소비자협동조합이나 생산자협동조합 이외에 노동자들이 법인이나 회사를 소유하고 직접 경영에 참여하는 형태의 노동자협동조합 유형도 있다. 노동자협동조합은 제조업이나 서비스업 종사자, 즉 노동자들의 협동조합으로서 직원협동조합, 사회적협동조합, 프리랜서협동조합, 노동자자주관리기업 등이 이에 해당된다. 우리나라에서는 '일하는 사람들의 협동조합(워커쿱)'이 이들 노동자협동조합의 연합회 조직이다.

협동조합은 시장 시스템 내에서 작동한다는 점에서는 일반적인 기업과 다르지 않지만 소속 조합원들이 공정하게 이익을 공유한다는 점에서 큰 차이가 있다. 말하자면 승자독식의 프레임을 벗어난 경제조직인 것이다. 경제적 약자들을 위한 경제적인 이익뿐 아니라 운영 방식에서도 민주적인 관리, 사회적 기여 등을 중요한 원칙으로 삼기 때문에 민주주의의 실천 및 교육 조직의 역할도 한다. 협동조합은 자본주의의 폐해를 보완한다는 측면에서도 전 세계적으로 적극 권장하는 경제 조직 형태이기도 하다.

---

4 2012년 12월1일부터 시행된 협동조합기본법의 핵심은 설립 요건을 대폭 완화했다는 것이다. 5인 이상 조합원을 모으면 금융 보험업을 제외하고 누구나 협동조합을 만들 수 있도록 했으며, 3억 원 이상이던 출자금 제한을 없앴다.

협동조합의 운영 원칙

협동조합이 일반 기업과 가장 다른 점은 운영 방식과 원칙이다. 일반적인 기업은 주주총회나 이사회의 의결을 통해 주요 안건을 결정하는데 주주총회나 이사회는 결국 최대 주주들의 이익을 위한 거수기 역할을 하는 경우가 대부분이다. 이에 비해 협동조합은 기본적으로 1주 1표가 아니라 1인 1표라는 민주적인 참여 원칙과 평등한 권리를 보장하는 운영 원칙을 가지고 있다. 전세계 94개국 268개의 협동조합이 소속되어 있는 국제협동조합연맹 ICA, International Co-operative Alliance은 다음과 같이 협동조합의 운영 원칙을 표방하고 있다.

개방적 조합원 제도: 성별과 인종, 사회적 지위에 상관없이 조합원이 될 수 있으며, 언제든지 탈퇴가 가능하다.

민주적인 운영과 관리: 주식회사의 1주 1표가 아니라 조합원 1인 1표의 동등한 권리를 보장하는 민주적인 의사결정구조.

조합원의 경제적 참여: 조합원의 경제적 참여를 목적으로 하며, 종교적, 정치적 신념에 따른 차별이나 남녀 차별을 금지한다.

자율과 독립: 협동조합은 조합원에 의한 자율적 통제를 따르며, 외부의 간섭을 배제한다.

교육과 훈련, 정보의 제공: 조합원을 교육하며, 조합원에게 최대한의 정보를 제공한다. 조합원이 아닌 자에게도 가능한 공유한다.

협동조합 간 협력과 연대: 다른 협동조합들과 협력하고 연대한다.

사회적 기여: 협동조합은 환경, 기아, 실업 문제 등을 해결하기 위한 사회적 기여를 활동 원칙으로 한다.

우리도 협동조합을

아웃도어 마니아들에 의한, 아웃도어 마니아를 위한 소비자 협동조합, 아웃도어 경험 공유 플랫폼, 그리고 청소년 환경교육을 포함한 아웃도어 리더십 교육을 통해 전인교육에 기여하는 조직은 가능한 것일까? 우리는 아직 아무것도 시작하지 않았으므로 '저 많은 일들이 가능할까?'라는 의문을 가질 수 있으며, 그래서 현재 시점의 의문과 우려는 합리적이다. 그러나 해외의 많은 사례들은 이미 수십 년의 성과로 증명되었고, 누군가는 첫걸음을 시작했기 때문에 오늘이 있는 것이다. 나는 그 해답의 실마리를 자본으로부터 독립된 협동조합에서 찾아야 한다고 생각한다.

사회의 다양성 측면에서도 협동조합은 긍정적인 역할을 기대할 수 있다. 대자본이 주도하는 문화와 트렌드는 주주의 이익을 향한 일관되고도 강력한 방향성을 가지고 있다. 자본의 이익에 도움이 되지 않는다면 그것이 아무리 공동체 전체의 이익에 부합된다고 해도 체제 밖으로 밀려나게 된다. 개개인의 독립된 자아와 창의성은 온데간데없고 길거리 10명 중 7~8명이 똑같은 스타일의 옷을 입고, 똑같은 노래를 들으며, 똑같은 음식을 먹는다고 가정해보자. 그것은 마치 사각형의 콘크리트 기숙시설에서 잠을 자고, 컨베이어 시스템에 실려서 이동하며, 집단 급식소에서 밥을 먹는 것과 다르지 않다. 그 속에서 잉태된 사고 체계는 전체주의의 가장 손쉬운 먹잇감이 된다. 다양한 영역에서의 협동조합은 다양한 대안문화를 만들어가는 데도 일조할 것이다.

아웃도어 협동조합은 사회적 기여라는 협동조합의 정신에 따라 특히 교육과 환경 관련 사업을 적극적으로 전개해야 한다. 협동조합의 기본 사업으로서 다양한 아웃도어 교육 프로그램을 운영하고, 이익은 조합원에게 배당할 뿐 아니라 지속가능한 아웃도어 환경을 위한 기금으로도 기부한다. 조합원의 경제적 이익을 목표로 하는 협동조합이지만 지속가능한 아웃도어를 위해 환경을 보호하는 일은 아웃도어 마니아들인 조합원의 이익에 완전히 부합되는 일이다. 기부와 배당은 선 기부, 후 배당의 원칙을 지켜야 한다. 예를 들어 매년 발생한 수익의 10%는 지속가능한 아웃도어 환경 조성을 위해서 우선 기부하고, 조합원들에게는 후 배당하는 것이다.

조합원은 협동조합의 운영 책임과 권한을 가진 공동 경영자이며, 제안자이자 의결자이다. 동시에 그들은 아웃도어 마니아이자 확고한 고객이다. 아웃도어 활동을 통해 삶의 질이 향상된다는 것을 누구보다도 잘 알고 있는 조합원들은 지속가능한 아웃도

어 문화를 자발적으로 널리 전파하는 역할을 하게 된다. 아웃도
어 매출규모가 4조 원이고, 등산인구가 천만이며, 캠핑 동호인이
400만 명 시대임에도 아웃도어 관련 협동조합이 아직 없다는 것
은 오히려 기이한 현상이다.

남은 숙제들

미처 정제되지 않은 협동조합에 대한 제안은 자칫 당면한 모든
문제를 협동조합만으로 해결할 수 있다는 단순한 환원주의에 빠
질 우려가 있다. 나는 이 점을 충분히 경계하고 있지만 협동조합
을 공론화하는 과정에서 많은 문제의식들을 공유하게 될 것이고,
문제의식의 공유 과정을 통해 협동조합의 실체는 좀더 분명해질
것이다. 협동조합은 어느 날 갑자기 등장하는 조직이 아니라 문제
의식을 공유하고 현안들을 해결하는 과정의 결과물로서 나타날
것이기 때문이다.

협동조합의 공론화 과정에서 첫 번째 난관은 아마도 판매자(회
사)와의 갈등일 것이다. 상품을 판매하는 기업 입장에서는 소비
자 협동조합을 단지 바잉파워를 가진 소비자 조직으로 경계하는
관습적인 생각을 가질 수 있다. 그러나 생산과 유통을 포함하여
공정성과 적정한 가격 정책 유지 등은 기업들에게도 보다 유리하
고 안정적인 사업 환경을 제공하게 될 것이다.

또 다른 예상되는 난관은 오프라인 소매점들과의 이해 충돌이다. 오프라인 소매점들은 새로운 판매자가 등장해 경쟁이 격화되고 파이를 더 작게 나누어야 하는 것 아닌가 하고 염려할 수 있다. 그러나 협동조합은 더 넓은 연대와 더 단단한 지속가능성을 사업 기조로 파이를 키우는 것을 핵심과제로 한다. 협동조합은 개별 소매점 단위에서는 운영하기 어려운 교육 프로그램, 리더십 교육, 사회 공헌 프로그램 등을 수행한다. 오프라인 소매점은 지역 기반 단골 고객들에 대한 판매와 독점적인 제품 유통 등을 경쟁력으로 삼고 있는데 이러한 경쟁력은 여전히 유효할 것이다.

이 모든 것들이 지금은 꿈같은 이야기겠지만 꿈을 꾸는 자만이 꿈을 이룰 수 있는 것 아니겠는가.

5부

지구와 더불어

우리가 자연의 *SOS*에 답해야 합니다.
놀랍도록 다양한 생명을 보존하려는 것은
단순히 자연에 대한 윤리적 의무나 감성적 이유 때문만이 아닙니다.
바로 80억 인류의 미래가 위태로워지기 때문입니다.
— 〈세계자연기금(WWF) 지구생명보고서 2020〉 중

존 뮤어,
전투적인 자연주의자

부사라가 최초로 아프리카를 벗어나 새로운 세계로 나아갔듯이 어느 분야나 새로운 생각을 가지고 새로운 세계를 향하여 위대한 첫걸음을 내딛은 사람들이 있다. 존 뮤어John Muir, '환경운동'이라는 용어조차 없던 시절 그는 자연의 아름다움을 뭇사람들에게 알리고 환경보호를 위해 때로는 집필 활동으로, 때로는 격정적인 투쟁으로 일생을 보냈다. 그 결과 우리는 지난 100여 년간 산업화라는 폭주 기관차를 피해 간신히 '국립공원'이라는 자연유산을 물려받게 되었으며, 개발과 보존이라는 현대 인류 문명의 두 날개 중 또 다른 한쪽 날개를 얻게 되었다.

국립공원 시스템의 아버지

요세미티의 인자한 거인 존 뮤어는 자연주의자이자 철학자, 박물학자였으며, 철저한 환경주의자였다. 스코틀랜드 태생인 존 뮤어는 열한 살이던 1849년, 미국으로 이주한 뒤 위스콘신에서 성장했으며, 몇 년간 위스콘신 대학을 다녔지만 중퇴하고 스물아홉 살의 늦은 나이에 '뒷마당의 울타리를 뛰어넘어 자연이라는 대학'에 들어갔다. 젊은 시절에는 네바다·유타·오리건·워싱턴·알래스카 등을 탐사하면서 자연에 대한 통찰력을 키웠고, 1868년부터 1874년까지 요세미티에서 살았다.

요세미티 기간 동안 그는 자연주의자로 거듭났다. 요세미티의 생태학적 중요성을 깨닫고 요세미티를 보호하기 위해 백방으로 노력했으며, 1890년 요세미티가 국립공원으로 지정되는 데 결정적인 역할을 했다. 존 뮤어는 제도 교육을 받은 학자가 아니었으나 오랜 관찰과 사유로 요세미티 계곡의 장관이 빙하의 침식에 의해 만들어졌음을 처음으로 주장했다. 그를 시골의 민속학자쯤으로 여긴 주류 학자들은 존 뮤어의 주장을 무시했으나 결국은 빙하 침식의 결과라는 게 학술적으로 증명되었다. 자연을 바라보는 그의 깊은 성찰과 질문이 주류 지질학자들도 밝혀내지 못한 비밀을 밝혀낸 것이다.

세계 최초로 국립공원으로 지정된 곳은 1872년 옐로스톤 국립공원[1]이지만 당시만 해도 미국은 정치 경제적으로 혼란한 상황

---

1 세계 최초의 국립공원은 사실 1783년 지정된 몽골의 복드한 국립공원(Bogd Khan Uul National Park)이다. 미국의 국립공원 관리 제도가 가장 일반적인 모델이기 때문에 흔히 옐로스톤 국립공원을 최초의 국립공원이라고 한다.

이었고, 환경 보존에 대한 명확한 이론과 국립공원 관리 시스템
이 제대로 갖추어지지 않았다. 독립적인 연방 기관으로서의 국립
공원관리청National Park Service이 설립된 것도 1916년의 일이었으며,
그 이전까지는 국립공원 관리업무는 내무부 산하의 한직으로 여
겨졌다.

존 뮤어는 요세미티에서 생활하면서 요세미티의 자연을 현장
에서 연구했다. 탐사에 나서는 그의 소지품은 작은 컵과 차(茶),
그리고 마른 빵이 전부였다. 요세미티를 포함하는 시에라 지역은
그에게 깊은 영감을 주었고, 그의 발길이 닿지 않는 곳이 없었다.
그는 국립공원으로 보호받지 못하고 벌목과 목축업 등으로 위협

받고 있는 요세미티를 영구히 보존하기 위해 노력했다.

1889년에 존 뮤어는 당시 꽤 유력한 잡지였던 〈센츄리 매거진〉²의 편집인이었던 로버트 존슨Robert Underwood Johnson을 투올러미 메도우Tuolumne Meadows로 초청해 무분별한 벌목과 방목 중인 양과 소가 어떻게 삼림을 훼손하고 있는지를 설명하고 요세미티 지역이 국립공원으로 지정되어야 함을 역설했다. 이것을 계기로 존 뮤어와 로버트 존슨은 캘리포니아의 주립공원이던 요세미티를 국립공원으로 만드는 법안을 청원했고, 그 이듬해인 1890년 요세미티가 국립공원으로 지정되어 130여 년이 지난 오늘날에도 개발론자들부터 온전히 보호되고 있다. 후대의 사람들은 그를 '국립공원 시스템의 아버지'라고 부른다. 만약 요세미티를 방문할 기회가 있다면 그 경이로운 풍광에 감탄하면서 존 뮤어에게도 잠깐 감사의 마음을 가져야 한다.

환경운동의 시조

요세미티가 국립공원으로 지정된 후에도 존 뮤어는 요세미티의 환경을 보존하기 위한 노력을 멈추지 않는다. 1892년 시에라

---

2 〈센츄리 매거진(Century Magazine)〉은 1881년 미국 뉴욕에서 처음 출판되었으며, 주로 역사, 과학 및 문학 관련 기사를 다루었다. 특히 수준 높은 일러스트레이션은 유명했으며, 당시 지식인 사회에서 세련된 취향을 주도했다는 평가를 받았다. 1930년에 〈The Forum〉으로 합병되었다.

클럽Sierra Club을 창립하고 죽을 때까지 회장을 맡아 헌신하였고, 시에라 클럽은 오늘날 세계 최대의 환경운동 단체가 되었다.

존 뮤어는 시에라 클럽의 회장으로 있으면서 요세미티와 시에라 네바다를 보전하기 위해 수많은 투쟁을 벌였는데 그중 가장 극적인 것은 요세미티 국립공원 내의 헤츠 헤치 밸리의 댐Hetch Hetchy Dam[3]을 막기 위한 캠페인이었다. 헤츠 헤치 계곡의 댐 건설 반대 투쟁은 환경운동의 첫 번째 중요한 전투였다. 그러나 존 뮤어와 시에라 클럽은 수년간 반대 투쟁을 이끌었지만 1913년 결국 의회는 언론과 많은 전문가의 반대에도 불구하고 댐 건설을 승인하는 법안을 통과시켰다. 요세미티처럼 아름다웠던 헤츠 헤치 밸리는 결국 물에 잠겨 영원히 볼 수 없게 되었고, 크게 상심한 존 뮤어는 그 이듬해 사망했다.

존 뮤어는 자연유산이 인류에게 주는 의미를 제대로 이해하지 못하던 시대에, 인디언 학살과 토지 약탈이 아무렇지 않게 횡행하던 사회적 분위기 속에서 환경운동을 일으킨 인물이다. 100년 지난 지금도 미국 근대사에서 여전히 가장 영향력 있는 자연주의자로 기록되어 있는 존 뮤어는 사람들에게 자연유산을 경험하고 보호하는 것의 중요성을 깨닫게 했으며, 그의 정신을 유산으로

---

3 헤츠 헤치 계곡은 요세미티 국립공원의 북서쪽에 있으며, 요세미티처럼 빙하의 침식으로 만들어진 빼어난 경관의 계곡이었다. 요세미티 계곡처럼 아름다웠다고 하나 1913년 캘리포니아 의회는 샌프란시스코 시의 안정적인 물 공급을 위해 헤츠 헤치 밸리에 댐 건설을 승인하는 법안을 통과시켰고, 결국 댐이 건설되면서 계곡은 물에 잠겨 영원히 볼 수 없게 되었다.

하는 후대의 많은 환경운동가에게 큰 영감을 주었다.

보존과 보전의 노선투쟁

기포드 핀쇼Gifford Pinchot는 미국의 초대 산림청장이며, 미국 임업의 아버지로 불리는 인물이다. 뮤어와 핀쇼는 나이 차이에도 불구하고 환경보호와 관련해 깊은 우정을 나누기도 했고, 상반된 입장으로 크게 충돌하기도 했다. 한마디로 이 둘은 전형적인 프레너미[4] 관계였다.

미국의 장거리 트레일은 대부분 국립공원 지역이거나 국유림 지역이다. 뮤어와 핀쇼는 비록 장거리 트레일을 직접 설계하지는 않았지만 각각 국립공원과 산림청의 정신적인 지주이며, 체계적인 이론을 제시했다는 점에서 장거리 트레일과도 관련이 없지 않다. 환경운동의 영원한 숙제이자 논쟁인, 자연을 그대로 '보존'할 것인가, 혹은 활용하면서 '보전'할 것인가라는 입장[5]에서 20세기 초의 뮤어와 핀쇼의 입장은 크게 갈렸다. 존 뮤어는 보존 preservation을 주장했고, 핀쇼는 보전conservation를 옹호하는 입장이었다.

---

4 프레너미(Frenemy). '친구'(friend)'와 '적(enemy)'이라는 상반된 단어의 합성어로 혐오하거나 경쟁자임에도 불구하고 서로 친한 관계의 사람을 뜻한다.
5 이 책에서는 conservation은 활용하면서 후세대로 넘겨주는 '보전'으로, preservation은 자연을 있는 그대로 두는 '보존'으로 해석한다.

핀쇼의 보전 입장은 기본적으로 연방 정부가 소유한 공공 토지를 일반 대중의 레크리에이션 용도로 사용할 수 있을 뿐만 아니라 관리 기관의 체계적인 통제를 전제로 벌목, 채광 및 과학적 연구를 포함한 기타 여러 목적을 위해 산업적으로 사용할 수 있다는 입장이었다. 핀쇼의 이런 입장은 더 많은 사람의 동의를 얻었고, 그는 미국 산림청의 초대 책임자가 되었다. 현재까지도 미국 산림청의 기본 운영 철학은 핀쇼에게서 비롯되었다고 할 수 있다.

이에 비해 존 뮤어는 보존을 옹호하는 입장이었는데 특히 국립공원이 된 연방 토지에서 산업적 이익을 전혀 허용하지 않는 것을 목표로 하였다. 여기까지만 놓고 보면 존 뮤어는 환경운동에 있어서 보다 근본주의적인 입장에 가깝다고 할 수 있다. 그러나 보존이냐 보전이냐의 문제는 양자택일해야 하는 것은 아니다. 핀쇼의 실용주의적 입장이 정책에 보다 많이 반영되었지만, 뮤어의 입장은 결국 미국 국립공원 관리의 기본 철학이 되었고, 오늘날 미국이 남한 면적보다 두 배 이상 넓은 총 21만 1,000km²를 국립공원으로 지정하는 결과를 가져왔다.

이 둘의 입장 차이에도 불구하고 미국 공공 토지 시스템의 핵심인 보존과 보전이라는 상충되는 철학은 균형 있게 반영되고 있다. 그들은 나중에 글레이셔 국립공원(1910년 국립공원 지정)으로 지정되는 보석 같은 맥도날드 호수 옆에서 함께 야영했다. 이곳에서 함께 낚시를 하고 밤새도록 긴 시간을 이야기하면서 둘 다 자연유산에 대한 깊은 애정이 있다고 인정하였고, 서로를 존중한다는 것을 확인했다. 이날의 만남을 계기로 글레이셔 국립공원이 지정되었고, 상충되는 입장 차이를 극복하고 연대하게 된다.

뮤어와 핀쇼의 철학을 바탕으로 한 미국의 공공 토지 관리 시스템은 전 세계적으로 모범이 되고 있다. 더 많은 '탐방객' 유치라는 영업 목표를 가진 듯한 우리나라의 국립공원 관리 당국의 정책과는 사뭇 다르다는 점에서 100여 년 전 이들의 논쟁과 연대를 다시 한번 살펴보게 된다.

원주민 차별 논쟁

존 뮤어와 관련해 가장 빈번한 논쟁 중 하나는 그가 유색 인종, 특히 인디언 원주민에 대해 관심을 기울이지 않았고, 백인 남성 엘리트주의를 가진 인물이라는 것이다. 그 근거로 그가 모노 레이크로 걷다가 만난 인디언들이 위스키와 담배를 구걸했으며, 인디언들의 구걸 행위와 지저분한 행색에서 위협감을 느꼈다고 쓴 글을 예로 든다. 이 논쟁은 회원 수 380만 명의 세계 최대 환경단체인 시에라 클럽에서도 벌어졌다. 더러운 행색으로 구걸을 하던 요세미티 지역의 인디언들은 사실 악명높은 마라포사 민병대6에 의해 삶의 터전을 빼앗기고 가족들이 학살당한 인디언들이었으며, 젊은 존 뮤어가 캘리포니아에 도착할 때까지 10년 이상 이러한 장면은 시에라 네바다 전역에서 반복되었다. 이런 사회 현상을 존 뮤어는 깊이 이해하지 못했다는 주장은 인디언의 역사가 재조명되고 있는 오늘날 나름 일리 있는 이야기다.

그러나 그가 백인 우월주의자라는 뚜렷한 증거는 없으며, 오히려 그의 "시에라의 나의 첫 번째 여름(First Summer in the Sierra)"이라는 글에서는 환경 파괴를 가장 많이 일으키는 사람은 인디언이 아니라 백인이라고 지적한 바 있다. 세계관과 가치관은 시대의

6　인디언들의 위협을 막아낸다는 명분으로 1851년 캘리포니아주에서 승인한 민병대 조직. 이들은 요세미티 밸리의 인디언 마을에서 재산을 약탈하고 그들을 몰아냈다. 사실 인디언의 위협이라는 것도 골드 러시로 인해 수천 명의 광부들이 인디언 지역을 침략하면서 벌어진 일이었기 때문에 인디언 학살과 약탈이라는 미국 현대사의 오점이 가려지는 것은 아니다.

흐름에 따라 변하기 나름이다. 존 뮤어가 설령 사회적 약자들인 인디언들에 대한 이해가 부족했다 해도 환경운동에서의 그의 업적이 사라지는 것은 아니다. 그가 인디언의 인권을 보호하는 투쟁을 함께 이끌고, 더 나아가 인디언 원주민들과 함께 환경운동을 벌였더라면 더 좋았겠지만 그것은 시대의 한계였다는 게 좀더 정확한 평가일 것이다.

공정백패킹 **윤리지침**
- LNT을 로컬라이징하다

세계자연기금wwf에 발행한 〈지구생명보고서 2020〉에 따르면 1970년 이후 조류, 양서류, 포유류, 어류 및 파충류의 평균 68%가 급감했다. 자연을 벗하며 아웃도어 활동을 즐기는 우리는 지구 환경 문제에 가장 민감할 수밖에 없다. 물고기가 헤엄치지 않는 강과 바다, 새소리가 사라진 숲속의 아침, 플라스틱 생수병과 비닐봉투가 아무렇게나 나뒹구는 등산로… 그 속에서 야영하고 걷는다면 차라리 트레드밀 위에서 땀 흘리는 것이 낫다.

약간의 관심과 노력으로 더 나은 지구 환경을 만들 수 있다면 우리의 아웃도어 활동은 더 멋진 취미가 될 것이다. 비닐봉투 대신 멋스러운 에코백, 플라스틱 생수보다는 개인 텀블러와 물통, 되가져올 쓰레기조차 없는 심플 패킹. 오늘부터 생활밀착형 환경 운동가가 되어보자.

LNT의 7가지 원칙

나는 2011년 제로그램을 시작하면서부터 미국의 LNT와 공식 파트너쉽을 맺고 그들을 지속적으로 후원했다. 모든 대내외 프로그램에 LNT 원칙을 관철시키면서 국내에 LNT 원칙을 널리 알린 것은 간결한 7가지 원칙에 크게 공감했기 때문이었다. 당시 백패커들에게 조금 알려진 야영지의 환경은 급속도로 나빠지고 있었다. 함부로 불을 피운 흔적과 배설물 휴지, 빈 가스통, 플라스틱 물병과 술병이 나뒹굴었다. 겨울철에는 사용하고 버린 손난로가 많이 눈에 띄었고, 나무를 꺾어 불을 피운 자리에는 대량의 조개껍질도 본 적이 있다. 일부의 소행이긴 하겠지만 그들은 맑은 숲속, 깊은 산속을 사설 캠핑장쯤으로 여기고 있었다.

잘 알려져 있다시피 LNT는 환경보호와 관련된 다양한 교육 프로그램을 운영하고, 자원봉사자들의 환경 교육을 지원하는 NGO 단체다. LNT의 7가지 원칙은 아웃도어 현장을 방문하는 모든 사람에게 자연에 미치는 영향을 최소화하기 위한 가장 쉬운 방법을 설명하고 있다. 7가지 원칙은 야생 지역을 기준으로 작성된 것이지만 가까운 도심 공원이나 야영 시설, 심지어는 자신의 뒷마당에 이르기까지 어디서나 적용할 수 있는 내용들이기도 하다. LNT의 7가지 원칙은 아래와 같다.

1. 사전에 계획하고 준비하기(Plan Ahead and Prepare)

- 당신이 방문할 지역과 관련한 규칙과 특이사항을 파악한다.

- 극심한 기후, 위험그리고 응급상황을 준비한다.

- 여행에서 시간을 허비하지 않도록 일정을 잡는다.

- 가능한 작은 인원의 구성원으로 방문한다. 많은 구성원은 작은 구성원
  으로 나누기를 고려하라.

- 쓰레기를 최소화하도록 음식을 다시 꾸린다.

- 색칠하기, 돌무더기 표시하기, 깃발설치하기를 하지 않도록 지도와 나
  침반을 이용한다.

**2. 지정된 구역에서 탐방하고 야영한다(Travel and Camp on Durable
Surfaces)**

- 지정된 구역(내구력 있는 표면)이란 확실한 탐방로, 야영지, 바위, 자갈,
  마른 풀 또는 눈을 포함한다.

- 호수와 계곡으로부터 약 200피트(약 61m, 성인 걸음으로 약 70보) 이내의
  야영을 피한다.

- 좋은 야영지를 만들지 말고 찾는다. 야영지를 개조하는 것은 필요하지
  않다.

- 대중이 사용하는 장소에서는 기존의 탐방로와 야영지를 사용한다.

- 탐방로가 젖어 있거나 진창이더라도 가운데를 일렬종대로 걷는다.

- 야영지가 작게 유지한다. 식물 생장이 없는 지역에서 주로 야영한다.

- 자연 상태의 지역에서는 야영지와 탐방로를 보호하기 위해 사용을 분산시킨다.
- 충격(자연훼손)이 시작되고 있는 장소를 피한다.

3. 쓰레기를 확실하게 처리한다(Dispose of Waste Properly)

- 자기가 가지고 간 것은 모두 자기가 가지고 온다. 야영지와 휴식처에 쓰레기와 흘린 음식물을 점검한다. 모든 쓰레기, 남겨진 음식물, 잡동사니를 배낭에 가지고 나온다.
- 배설물은 식수, 야영지, 탐방로에서 약 200피트 떨어진 곳에 6~8인치(약15~20cm)의 구덩이를 파고 안에 묻는다.
- 화장지와 위생 처리된 물품은 배낭에 가지고 돌아온다.
- 몸이나 그릇을 씻으려면 개울이나 호수에서 200피트 떨어진 곳으로 물을 가져가서 생물분해성 비누의 작은 양을 사용한다. 설거지물은 흩뜨려 버린다.

4. 당신이 본 것을 그대로 둔다(Leave What You Find)

- 과거의 상태를 그대로 보존한다. 문화적 또는 역사적 구조물과 인공물에 손을 대지 않는다.
- 바위, 식물 그리고 원래 있던 자연적인 것들은 당신이 본 그대로 둔다.
- 비 자연적인 종(種: 현지에서 자라지 않는 동물, 식물)을 가져다 놓거나 옮겨가지 않는다.

- 구조물이나 가구 만들기 또는 구렁을 파지 않는다.

5. 모닥불 최소화 한다(Minimize Campfire Impacts)

- 모닥불은 오지에 오랫동안 영향을 줄 수 있다. 요리를 위해서는 경량의 스토브를 사용하고, 조명은 작은 랜턴을 사용한다.
- 불의 사용이 허락된 곳에서 준비된 파이어링, 파이어팬, 또는 토판 난로를 사용한다.
- 불이 작은 상태를 유지한다. 오로지 손으로 꺾을 수 있는 지표면의 나무토막을 사용한다.
- 땔나무와 숯은 모두 재가 되도록 하고, 모닥불을 완벽하게 정리하고, 식은 재들은 흩뜨려 버린다.

6. 야생 동물을 존중한다(Respect Wildlife)

- 야생 동물과의 거리를 유지한다. 그들을 따라가거나 접근하지 않는다.
- 동물에게 음식물을 주지 않는다. 야생동물에 주는 음식은 건강을 해치고, 자연적 습성을 바꾸고, 포식성과 다른 위험들에 접하게 하는 것이다.
- 식량과 쓰레기를 안전하게 보관하여 야생 동물과 음식을 보호한다.
- 애완동물은 처음부터 끝까지 통제하거나, 또는 집에 둔다.
- 교미, 둥지 짓기, 새끼 키우기, 또는 겨울나기와 같은 민감한 시기에는 야생동물을 피한다.

7. 다른 방문자들을 고려한다(Be Considerate of Other Visitors)

- 다른 방문자들을 존중하고 그들이 좋은 경험을 할 수 있도록 보호한다.

- 예의를 지킨다. 탐방로를 다른 이용자들에게 양보한다.

- 무거운 짐을 진 사람과 만나는 탐방로에서는 내리막길 편에 선다.

- 휴식과 야영은 탐방로와 다른 방문자들로부터 떨어진 곳에서 한다.

- 자연의 소리를 그대로 둔다. 큰 목소리와 소음을 내지 않는다.

LNT 7가지 원칙의 로컬라이징

LNT의 7가지 원칙은 매우 간결하면서도 풍부한 콘텐츠를 가지고 있지만 그 내용의 일부는 우리나라의 자연환경 조건과 아웃도어 스타일에 부합되지 않은 부분이 있었다. 예를 들어 모닥불의 영향을 최소화하라는 내용은 원칙적으로 산에서 불을 피울 수 없는 우리나라 실정과 맞지 않는 것이다. LNT를 후원했던 것은 그들의 환경보호를 위한 진정성 있는 노력과 교육 프로그램을 지지했기 때문이지, 그들이 제시하는 7가지 지침을 교조적으로 따르겠다는 것은 아니었다. 그래서 나는 새로운 가이드라인이 필요하다고 느꼈다. 일종의 로컬라이징이라고 할 수 있다. 특히 깊은 자연 속으로 들어가는 백패킹 활동과 관련해 관습적으로 벌어지는 환경 오염과 쓰레기 투척 등 당시 백패킹의 일부 부정적인 영향은 매우 우려스러운 상황이었다.

이렇게 해서 2013년 나는 공정 백패킹 윤리지침이라는 가이드를 제시했다. 특히 나는 인문학적인 아웃도어를 강조했다. 방문 지역의 역사와 문화에 관심을 갖는다면 우리의 여행은 더 오래, 더 즐거운 기억으로 남게 된다. 우리가 방문하는 지역의 공동체를 존중하고, 지역 경제에 조금이라도 도움이 된다면 우리는 그저 소란스럽고 쓰레기만 버리고 가는 불청객이 아니라 반가운 손님이 될 수 있다.

2013년 제안된 이래 공정 백패킹 윤리지침의 7가지 주제는 크게 변하지 않았지만 일부 표현들은 약간의 수정이 있었다. 나는 제시한 가이드가 불변의 도그마가 되어야 한다고는 생각하지 않는다. 오히려 그것은 공동체 구성원들의 사회적 합의와 관련 제도의 변경, 그리고 현실에서의 심각성 정도에 따라 계속 개정되는 것이 마땅하다.

1. 동행 인원을 적게 하라

무리가 많아질수록 도덕심은 반비례하여 해이해집니다. 이것은 심리학에서도 증명된 사실입니다. 따라서 동행 인원은 가능한 적게 하는 것이 좋습니다. 가급적 혼자이거나 좋은 친구와 둘이 가는 것이 좋으며, 최대한 4명 이하를 권장합니다. 동행 인원이 많아지면 목소리가 커지게 되고, 다른 백패커들과 주변의 뭇짐승들에게 나쁜 영향을 줍니다. 여러분의 동네에 주말마다 수십 명이 무리지어 떠들며 대형 배낭을 메고 지나다닌다고 상상해보십시오. 그 누구도 결코 유쾌하지는 않을 것입니다.

2. 패킹을 가볍게 하라

무거운 짐으로 몸을 혹사시키는 일은 자연에게도 좋지 않은 영향을 끼칩니다. 우리가 깊은 숲, 높은 산으로 들어가는 것은 자연과 동화되어 내면을 돌아보고, 벗들과 나즈막하게 대화하기 위함입니다. 불편을 감수하지 못한다면 차라리 우리는 어느 술집에서 친구들을 모아 떠들어야 합니다. 그것이 올바른 방법입니다. 무거운 짐과 음식물로 인해 발길이 닿지 않았던 곳이 고기 기름과 술과 음식찌꺼기와 배설물로 오염되고 있습니다. 우리는 이제 무겁게 메고 온 배낭을 부끄러워할 줄 알아야 합니다. 과다적재된 화물차가 도로 파괴의 주요 원인이듯이 무거운 짐으로 가쁜 숨을 내쉬면 탄소 배출이 많아지며, 우리의 몸과 자연도 함께 그만큼 힘들어합니다. 가볍게 가십시오. 그리하여 더 멀리 가고, 더 많이 보며, 더 많이 생각하게 됩니다. 그곳에 진정한 즐거움이 있습니다.

3. 음식을 줄여라

1박의 백패킹에서 음식이 부족해 조난당한 사례는 보고된 바가 없습니다. 오히려 매번 음식이 남았고 남은 음식을 처리하는 것이 매우 번거롭다는 것을 기억하십니까? 많은 음식은 많은 연료를 필요로 합니다. 스토브의 연료를 많이 쓰는 것은 그만큼 제한된 지구자원인 화석연료를 많이 사용하는 것이고, 탄소배출도 많아집니다. 먹는 즐거움은 저자거리에서

도 충분합니다. 우리는 이미 너무 많은 지방과 단백질로 주 5일을 보내고
있습니다.

4. 지역 주민들을 존중하라

백패커들이 방문하는 곳은 그들에게 삶의 터전이며, 더러는 존경하는 조
상님을 모신 곳이기도 합니다. 그들에게 그곳은 엄숙한 곳이며, 존중해야
할 곳입니다. 우리는 그들에게 스쳐지나가는, 초청받지 않은 손님일 뿐입
니다. 방문지역의 주인인 지역 주민들을 존중해야 합니다. 예의바르고 겸
손하게 행동할 것이며, 큰소리내지 말아야 합니다. 마주치는 그들에게 친
절하고 따뜻한 인사를 나누십시오.

5. 지역 경제에 기여하라

가능한 로컬 푸드를 이용하십시오. 대기업이 운영하는 대형 마트의 가격
은 결코 저렴하지 않습니다. 사소한 것이지만 방문하는 지역의 시장, 동네
어구에 있는 작은 가게를 이용하십시오. 돌아오는 길, 동네의 작은 식당에
서 한끼를 사먹는 것은 좋은 추억이 될 것입니다.

6. 지역 환경에 관심을 갖고 보호하라

우리가 방문하는 곳에는 희귀한 철새가 계절을 달리하며 찾아오고 있으
며, 그곳에만 식생하는 풀과 나무가 있습니다. 우리가 작은 관심만 가져준
다면 평생 볼 수 없는 진귀한 동식물을 볼 수 있을 것입니다. 외부의 방문

으로 상처 입을 지역 환경을 위해 기여할 바를 찾는 것은 방문자들의 작은 의무입니다.

7. 지역 역사와 문화에 관심을 가져라

우리는 유구한 역사와 전통을 가지고 있는 나라입니다. 어느 산, 어느 길모 퉁이를 돌아가도 저마다의 사연과 숨은 이야기를 간직하고 있습니다. 투박한 봉우리 이름에 얽힌 이야기 하나를 더 알 것이며, 마을 어귀의 나무 한 그루가 가진 사연에 귀 기울여보십시오. 거기에 여행의 또 다른 즐거움이 있습니다.

저작권 규정: FBE의 저작권 규정은 다음과 같이 CCL을 따름
저작자 표시: 저작자 이름, 출처 등 저작자에 대한 사항을 반드시 표시해야 함
비영리: 저작물을 영리 목적으로 이용할 수 없음
2차 변경 금지: 저작물을 변경하거나 저작물을 이용한 2차적 저작물 제작을 금지함
동일조건 변경 허락: 동일한 라이선스 표시 조건하에서의 저작물을 활용한 다른 저작물 제작을 허용.

FBE V1.0 2013.03.25
FBE V1.1 2016.03.09
FBE V1.11 2020.09.19

지속가능한
아웃도어
– 지구가 만든 과거 인류, 인류가 만드는 미래 지구

아웃도어의 지속가능성

근사하면서 윤리적이기까지 한 느낌을 주는 '지속가능성'[1]은 최근 마케팅 담당자가 가장 선호하는 단어의 하나인 듯하다. 나쁘지 않다. 그린마케팅 유행에 편승해 갑작스럽게 환경주의로 개종했다고 해도 지속가능성에 도움이 된다면 그건 긍정적인 일이다. 다만 지속가능성이 무엇이고, 어떻게 실천할 것인지를 좀더 진지하게 성찰한다면 더없이 좋은 일일 것이다. 그럼 도대체 지속가능성은 무엇이고, 지속가능한 아웃도어는 무엇일까? 그리고 지금 우리에게 왜 중요하며, 모든 것이 변화하는 게 세상 이치인데 지속가능은 어떻게 가능한가?

지속가능성은 생태계가 미래에도 정상적으로 기능할 수 있도록 균형 있게 유지하는 것을 의미한다. 한마디로 '생태계의 미래

---

1 Sustainability. '지속가능성'이라는 용어는 1713년 독일의 회계사이자 광업 관리자였던 칼로비츠(Hans Carl von Carlowitz, 1645-1714)가 임업 분야에 처음 도입했다.

유지가능성'이 핵심개념이다. 지속가능성 개념은 환경뿐 아니라 사회 경제 문제로 확장해서 적용하기도 하는데 예를 들어 '지속가능한 발전' 개념이 그것이다. 1992년 리우 환경 회의 이후 UN은 '지속가능한 발전'이라는 개념을 제안했으며, 이후 지속가능성이라는 용어는 유행처럼 번져 기업 차원에서는 '지속가능한 성장'이라는 용어까지 등장했다. 이들 개념은 20세기 이후 급격하게 늘어난 인간 활동에 따른 지구 생태계의 파괴를 막고, 인간과 자연 생태계의 조화 속에서 미래 인류가 생존할 수 있다는 애초의 문제의식에서 조금 벗어난 개념이라고 할 수 있다. 하물며 이윤 극대화를 위한 방법론으로 제시되는 '지속가능한 성장'은 전혀 다른 주제라고 할 수 있다.

이 책에서는 아웃도어와 관련한 지속가능성을 다루고 있는데, 이는 결국 환경 문제다. 아웃도어는 자연 속에서 이루어지는 여가 활동이기 때문이다. 즉 자연환경이 미래에도 지속가능해야 아웃도어도 지속가능하기 때문에 지속가능한 아웃도어를 이야기하려면 가장 먼저 환경문제에 관심을 가져야 한다. 모든 아웃도어 동호인들이 환경보호에 적극적이어야 하는 이유이기도 하다.

오늘 실내 백패킹장 가실까요?

기후변화와 환경 위기는 전 지구적으로 진행되고 있고, 마치

바이러스처럼 지역과 국가, 계급과 종교와 무관하게 누구에게나 재앙으로 닥칠 수 있다. 기후변화로 숲 서식지가 줄어들자 한 손에 손도끼를 들고 두 다리로 걸어 아프리카를 빠져 나온 12만 년 전의 호모 사피엔스처럼 이주할만한 대륙이 우리 인류에게는 남아 있지 않다. 손도끼 대신 한 손에 모바일 컴퓨터를 들고 다른 행성으로 이주할 수 있을 때까지 당분간은, 적어도 수백 년 동안은 지구에서 우리 스스로 지속가능성을 확보해야 한다.

숲속 나무 위에서 살던 루시의 조상들이 나무 위에서 내려와 두 다리로 걷기 시작한 시기의 기후변화와 서식지 환경 변화는 약 300~400만 년 전부터 본격적으로 시작되어 수백만 년에 걸쳐 진행되었다. 인류의 조상들은 그 수백만 년 동안 환경에 적응하며 진화한 결과 오래 달릴 수 있는 부사라 무리가 나타났고, 극적으로 동아프리카를 벗어날 수 있었다. 그러나 오늘날 인류에게 닥친 기후 변화와 환경 악화 속도는 진화의 속도가 미처 따라갈 수 없을 만큼 빠르게 진행되고 있다. 21세기의 인류는 그저 키가 더 커지고, 얼굴이 작아지는 정도의 진화만 빠르게 진행될 뿐인데, 안타깝게도 그런 진화는 기후 변화 대응력에 별 도움이 되지 않는다. 현생 인류는 기후 변화에 대응해 동아프리카를 벗어날 수 있었던 부사라보다 훨씬 옹색한 처지에 놓인 것이다.

알 만한 사람은 다 알겠지만 '퇴근박'이라는 게 있다. 퇴근하자마자 가까운 야영장으로 달려가 캠핑을 즐기거나, 산으로 백패킹을 다녀오는 것을 말한다. 특히 업무에 시달리는 평일 퇴근박은 직장인들에게 색다른 즐거움을 제공한다. 그런데 이런 멋진 취미가 오래가지 못할 수도 있다. 지금처럼 산과 숲이 줄어들고 토양이 황폐해진다면 어느 날 우리는 실내 스크린 골프장에서 골프 연습을 하듯이 실내 스크린 하이킹 시설에서 걷고, 어린이 놀이방처럼 생긴 곳에서 소꿉놀이하듯 캠핑을 즐겨야 할지 모른다. 그곳에는 강력한 모터로 작동하는 대형 공기청정기가 있을 것이고, VR 기술로 그럴 듯하게 재현한 개울 옆에 나무가 서 있을 것이다. 물론 나는 가지 않겠다. 그것은 독자 여러분도 마찬가지일 것이다.

수련의 경고

간결하지만 흥미로운 수수께끼가 하나 있다. 여러분의 정원에 수련이 자라고 있는 연못이 있다고 가정해보자. 수련은 날마다 두 배씩 늘어나고 있다. 수련이 늘어나는 것을 그대로 두면 30일 만에 연못을 완전히 뒤덮고, 물속의 다른 생명체를 모두 질식시킬 것이다. 오랫동안 수련의 규모는 연못에 비해 작아 보였기 때문에 자르지 않고 그대로 방치했다. 마침내 29일째가 되는 날 수련은 연못의 절반을 덮었다. 그렇다면 수련이 연못을 완전히 뒤덮는 날은 언제일까?[2]

금방 알아챘겠지만 바로 다음날이다. 날마다 두 배로 늘어나
는 수련이 연못의 절반을 덮었고, 연못을 구할 수 있는 날은 단
하루 남은 것이다. 일부 비관적인 학자들은 지속가능한 생태계를
유지하기란 이미 늦었다며 임계점을 넘어섰다고 주장한다. 이 비
관적인 전망에 동의한다고 해서 지속가능한 생태계를 위한 우리
의 노력을 중단할 필요는 없다. 지금부터 당장 수련을 걷어낸다면
내일 연못이 모두 덮이는 일은 막을 수 있기 때문이다. 긍정적인
생각으로 스피노자처럼 오늘 한 그루의 사과나무를 심어보자.

　수련이 아름다운 것은 연못의 절반을 덮기 전까지다. 그때가지
는 오랫동안 연못에는 아무 일도 없어 보였고, 모든 게 평화로웠
다. 오늘날 고도화된 경제 시스템에서는 각종 경제 지표가 계량화
되어 시시각각 그 추이가 모니터링되고, 날이면 날마다 신문 지상
에서는 '경제위기'가 헤드라인을 장식한다. 위기에 빠지지 않기 위
한 일종의 사전 경보 시스템이라고도 할 수 있지만 사람들의 주목
을 끄는 기사에만 관심을 갖는 언론사는 과장된 경제 위기를 전

2　로마클럽의 1972년 보고서 〈성장의 한계(The Limits to Growth)〉에 나오는 인용문으로 원래는
　프랑스의 어린이 대상 수수께끼였다고 한다. 보고서 72쪽에 나오는 원문은 아래와 같다.
　"Suppose you own a pond on which a water lily is growing. The lily plant doubles in
　size each day. If the lily were allowed to grow unchecked, it would completely cover the
　pond in 30 days, choking off the other forms of life in the water. For a long time the lily
　plant seems small, and so you decide not to worry about cutting it back until it covers
　half the pond. On what day will that be? On the twenty-ninth day, of course. You have
　one day to save your pond."

달하기도 한다. 그런데 정작 우리 인류 전체의 존망과 관련한 진짜 위기에 대해서는 대체로 무관심하거나 무지하다. 기업에 비해 환경은 그들에게 그다지 관심 있는 광고주가 아니기 때문이다.

사실 기자들의 무지나 편향성을 탓하기 전에 위기가 생태계에서부터 비롯된 것이라면 생태 전문가들조차 정확히 예측하기 어렵다는 점이 우리의 대응을 더욱 곤란하게 만든다. 임계점을 넘기 전까지 그 징후는 너무도 미미해서 오랫동안 관찰하고, 면밀하게 연구하지 않으면 충분히 대응할 준비를 할 만큼 사전에 인지하기란 거의 불가능하기 때문이다. 하물며 그 변화는 우리가 예전에 한 번도 겪어보지 못했던 경험이기에 더더욱 그렇다. 시시각각 주가 변동 추이에 대한 관심과 모니터링에 들어가는 비용만큼이나 생태계 변화를 관찰하는 데 필요한 비용을 이제 사회적 비용으로 마련해야 할 시기다.

경험하지 못한 재앙

2006년 나는 개인적인 일로 오스트레일리아를 방문한 적이 있다. 3개월 일정으로 시드니에 머물 예정이었는데 백패킹 취미 생활을 유지하기 위해 사용하던 텐트를 수화물에 포함시켰다. 출입국 심사 과정에서 문제될 게 전혀 없으리라는 것이 나의 생각이었다. 그런데 나는 시드니 공항에서 난처한 일을 당했다. 출입국 심사를 받기 위해 줄 서있던 나를 공항 직원이 따로 불러내서 모든 짐을 다 꺼내 놓으라고 요구했던 것이다. 마치 마약 소지자처럼 여기는 직원의 고압적인 태도가 불쾌했지만 나는 내 배낭에 든 물건을 모두 꺼내서 검사대 위에 펼쳐 보였다. 문제될 게 뭐가 있냐는, 약간은 의기양양한 표정으로.

문제는 전혀 예상하지 못했던 텐트 펙이었다. 직원은 텐트 주머니에서 텐트 펙을 꺼내 들면서 왜 당신은 이것을 신고하지 않고 반입하려고 했는지를 따져 물었다. 어리둥절한 나는 날카로운 금속 텐트 펙을 도검류로 분류하는 줄 알았다. 그가 보기에는 텐트 펙이 그저 날카로운 쇠꼬챙이처럼 보였을 수도 있기 때문이다. 그런데 이야기를 더 듣고 보니 '쇠꼬챙이'가 문제가 아니라 '사용하던' 텐트 펙이 문제였던 것이다. 내가 가져간 텐트 펙에는 아주 약간의 흙이 묻어 있었고, 공항 직원은 그 흙에 당신 나라의 식물 씨앗이나 박테리아 등이 묻어 있을 수 있다는 것이었다. 나는 그의 지적에 수긍했지만 지나치게 민감하다는 느낌을 지울 수 없었다. 결국 텐트 펙은 압수되었고, 장시간 훈계를 들은 후에야 겨우 공항을 빠져나올 수 있었다. 나에게 그 공항 직원은 한동안 불쾌한 기억으로 남아 있었지만 외래종 반입으로 겪은 오스트레일리아의 값비싼 경험을 알고 나서야 오해가 풀렸다.

19세기 사냥을 좋아하던 영국의 귀족들이 여우와 토끼를 오스트레일리아에 들여왔다. 사냥 취미를 위해 들여온 영국의 여우

와 토끼는 얼마 가지 않아 오스트레일리아의 생태계에 엄청난 재
앙을 불러 왔는데, 여우는 진화적인 경험이 전혀 없었던 오스트
레일리아의 토종 포유류와 조류를 닥치는 대로 잡아먹었고, 번식
력이 대단했던 야생 토끼는 토종 초식동물들과의 먹이 경쟁에서
압도적인 우위를 차지했다. 더구나 크게 늘어난 토끼의 개체수는
양과 소의 사료로 사용하던 식물을 급속도로 먹어치우면서 목축
산업에도 큰 손실을 가져왔다. 이뿐만이 아니었다. 풀이 사라진
토양은 비를 머금지 못해 점점 황폐해지면서 생태계에 일대 교란
이 일어났고, 오스트레일리아 국토는 전대미문의 환경 재앙을 맞
게 되었다.

징후는 작은 것에서부터 시작되었다. 나무 껍질이 벗겨지고 메
마르면서 뿌리가 점점 드러나는 나무들, 점차 개체수가 줄기 시
작한 토착 생물들, 그리고 마침내 황폐화된 목초지와 목장을 버
리고 하나둘 떠나는 인간들. 오스트레일리아 정부는 뒤늦게 재
앙의 원인을 파악하고 대응에 나섰다. 150여 년 전에 들여온 토
끼는 불과 24마리였지만 60년 후에는 무려 100억 마리로 늘어났
다. 목초지를 보호하고 토끼를 고립시키기 위해 3,256km에 이르
는 울타리를 설치하기도 했으며, 토끼를 퇴치하기 위해 생물무기
의 일종인 바이러스를 사용하기도 했다. 그러나 불과 6년 후 바이
러스에 내성이 생긴 변종 토끼가 등장해 다시 극성을 부렸다. 오
스트레일리아 정부의 목표는 토끼가 존재하지 않았던 150여 년

전으로 시간을 되돌리는 것이다. 나의 수화물에는 여우와 토끼가 없었지만 나는 이 역사를 알고 나서야 그 출입국 심사 직원의 태도를 충분히 이해할 수 있게 되었다.

그 섬에 가고 싶다[3]

이스터 섬은 한 사회가 얼마나 어이없이, 그리고 얼마나 빠른 속도로 붕괴될 수 있는지를 압축적으로 보여주는 사례다. 제주도의 약 4분의 1 정도 크기인 이스터 섬은 태평양 동부 한가운데에 있다. 칠레에 속한 이스터 섬은 칠레에서 약 3,700km나 떨어진 외딴 섬이다. 이스터 섬에 최초로 인간이 정착한 것은 기원후 300년 전부터 1200년까지 다양한 주장이 있지만 대략 900년 전쯤이라는 게 정설이다. 그들은 해양술이 뛰어난 폴리네시아 사람들이었는데 놀랍게도 작은 카누에 식수와 약간의 식량, 그리고 닭을 싣고 무려 17일[4] 이상 노를 저어 이스터 섬에 도착했다.

전성기 이스터 섬의 인구는 최대 1만 5,000명 이상이었던 것으로 추정된다. 그러나 1722년 최초의 방문자였던 로헤벤이 이스터 섬을 방문했을 때 인구는 5,000~6,000명 정도였고, 1800년대의

---

3 이스터 섬의 비극에 관한 이야기는 상당 부분 재레드 다이아몬드의 《문명의 붕괴》 '2장 이스터 섬에 내린 땅거미'를 참고했다.
4 폴리네시아인들의 이스터 섬 이주를 재현하기 위해 1999년 카누 '호쿨레아'를 만들어 망가레바 섬을 출발해서 17일 만에 이스터 섬에 닿은 일이 있다.

노예사냥과 유럽인들이 퍼뜨린 전염병으로 원주민 숫자는 점점 줄어들어 1872년에는 겨우 111명의 굶주린 원주민만이 생존하고 있었다. 인구만 줄어든 게 아니었다. 유럽인들이 최초로 방문했던 1722년 이스터 섬은 이미 나무 한 그루 없고, 단백질과 지방을 제공할만한 포유류나 조류도 전혀 없는 황폐화된 섬이었다. 이후의 연구자들에 의해 이스터 섬은 원래 우람한 야자나무가 울창했던 섬이었으며, 어떤 나무는 15m, 최대 30m까지 자라는 수종도 있었던 것으로 밝혀졌다. 물론 거기에는 원주민들에게 살코기를 제공했을 육지새들도 서식하고 있었다.

이스터 섬의 미스테리는 모아이 석상에서 비롯된 것인데, 한 사회의 비극적인 붕괴 과정의 상징물이기도 하다. 이 석상의 경이로움 때문에 신비주의자들은 외계 문명 도래설을 전파하기도 했지만 고고학자들과 생태학자들의 연구 결과는 비밀의 대부분을 밝혀냈다. 모아이 석상은 이스터 섬 전성기의 시작이라고 할 수 있는 11세기부터 만들어졌으며 17세기까지도 세워졌다. 보통은 무게가 20톤 정도지만 가장 큰 석상은 높이 10m에 무게는 90톤이나 된다. 이 섬을 처음 방문한 로헤벤은 나무 한 그루 없고, 인구도 고작 몇천 명 수준이었던 이들이 어떻게 이런 거대한 석상을 세울 수 있었는지 이해할 수 없었다. 그러나 다양한 과학적 방법으로 이루어진 조사 결과 유럽인들이 방문하기 100여 년 전인 17세기 이전에는 나무가 울창했으며, 석상은 화산 분출물이 퇴적되어 만들어진 응회암 재질이라 특별한 조각 도구 없이도 석상 제작이 가능했던 것으로 밝혀졌다.

그러나 문제는 석상의 조각이 아니라 운반이었다. 대부분의 석상은 해변에 세워졌는데 채석장에서 조각한 후 돌에서 떼어내어 해변까지 운반한 것으로 추정된다. 채석장에서 해변까지는 최대 14km의 거리였으며 수십 톤의 돌 석상을 어떻게 운반했는지 많은 연구자가 다양한 가설을 제시했다. 여러 가설의 공통점은 나무를 베어 레일을 깔고 그 위에 석상을 올려 운반했다는 것이다.[5] 게다가 튼튼한 야자나무 껍질은 석상을 끌기 위한 로프로 사용하기에도 안성맞춤이었다. 카누를 만들어야 할 큰 나무들은 부족 간의 거대 석상 제작 경쟁으로 빠른 속도로 줄어들었다. 그들은 폴리네시아인들답게 뛰어난 카누 제작 솜씨와 어업 기술을 가지고 있었지만 마을에 남은 카누가 낡아서 더이상 쓸모없을 때가 되어서야 카누를 만들 수 있는 나무가 섬에 남지 않았다는 것을 깨달았다.

환경 위기 경보 시스템이 작동할 리 없었던 이스터 섬의 울창한 숲이 겨우 2m 정도의 관목 몇 그루만 남기까지는 믿기 어렵겠지만 200년이 채 걸리지 않았다. 대지진이나 화산 폭발 등의 자

---

5   2012년 캘리포니아 주립대학의 고고학 교수인 칼 리포(Carl Lipo)는 나무 레일 없이 석상의 양쪽을 로프에 묶어 뒤뚱거리게 해서 마치 펭귄처럼 이동하는 방법을 재현했다. 그러나 당시 재현에 사용된 석상의 무게는 4.4톤에 불과했고 실제 대부분의 모아이 석상은 그보다 훨씬 무거워서 '펭귄 걸음'만으로 석상 운반을 다 설명할 수 없다.

연재해가 원인이 아니라 원주민들이 스스로 나무를 베어내어 카누를 제작할만한 나무 한 그루 남겨두지 않았다는 주장에 여전히 일부 학자들이 의문을 제기하고 있지만 여러 증거는 별다른 외부적인 요인이 없었다는 것으로 모이고 있다. 나무가 없어진 섬에는 새들도 없어졌고, 더이상 카누도 만들 수 없었기 때문에 물고기나 돌고래도 잡을 수 없게 되었다. 마지막 남은 카누도 낡아서 더이상 사용할 수 없게 된 원주민들은 밭농사로 연명하고자 했지만 나무가 자라지 않는 토양은 빗물에 쉽게 침식되었고, 화산재로 수만 년 동안 비옥했던 땅은 이미 황폐해져서 그마저도 쉽지 않았다. 바람을 막아줄 수목이 없는 섬에서는 겨우 돌을 쌓아 작은 텃밭 농사만 가능했고 굶주림을 벗어나기에는 턱없이 부족했다.

인구 1만 5,000명 이상이 충분히 먹고살 수 있었으며, 석상을 만들고 운반하는데 한꺼번에 수백 명을 동원할 수 있었던 안정적인 사회 체제 등 이스터 섬의 평화와 번영은 영원할 것 같았지만 1722년 유럽인들이 방문했을 때 이미 인구는 5,000명 수준이었고, 섬은 회복 불능 상태에 빠져 있었다. 게다가 줄어든 자원을 두고 부족 간 갈등은 격화되어 전쟁이 잦아졌고, 끝내는 식량 부족이 원인이었는지 혹은 적들에 대한 복수심이 원인이었는지 명확하지 않지만 원주민들 사이에서는 처참한 카니발리즘이 횡행하기 시작했다.

기원후 900년경 최초의 원주민이 정착한 이래 11세기부터 경쟁적으로 석상이 만들어졌고, 삼림 자원은 급속도로 고갈되었으며, 16세기에는 붕괴를 향한 임계점을 넘어서 돌이킬 수 없는 상황이 되었다. 나무가 없어져 카누를 만들 수 없었던 원주민들은 더이상 돌고래나 난바다의 참치와 같은 대형 어종을 잡을 수 없었다. 실제 원주민들의 주된 영양원이었던 돌고래의 뼈가 1500년경부터 패총에서 사라졌다. 지배층의 우상화와 이데올로기 강화를 위한 거대 석상 제작, 삼림 자원의 파괴, 식량 부족, 부족 간의 전쟁으로 이어지는 일련의 붕괴 과정은 지구의 미래에 대한 섬뜩하면서도 강렬한 메시지를 우리에게 전해주고 있다.

사라져간 벗들을 애도하다

외래종 토끼 몇 마리가 드넓은 오스트레일리아의 초원을 50년 만에 황폐화시킨 일은 인간의 과도한 자연 개입이 예상치 못한 재앙을 불러올 수 있음을 극명하게 보여준 사례라면, 양쯔강돌고래는 인간 활동 그 자체만으로도 다른 생명에게 치명적인 영향을 줄 수 있음을 보여주는 사례라고 할 수 있다. 1950년대까지 5,000여 마리 수준이었던 양쯔강 돌고래가 중국의 산업화로 양쯔강이 전력 생산과 수송 통로로 이용되고, 어류 남획까지 더해져 10여 마리로 줄어드는 데는 불과 50여 년 밖에 걸리지 않았다. 2006년 결국 양쯔강 돌고래는 멸종이 공식적으로 선언되었고, 그 이듬해인 2007년 부랴부랴 '돌고래의 해'를 선포하여 이미 사라진 돌고래를 기념했다.

더 비참한 사례는 미국의 여행 비둘기다. 19세기 중반 50억 마리로 조류 단일종으로는 지구에서 가장 많은 개체수로 추정되던 여행 비둘기[6]가 노동자들의 값싼 식량과 부자들이 놀이 삼아 즐기던 사냥으로 불과 수십 년 만에 멸종되었다. 누가 한 번에 가장 많이 잡는지 내기까지 벌어졌고, 한번에 800마리를 잡았다는 기록이 있는데, 그저 사람들은 유희삼아 여행 비둘기를 사냥했다. 여행 비둘기가 무리지어 이동할 때는 하늘을 다 덮었다지만 그 많던 개체가 이토록 짧은 시간에 멸종되리라고 그 누가 예상할 수 있었을까? 개체수가 급격하게 줄기 시작한 1907년 뉴욕시는 여행 비둘기를 사격장의 산 표적으로 쓰는 것을 금지하는 법안을 통과시켰지만 이미 멸종으로 향한 임계점을 넘어섰고, 결국 1914년 신시내티 동물원에서 사육되던 마지막 개체가 죽으면서 완전히 멸종했다.

대형 바다 포유류였던 스텔러 바다소[7]의 경우는 믿을 수 없을 만큼 아주 짧은 시간에 멸종에 이르렀다는 점에서 충격적이기까

---

6 Passenger Pigeon. 북미 대륙에 서식하던 야생 비둘기로서 1800년대 중반 50억 마리 이상이 서식했지만 식량과 사료, 졸부들의 사냥 놀이 등을 위해 남획되면서 불과 50여 년 만에 멸종되었다.

지 하다. 덴마크 출신 탐험가 비투스 베링이 이끄는 캄차카 탐험대가 1741년 코만도르스키 제도의 무인도인 베링 섬에서 좌초되었다. 탐험대의 반 이상이 죽고 생존한 탐험대의 일원인 게오르그 빌헬름 스텔러Georg Wilhelm Steller가 작성한 보고서에는 그 섬에 살고 있던 거대한 바다소의 존재가 포함되어 있었다. 고기는 송아지 고기 맛이었으며, 기름은 아몬드 기름 같았고, 가죽은 고급 모피로 사용할 수 있다는 그의 관찰기는 금세 소문이 퍼져 모피 상인과 사냥꾼들이 베링 섬으로 몰려들었다. 1768년 마지막 남은 바다소 두 마리를 죽였다는 보고가 있었는데 그게 스텔러 바다소에 대한 마지막 기록이다. 동료들이 사냥당하는 중에도 동료애를 발휘하여 곁을 떠나지 않다가 오히려 집단으로 도륙되었다는 스텔러 바다소가 인간에게 알려진 후 멸종하기까지는 불과 27년밖에 걸리지 않았다.

지속가능성을 위한 삼각편대

징후가 너무 미약하여 그 심각성을 제대로 인식하지 못하는 대표적인 경우가 지구 온난화 현상이다. 인간 활동에 따른 지구 온

---

7 Steller's sea cow(학명: Hydrodamalis gigas). 바다에 사는 포유류의 일종으로, 해우목, 듀공과에 속한다. 북태평양의 베링 해 코만도르스키예 제도에 서식하고 있었으며, 몸길이 8~9m, 무게는 10톤에 달해 고래 다음으로 큰 포유류였다.

난화로 세계 기온이 '평균적'으로 매년 상승하고 있다는 것을 대부분의 사람들은 심각하게 인식하지 못하는데 그것은 매년마다 세계 기온이 오르는 것이 아니라 수십 년 동안 평균적으로 상승하기 때문이며, 또 상승의 폭이 크지 않기 때문이기도 하다. 그러나 현재의 지구 환경과 거기에 익숙한 인류의 적응력, 그리고 사회 시스템의 위기관리 능력은 세계 기온이 평균적으로 1도만 올라가도 벌어질 대재앙을 이겨내기에는 턱없이 부족하다. 미약한 징후를 사전에 인지하기 못하기 때문이다.

지금까지의 몇 가지 사례들은 모두 미처 그 결과를 예상하지 못했던 일들이고, 문제의 심각성을 인지하고 대응하기 시작했을 때는 이미 늦어서 돌이킬 수 없었던 일들이다. 우리의 교훈은 여기에 있다. 최초의 징후는 너무도 미미하고, 재앙의 과정은 인류가 한 번도 경험해보지 못한 양상으로 전개되며, 그 결과는 되돌릴 수 없다는 것이다. 그리하여 우리가 미처 심각성을 깨닫기 전에 1970년 이후 지구상의 조류, 양서류, 포유류, 어류 및 파충류의 평균 68%가 급감했다.

이제 비관적인 사례를 더 제시하지 않아도 이 책의 본래 주제에 비추어 인간 활동에 따른 환경 위기의 심각성을 충분히 설명했다고 생각한다. 이제 화제를 다시 지속가능성으로 돌려보자. 지속가능한 아웃도어는 어떻게 가능한가? 지속가능한 아웃도어는 아웃도어 활동과 관련한 세 개의 주체, 즉 아웃도어 동호인, 아웃

도어 관련 기업, 그리고 환경과 생태 등의 공공자원을 관리하는
정부 조직이 문제의식을 공유하고 문화와 제도 정비들을 위해 공
동으로 노력해야 가능하다. 아웃도어 동호인은 실제 아웃도어 문
화를 만들고 아웃도어를 향유하는 사람들이자 아웃도어 비즈니
스의 고객이기도 하다. 아웃도어 관련 기업은 제한된 지구 자원
으로 제품을 생산하고 판매하며, 잠재적 고객들에게 자연 속으
로 들어가라고 독려하고 더 많은 사람들이 자연 속으로 들어갈
때 더 큰 이윤을 남긴다. 따라서 아웃도어 기업은 마땅히 지속가
능성에 대해 여느 기업보다도 더 많은 책임을 가지고 있으며, 생
태계의 지속가능성을 위해 더 많이 기여해야 한다. 자연 환경과
관련한 공공자원을 관리하는 정부 조직은 국민들의 삶의 질 향
상을 위한 정책과 제도를 실행해야 하는 또 하나의 주체다. 이 세
축에 대해서 좀더 알아보자.

첫째는 아웃도어 동호인들이다. 아웃도어 동호인들의 환경 의
식은 계속해서 높아지고 있다. 그러나 여전히 개인 차원의 인식
변화일 뿐 이것이 전 사회적인 문화 수준으로까지 확고하게 자리
잡으려면 새로운 노력이 필요하다. 그것은 조직적이며, 지속적인
캠페인과 환경 문제에 대한 일관된 입장과 정책 역량을 갖추는
일이다. 일관된 입장과 정책이라고 하면 매우 복잡하며 고도의 사
회적 활동이 필요한 것처럼 느껴지지만 사실 출발은 순조롭다. 개
인적으로 쓰레기를 줍는 착한 실천으로 이미 인식의 변화는 시작

되었기 때문이다. 이제 왜 아직도 쓰레기가 반복해서 버려지는지, 왜 아직도 아웃도어 활동에서는 일회용품 사용이 자연스럽게 받아들여지는지에 대한 관심으로 시야를 넓힌다면 우리 사회의 지속가능성을 위한 노력은 좀더 실질적인 성과를 얻을 수 있을 것이다. 동호인들 사이에서 영향력 있는 사람의 환경 캠페인은 많은 사람들의 긍정적인 변화를 이끌어낸다는 점에서 큰 의미가 있지만 단지 개인의 퍼스널 브랜드 파워를 높이기 위한 것이라면 지속적이며 조직적인 사회 운동으로 발전할 수 없다. 결국은 개인의 명망을 높여줄 뿐 축적된 경험과 일관된 메시지를 대중들에게 전달하기에는 역부족인 것이다. 산에서 쓰레기를 줍는 일은 대단히 훌륭한 일이지만, 개인의 선행만으로 지속가능성이 보장되지 않는다는 게 안타깝지만 현실이다. 우리 사회의 지속가능성 문제는 몇몇 개인의 변화를 넘어서 사회 문화적으로 총체적인 변화를 요구하고 있다.

둘째는 아웃도어 관련 기업이다. 각종 미사어구로 자연으로 들어갈 것을 권장하는 아웃도어 관련 기업이야말로 지속가능성과 관련해 가장 큰 책임감을 가져야 한다. 그들이 생산하는 제품은 인류의 생존과는 크게 상관없는, 그야말로 없어도 그만인 물건들이다. 2002년 파타고니아 창업자 이본 쉬나드와 블루 리본 파일의 창업자인 크레이그 매튜스가 제안하여 창립된 'One Percent for the Planet'은 지구 환경과 관련하여 기업의 사회적 기여 방식

에서 큰 전환점을 가져왔다. 이익이 남을 때만 기부하고, 이익을
극대화하기 위한 마케팅으로 접근하는 기존의 CSR[8]만으로는 지
속가능성을 위해 실질적인 기여를 다했다고 할 수 없다. 기업은
이익을 남기던, 적자를 보던 이미 제품을 생산하여 판매하기 시
작한 시점에서 제한된 지구 자원을 소모한 것이므로, 바로 그 시
점에서부터 사회적 책임이 발생하는 것이다. 기업의 사회적 책임
에 대해서는 아래에서 다시 한 번 살펴보기로 한다.

셋째는 정부 조직이다. 아웃도어 활동이 이루어지는 지역의 환
경 자원은 대부분 공공 자원이며, 지속적으로 관리해야 하는 환
경적 민감성을 가지고 있다. 공원, 하천, 산림자원이 모두 그렇다.
공공 자원의 관리 주체는 정부 조직이며, 보존과 동시에 공공 자
원을 통해 국민들의 삶의 질 향상에 기여하는 것을 조직의 목표
로 하고 있다. 지속가능성은 결국 사회 제도적인 시스템으로 정착
되어야 하며, 정부 조직은 그 실행 주체라는 점에서 지속가능성
을 위한 중요한 한 축이라고 할 수 있다.

실질적인 변화를 위한 실천, 친환경 정책 V2.0

아웃도어 관련 기업은 공공자원인 자연 환경의 활용에 기반한

---

8 Corporate Social Responsibility. 기업의 사회적 책임을 뜻하며, 기업에 기대하고 요구하는 사
   회적 의무들을 수행하는 경영 기법의 하나다.

사업을 하고 있으므로, 환경 보호에 더 많은 노력을 기울여야 한다는 것은 이미 강조했다. 아웃도어 관련 기업은 자본 중심의 단기적 이익 추구 전략보다 지속가능한 아웃도어 문화를 형성하는 데 큰 관심을 가져야 한다. 이것은 더 많은 시간과 비용이 필요하지만 장기적으로 결코 자본의 이익과 배치되지 않는다. 진정성을 가지고 사회 공헌 활동을 벌여나가는 것은 마치 SOC에 투자하는 것과 같은 것이다. 그래서 오히려 더 단단한 비즈니스 기반을 다지는 일이다. 사람과 환경과 문화가 없는데 아웃도어 비즈니스가 잘되길 바라는 것은 파종도 하지 않고 수확하려는 욕심이다.

이른바 '그린마케팅'은 기업의 친환경 이미지를 창출하여 결국에는 기업의 이익을 실현하는 것을 목표로 한다. 물론 이것은 이익을 목표로 하는 기업으로서 그다지 어색한 일이 아닐 뿐 아니라 장려해야 마땅하다. 그러나 기업 활동이 지구 환경에 미치는 영향이 점점 커지고 있는 만큼 사회적 책임도 날로 커지고 있다. 이제 기업은 생산과 소비, 그리고 포장재를 포함해 폐기된 상품의 처리에 이르기까지 전체 프로세스에 관심을 가져야 하는 시대가 된 것이다. 그린마케팅의 한계는 단지 기업의 친환경 이미지 구축을 통한 '매출 확대'에만 관심을 가진다는 점이다. 친환경적인 '이미지'가 아니라 실제 친환경적이어야 하며, 전일적인 가치관이 전일적으로 관철되어야 한다. 그린마케팅이 기업의 친환경정책 V1.0이라면 생산 과정뿐 아니라 소비와 판매한 상품의 폐기에 이르기까지 일관된 친환경 정책을 실천하는 것을 V2.0이라고 할 수 있다. 기업의 이미지 메이킹이 아닌 '실질적인 변화'를 위한 실천이 핵심이다.

실질적인 변화를 일으키는 실천은 진정성과 지속적인 관찰을 통해서만 가능한데, 생분해성 수지 제품은 좋은 사례라고 할 수 있다. 녹색연합의 보고에 따르면 기존의 플라스틱 제품을 대체하는 생분해성 수지 제품이 최근 5년간 4.3배나 증가했으나 별도의 처리 방법이 없어 다른 플라스틱 제품과 마찬가지로 소각되거나 매립되고 있다. 생분해 플라스틱은 대부분 재활용되지 않기 때문에 오히려 쓰레기를 늘리는 결과를 가져올 뿐이다. 비닐 포장재나 플라스틱 용기보다 친환경적일거라는 일반적인 인식과 다른 결과인데, 그 의도는 좋았으나 의도를 넘어서 그 결과까지도 면밀하게 관찰하지 않으면 결국은 의도만 남을 뿐 실질적인 변화를 가져오는 실천에는 이르지 못한 경우라고 할 수 있다.

결국 시민이 만들어간다

이제 기업의 사회적 책임과 정부 조직의 역할과 관련하여 남은 하나의 과제가 있다. 나는 아웃도어의 지속가능성을 위해서 아웃도어 동호인과 아웃도어 관련 기업, 그리고 정부 조직 이렇게 세 축의 공동 노력을 강조했다. 그런데 이 세 축이 모두 병렬적으로,

또는 각자 내재한 동력으로 지속가능성을 향해 움직이는 것은 아니다. 기업과 정부 조직은 자기 나름의 목표와 상황 논리로 단단하게 무장되어 있고, 대체로 보수적인 입장을 취하기 때문에 종종 시민들의 주장에 귀 기울이지 않는다. 결국 가장 중요한 것은 우리들 시민이다. 우리 스스로에게는 열렬한 아웃도어 마니아이고, 기업에게는 소비자이며, 정부 조직에게는 유권자이기 때문에 가장 큰 영향력을 행사할 수 있다.

이윤을 목표로 하는 기업은 태생적으로 이윤을 축소시키는 사회적 책임을 회피하려고 한다. 기업 활동의 결과로 환경적 재앙을 일으켰다고 해도 그 처리는 사회 전체 부담으로 떠넘기고 기업은 파산하면 그만이다. 기업은 사람들처럼 어릴 적부터 공동체 의식을 교육받거나 경험하지 못한다. 다시 말해 성장하면서 사회적으로 형성되는 '인성'이 기업 활동에서는 작동하지 않는 것이다. 결국 기업의 사회적 책임을 각성시키고 지속가능성을 위한 행동에 나서도록 하는 것은 시민, 즉 소비자들이다.

시민의 각성이 기업의 경영 정책이나 제품의 윤리성 강화를 이끌어내는 일은 자주 일어난다. 2015년을 전후로 우모 제품을 만드는 아웃도어 기업들이 RDS 인증을 받은 윤리적인 우모를 사용하기 시작한 것이 대표적인 사례라고 할 수 있다. RDS 우모를 사용하면 생산원가가 상승하므로 주주나 이사회는 자발적으로 이런 결정을 내리지 않는다. 당시 많은 동물복지단체들이 동물학대 사실을 널리 공개하고, 소비자들이 문제의식을 가지게 되면서 기업은 좀더 비싼 우모를 사용하여도 그게 장기적으로 유리하다는 것을 알게 된 결과이다. 소비자가 기업을 '착하게' 만들 수 있는 것이다.

앞서 현대 사회의 소비는 신념 표현의 한 방식이 되어야 한다고 한 것도 이런 맥락이다. 상품의 구매, 혹은 불매는 소비자의 권한이다. 더 나아가 마케팅에 대한 반응도 신념 표현의 한 방식이 될 수 있다. 지속가능성을 위해 칭찬받아 마땅한 기업의 이벤트에는, 비록 그 리워드가 소소하다 하더라도 적극적으로 알리고 참가하며, 진정성이 의심되는데다 지속가능성에 기여하는 바가 없다면 그 리워드가 아무리 크더라도 배척하는 것으로 신념을 표현할 수 있다. 소비자들이 신념을 표현하는 것은 기업으로 하여금 점점 얕은꾀로 소비자를 속일 수 없다는 것을 깨닫게 한다. 기업을 움직이게 하는 것은 결국 소비자의 신념 표현이며, 시민이자 소비자인 우리들이 누릴 수 있는 가장 강력한 권리다.

정부 조직이나 입법부(우리나라의 경우 국회의원이나 지방의회 의원)는 이윤을 목표로 하지 않고, 전체 국민들의 공공 이익을 위해 일한다는 점에서 기업과 큰 차이를 갖는다. 대의민주주의가 발달한 오늘날의 정치체제에서 불행하게도 투표로 선출된 정부나 입법부가 항상 공공 이익에 부합되는 정책을 입법하거나 시행한다는 보장은 없다. 다음 선거에서 유리한 투표 결과를 얻으려고 하기 때문에 서로 다른 이해집단간의 사회적 다툼에서 이익단체로 견고하게 조직되어 있는 집단의 손을 들어주는 경우도 많다. 특히 환경문제가 야기하는 사회 전체의 손실은 당장 눈에 띌 정도로 크지 않기 때문에 대다수의 조직되어 있지 않은 시민들은 반대편의 조직된 이익단체보다 일사불란하게 행동하지 못하며, 개별적인 시민들의 항의가 정부 조직이나 입법부에까지 전달되는 일은 거의 없다.

설악산에 이어 지리산 케이블카 설치 소동은 그 대표적인 사례이다. 대부분의 사람들은 1년에 한 번 이상 지리산을 찾지 않으며, 평생 가지 않는 사람들도 많다. 지리산 케이블카 설치가 저지된다고 해서 자신에게 주어지는 직접적인 이익이 크지 않다고 느낄 뿐 아니라 물리적인 거리 때문에 지역 주민이 아니고서는 무엇이 어떻게 되는 것인지 정확하게 인지하기도 어렵다. 그러나 개발 이익을 둘러싸고 강력하게 연합한 집단은 매우 집요하고 일사불란하게 개발을 추진한다. 정부 조직은 그들의 목소리가 더 크다고 판단할 가능성이 높다. 기업과 마찬가지로 정부 조직과 입법부가 지속가능성을 위한 정책을 입법하고 실행하도록 하는 것도 결국은 시민이다. 개발 이익을 중심으로 연합한 집단에 맞서 목소리를 내지 않으면 결국 몇몇 사람들의 주머니를 채워주고 우리는 황폐한 자연환경을 돌려받는다. 정부 조직과 입법부를 움직이게 하는 것은 결국 투표와 사회 참여이며, 시민이자 유권자인 우리들이 누릴 수 있는 가장 강력한 권리다.

유대감의 해체

나는 앞서 이스터 섬이 우리에게 주는 교훈을 이야기했는데 단지 삼림 자원의 고갈로 섬 사람들 전체가 기아 상태에 빠졌다는 사실보다 더 큰 비극은 다른 장면에서 찾을 수 있다. 수백 년 전 한배를 타고 험한 파도에 맞서 섬에 들어왔던 정착민들은 삼림 자원이 부족해지면서 극단적인 대립 관계에 빠지고 수백 년 동안의 평화 체제도 순식간에 붕괴되었다. 인류의 오랜 전통이자 경쟁력이었던 무리 간의 유대감이 해체된 것이다. 삼림 자원보다 회복하기 어려운 것이 해체된 유대감이다. 유대감이 해체된 인간 사회는 순식간에 증오와 살육, 전쟁에 휩쓸리게 된다.

제한된 자원을 둘러싼 부족 간 경쟁이 격화되면 될수록 각 부족의 지도자들은 더 큰 우상이 필요했으며, 공공 자원의 지속가능성을 위한 통제력과 공동체의 미래를 위한 이성은 작동하지 않았다. 동아프리카 시절 이래 수백만 년 동안 인류의 전통이자 경쟁력이었던 집단의 우호와 협력 관계가 해체되면서 일어난 마지막 장면은 카니발리즘이라는 잔혹극이었다. 마지막 나무를 베어낼 때조차 자신들에게 마지막 나무가 어떤 의미가 있는지 깨닫지 못하는 총체적인 집단 이성의 붕괴 상태에 빠진 것이다.

인간의 이성에 대한 신뢰가 강한 사람들은 여전히 이스터 섬의 붕괴 과정을 쉽게 납득할 수 없겠지만 현대사의 서막에 기록되어 있는 파시즘과 나치즘, 그리고 일본 제국주의의 잔혹하며 반이성적인 체제는 불과 수십 년 전에 벌어진 이스터 섬의 국제적 확장판이라고 할 수 있다. 이스터 섬이 그랬듯이 이들 체제에 부역했던 수많은 이데올로그는 마지막 나무를 베어내도록 대중들을 선동했을 것이다. 유대감이 해체된 사회는 마지막 나무를 베어내는 순간까지 그 의미를 끝내 이해할 수 없었다. 붕괴를 향한 임계점을 넘은 사회에서 인간이 가진 이성의 힘은 이토록 허약한 것이다.

나는 완전히 동의하는 것은 아니지만 인간은 너무나 빨리 정점에 올라서 생태계가 그에 맞춰 적응할 시간이 없었다는 유발 하라리의 해석[9]이 기후위기를 맞고 있는 인간 사회에 대한 경고쯤은 된다고 생각한다.

지구가 만든 인류, 인류가 만드는 지구의 미래

인류는 원하던, 원치 않던 지구에서 가장 책임감 있는 생명체가 되있다. 지구상의 모든 생녕종에 대해 막중한 책임을 혼자 감당하기 시작한 것은 길게 잡아야 농경을 시작한 1만 년 전부터이

9 유발 하라리, 《사피엔스》(김영사, 2015) 참조

며, 지구의 미래를 좌지우지하기 시작한 것은 화석 연료를 사용하면서 촉발된 18세기 산업 혁명 이후이다. 인류는 1만 년 전 농경을 시작하면서 위험한 사냥과 고통스러운 기아로부터 벗어날 수 있었지만 자연에 본격적으로 개입하기 시작했고, 100여 년 전부터 수억 년 동안 땅 속에 묻혀있던 유기체의 잔존물인 석유를 연소시키면서 추위와 어둠을 이겨낼 수 있었지만 기후변화의 직접적이며 치명적인 원인을 제공하기 시작했다. 이 모든 인류 역사를 지구의 역사 46억 년에 비교하자면 찰나와도 같은 시간이었으며, 시계 바늘은 점점 더 빠르게 돌아가고 있다.

46억 년간의 지구 진화가 오늘날의 현생 인류를 만들었다면, 이제부터 지구의 미래는 인류가 만들어가야 한다. 이성이 작동하는 마지막 지점, 임계점에 이르기 전에 우리는 지금 어디쯤인지 되돌아보아야 한다. 인간 활동이 직접적 원인이 되어 지구상에서 사라져 간 수많은 지구의 생명들, 그리고 지금 이 순간에도 종의 멸절을 눈앞에 둔 친구들. 그들 중에 우리 인류가 포함되지 않으리라고 누가 감히 장담할 수 있을 것인가?

생활밀착형
환경운동가

소소하지만 확실한 환경운동 실천

체육을 직업으로 삼은 선수들과 대비되는 말로 생활체육인이라는 말이 있다. '생활체육'에서 나온 말이다. 국어사전에 따르면 생활체육은 '일반인들이 건강을 위하여 부담 없이 즐기고 할 수 있는 운동'으로 뜻풀이하고 있다. 아침에 모여서 축구를 하거나, 저녁에 달리기를 하거나, 주거시설에 딸린 운동장에서 배드민턴을 치는 일은 코치나 감독이 시켜서 하는 것도 아니고, 누구나 특별한 훈련과 교육 과정을 거치지 않아도 쉽게 접근할 수 있는 생활체육활동이다. 펜데믹 이후 많은 인기를 얻고 있는 홈 트레이닝은 밖을 나가지 않고 별다른 도구 없이도 누구나, 혼자서, 당장 즐길 수 있는 체육이다.

그럼 생활체육에서 '체육'을 '환경운동'으로 치환하여 '생활환경운동'이라고 하면 어떻게 될까? 생활체육의 뜻풀이를 차용하자면 생활환경운동은 '일반인들이 지구를 위하여 부담 없이 즐기고 살

천할 수 있는 환경운동' 정도가 될 것이다. 지속가능성이 늘 진지
하고 근엄해야 하는 것은 아니다. 거대 담론이나 깊은 학술적 이
해가 없어도 누구나 손쉽게 실천할 수 있는 환경운동! 모든 아웃
도어 마니아들이 생활환경운동가가 된다면 우리는 좀더 쾌적한
환경에서 더 오랫동안 아웃도어를 즐길 수 있을 것이다.

사실 일상생활 속에서 환경운동을 실천하는 방법은 이미 많이
알려져 있고, 많은 사람들이 실천하고 있다. 대표적으로 쓰레기
분리 배출인데 이미 생활 상식 수준에서 이루어지고 있으며, 일
회용품 사용하지 않기를 철저하게 실천하는 사람들도 주변에서
많이 볼 수 있다. 그런데 문제는 캠핑이나 백패킹에 가서는 그 철
저함이 유지되기 어렵다는 것이다.

되가져오기 전에 줄이자

나는 백패킹 관련 후기에서 배낭에 주렁주렁 쓰레기봉투를 매
달고 산에서 내려오는 사진을 보면 오히려 마음이 불편해진다.
'쓰레기 되가져오기는 기본!'이라고 그 사진은 이야기하고 있지만
사실 그 쓰레기봉투 안에는 일반 쓰레기와 재활용 쓰레기가 함
께 섞여 있을 가능성이 높으며, 심지어 음식물 쓰레기마저도 같
이 담겨져 있을 수 있다. 나의 이런 주관적인 심증이 모든 사람들
에게 해당된다고는 할 수 없지만 캠핑장이나 백패킹 야영지의 환

경과 분위기에서 각종 쓰레기들을 철저하게 분리 배출하기란 적어도 가정에서처럼 쉽지 않다는 것은 누구나 경험적으로 알고 있다. 일반 쓰레기와 음식 쓰레기, 그리고 종이류와 플라스틱, 재활용 가능한 백색 스티로폼을 모두 분리하기 위해 쓰레기봉투를 서너 개 준비해서 캠핑을 가는 일은 쉽지 않은 일이다.

물론 쓰레기를 버리지 않고 되가져오는 일은 칭찬받아 마땅한 일이지만 한걸음 더 나아간다면 쓰레기를 한데 섞어 되가져오는 것보다 아예 되가져올 쓰레기를 없애는 것이 가장 좋은 방법이다. 출발하기 전 약간의 수고로움으로 우리는 힙한 생활밀착형 환경운동가 될 수 있다.

캠핑이나 백패킹을 가게 되면 다양한 음식물을 준비하게 되는데 가정에서처럼 보관 용기가 많지 않으므로 비닐 봉투나 배달된 상태의 스티로폼 포장재를 그대로 가져가는 경우가 많다. 그리고

집으로 돌아올 때 각종 포장재는 재활용 가능과 상관없이 한데
뒤섞이게 되고 결국 모두 일반 쓰레기로 매립될 운명에 처하게 된
다. 출발하기 전에 음식물을 보관 용기에 분리해서 가져가면 우리
는 좀더 쾌적하고 여유 있는 캠핑을 즐길 수 있다.

힙하게 에코 프렌들리!

등산로에서 발견할 수 있는 가장 흔한 쓰레기 중 하나는 플라
스틱 생수병이다. 등산로 입구 편의점에서 가장 많이 팔리는 상
품 중 하나이기도 하다. 가볍기도 하거니와 몇 백 원의 작은 돈으
로 부담 없이 구입할 수 있기 때문이다. 플라스틱 생수병은 산에
버려지는 쓰레기이기도 하지만 플라스틱 남용으로 인한 전 지구
적인 환경오염의 원인이기도 하다.

일회용 플라스틱 생수는 환경분담금을 높게 매기는 것도 하나
의 정책적 대안이라고 생각한다. 2리터 대용량 생수는 정수기가
없는 가정에서 식수로 사용하는 경우가 많기 때문에 환경분담금
을 상대적으로 낮게 부과하고, 등산로 입구에서 흔히 구입하는
500ml 플라스틱병 생수에는 상대적으로 높게 부과한다면 국민
들의 동의를 받기 쉬울 것이다. 세수를 늘리는 게 목적이 아니라
일회용품의 소비를 줄이는 것을 정책 목표를 삼아야 한다. 아직
도 등산로 입구에서 쉽게 구입할 수 있는 일회용 생수병을 배낭

에 꽂고 다닌다면 낡은 스타일이라고 말해야 한다.

나의 작업실 규모에서는 정수기를 따로 설치하는 게 효율적이지 않았다. 그래서 한동안 2리터 생수를 구매하여 식수로 사용했는데, 음식을 만들 때에는 최대한 수돗물을 사용했지만 어쩔 수 없이 플라스틱병에 든 생수를 사용할 때는 늘 불편한 마음이었다. 그러다가 우연히 18.9리터 대용량 생수통의 뚜껑에 꽂아서 물을 뿜어 올리는 작은 충전식 펌프가 있다는 것을 알게 되었고, 나에게는 딱 맞는 제품이라서 곧바로 구매하였다. 별도로 정수기를 설치할 필요 없이 작은 펌프를 꽂아서 사용하므로 공간을 차지하지도 않았고, 다음 배달 올 때 빈 통은 회수해가서 다시 사용하므로 더이상 일회용 플라스틱 생수병을 사용하지 않아도 되었다. 비용도 아끼게 되었을 뿐 아니라 불편한 마음으로부터 자유로워졌다.

내 위생관념이 부족한 것은 사실인 것 같다. 백패킹을 가면 저녁 때 사용했던 식기를 씻는 경우는 거의 없다. 그다음 날 아침에 또 사용할 것이며, 남들과 함께 사용하는 게 아니라 나 혼자 사용하므로 세척하지 않는다고 해서 크게 문제될 게 없다고 여기는 것이다. 물론 식단을 준비하면서 약간의 치밀함은 필요하다. 가령 두 끼 식사 일정에서 누룽지와 라면을 준비하는 경우 저녁에는 누룽지를, 그리고 아침에는 라면을 끓여먹는 식이다. 사람마다 다르겠지만 나는 저녁 때 먹었던 라면의 기름 성분과 분말 스프가

섞인 누룽지를 아침에 먹는 것보다는 차라리 라면을 아침에 먹고 기름 성분이 남은 식기는 집으로 가져가서 세척하는 것이 낫다고 생각하기 때문이다. 물론 더 좋은 것은 잔여물이 남지 않는, 그래서 세척이 필요 없는 음식을 준비하는 것이며, 가장 좋은 것은 짧은 1박 2일의 백패킹에서는 비화식 음식을 준비하는 것이다.

아웃도어 활동 중에 흔히 사용하는 일회용품은 플라스틱 생수병 이외에 나무젓가락과 종이컵이다. 그건 일시적인 행사에서도 마찬가지다. 제로그램에 근무할 당시 나를 포함한 직원들 모두는 철저하게 일회용품을 사용하지 않았다. 그런데 연말 송년행사를 준비하는 과정에서 어려움에 빠졌다. 송년 행사에서는 조촐한 음식을 제공하기로 했는데 초대한 사람에 맞게 음식을 덜어 먹을 수 있는 개인 접시를 준비하는 일이 쉽지 않았다. 1년에 한두 번 있을 행사를 위해 수십 명이 사용할 식기를 구입하는 일도 적절하지 않았고, 그렇다고 일회용 접시와 컵을 제공하는 것도 우리의 원칙에 맞지 않았기 때문이다. 그때 누군가 좋은 아이디어를 제시했다. 당시 판매하는 1인용 식기를 참가자 증정품으로 제공하고, 행사 현장에서 개인 접시로 사용하게 하자는 것이었다. 행사가 끝난 후에 행사 증정품으로 제공한 식기는 각자 집으로 가져가면 행사 기념품 준비도, 개인 접시 문제도 해결되는 것이었다. 다행히 초청된 사람들은 아웃도어 활동에 익숙했던 터라 대부분 개인 젓가락과 컵은 가지고 참석했고, 개인 접시로 받은 증정품에 만족해했다. 나는 원칙이 정해지고, 그 원칙을 철저하게 지키려고 한다면 실현 방법은 늘 있기 마련이라는 교훈을 얻었다.

아는 만큼 실천

아는 만큼 보인다는 말이 있듯이 아는 만큼 실천할 수 있다. 나는 이미 고백했지만 남은 음식을 땅에 묻는 게 친환경적이라고 잘못 알고 있었기 때문에 오랫동안 그렇게 해왔다. 주변의 많은 사람들도 잘못 알고 있거나, 미처 알지 못해서 친환경을 실천하지 못하는 경우가 많다. 산에서 흔히 볼 수 있는 귤이나 사과, 오이 껍질도 대부분 잘못 알고 있는 사람들이 버린 경우가 많다. 과일 껍질은 썩는 것이므로 그냥 버려도 금방 자연으로 돌아간다고 잘못 알고 있는 것이다. 그러나 과일 껍질이 자연 분해되는 데는 짧게는 한 달, 길게는 몇 년씩 걸린다. 게다가 버려진 과일 껍질에는 농약 성분이나 화학비료가 남아있을 수도 있으며, 다른 사람들에게 불쾌감을 주기도 한다.

음식물 쓰레기를 분리 배출하는 것은 염분과 향신료를 제거하는 과정을 거쳐 가축의 사료나 퇴비로 쓰기 때문이다. 이 과정에서 배출되는 바이오 가스는 다시 발전이나 열에너지원으로 사용한다. 음식물 쓰레기를 함부로 땅에 묻지 말아야 하는 이유는 우리가 먹는 대부분의 음식에는 염분이 포함되어 있으며, 염분이 토양의 질을 악화시키기 때문이다. 더군다나 각종 향신료나 화학첨가제가 포함되어 있어서 쉽게 썩지도 않는다.

음식물 쓰레기 기준에 대해서도 정확하게 모르는 경우가 많은데 그 기준은 '동물 사료로 사용할 수 있는가'다. 이런 기준으로 양파나 옥수수 껍질, 과일 씨 등은 음식물 쓰레기가 아니며, 부드러운 과일 껍질, 예를 들어 사과나 바나나 껍질은 음식물 쓰레기로 처리한다. 동물 뼈와 생선 가시도 일반 쓰레기로 처리해야 한다. 아웃도어 음식으로 인기가 많은 족발류는 되가져올 쓰레기를 적게 한다는 측면에서 좋은 선택이 아니다. 살을 발라내고 남는 쓰레기가 너무 많기 때문이다. 차라리 편육은 지방도 적고 장시간 보관할 수 있어 여러모로 좋다.

각종 쓰레기들이 썩는 시간을 살펴보면 생각했던 것 이상으로 오래 걸린다는 것을 알 수 있다. 종이류는 최소 2~5개월이며, 만약 코팅이 되어 있다면 수년 간 썩지 않는다. 물에 쉽게 젖지 않도록 표면 처리된 우유팩은 5년, 종이컵은 20년 이상 걸린다. 나무젓가락은 표백 처리와 방부 처리가 되어 있어서 썩는 데 20년 이상이 걸린다. 플라스틱의 경우 썩는 데 500년 이상 걸린다고 하니 만약 이순신 장군께서 플라스틱 칫솔을 사용했다면 한려수도 어디쯤에서 아직도 썩지 않은 채 유품으로 발견될지도 모르는 일이다.

똥이 문제다

조금 불편한 이야기를 해야겠다. 1박 이상 화장실 없는 산이나 숲에서 머문다면 가장 곤란한 문제는 배설물 처리다. 길을 걷다가, 혹은 야영을 하다가 보게 되는 배설물들과 버려진 휴지들. 아마도 백패킹을 하면서 보게 되는 가장 불쾌한 장면이겠지만, 또한 백패커들이 버린 것이기도 하다. 돌이켜보면 땅을 파서 묻지도 않던 시절도 있었으니 그보다는 나을지 몰라도 문제는 야영을 할 만한 곳이 많지 않고, 특정 지점에서 반복적으로 야영을 하는 백패킹 문화에 익숙해져서 땅에 묻는 것만으로는 완전한 해결책이 아니라는 것이다. 소위 '백패킹 성지'라고 알려진 인기 있는 곳에서는 어김없이 하얗게 핀 '휴지 꽃'을 보게 된다. 물론 어쩔 수 없는 생리적인 문제이긴 하지만 그렇다고 문제를 그대로 둔다면 우리는 계속해서 이 불쾌한 장면을 목격하게 될 것이다.

더러는 숲에서 배설하는 똥오줌이 나무에 거름이 된다고 주장하지만 그건 궁색한 변명에 불과하다. 지금과 같이 현대식 화장실 시설이 없던 시절에는 사람의 분뇨를 모아서 퇴비를 만들어 사용했다. 아마도 이런 기억 때문에 분뇨가 곧 거름이라고 잘못 알고 있는 것이다. 그러나 옛사람들도 뒷간에서 충분히 부숙된 분뇨만을 거름으로 사용했다. 밭둑가에 파놓은 구덩이에 분뇨를 모아놓고 재를 섞어서 열흘 정도 썩힌 후 꺼내서 거름으로 만들었다. 나름의 공정이 있었던 것이다. 부숙하지 않은 분뇨의 염소

일명 '똥삽'.
산악인 유학재 대장이 개발하여 미국 LNT로 수출했다.

는 미생물의 생육을 저해하며, 각
종 가공식품에 다량 들어있는 염
분은 분뇨에도 섞여 나오는데 식
물은 뿌리에 소금기가 닿으면 더
이상 자라지 않고 성장을 멈춘다.

그렇다면 똥 문제는 해결책이
없을까? 한 가지 처방만으로 모든
문제를 해결할 수는 없지만 나는
충분히 개선될 수 있다고 생각한다. 몇 가지 방법들을 찾아보자.

우선 미리 속을 비워두는 것이다. 산에 오르기 전 억지로라도
미리 배변을 하여 속을 비워두는 게 좋다. 이것은 특히 암벽등반
을 하는 사람들이 자주 쓰는 방법이다. 하루 종일 수직의 벽에 매
달려 있어야 하는 암벽등반에서 배변은 불가능한 일이기 때문에
출발하기 전 미리 화장실은 다녀오는 것이다.

그다음으로는 적당한 음식 섭취를 하는 것이다. 특히 과도한 음
주는 삼간다. 알코올은 소장의 운동을 자극하고, 대장에서 수분
과 전해질의 흡수를 낮춰 설사를 유발하기 때문에 적절하게 조절
하는 것이 바람직하다. 그럼에도 불구하고 배변 문제는 생리 현상
으로, 의지로 조절되지 않는 경우가 많다. 사람에 따라서 일정한
시간, 주로 아침에 꼭 배변을 해야 하는 경우도 있다. 이제 남은 방
법은 무엇이 있을까? LNT의 배설물 처리 권장안을 살펴보자.

물로부터 최소한 200ft(약 66m) 떨어진 곳으로 가라.

15~20cm 깊이, 10~15cm 넓이로 땅을 파라.

휴지와 함께 묻어라(생분해되는 휴지 사용).

원래 있던 흙과 낙엽 등으로 덮어라.

여기에 한 가지 더 추가하자면 우리는 아주 협소한, 그리고 특정 장소에서 집중적으로 야영을 하기 때문에 불편하더라도 좀더 먼 곳, 여러 가지 유기물과 혼합되어 빨리 부숙될 수 있는 부엽토가 풍부한 곳을 깊게 파서 처리하는 게 좋다.

미국의 국립공원에서는 LNT 수칙을 준수하는 선에서 배설물을 처리하지만 특정 지역에서는 땅을 파서 똥을 묻는 것을 금지하고 있다. 특정 지역은 방문객들이 많은 지역이나 부엽토층이 거의 없는 암석 지대 등을 말한다. 우리나라처럼 인구밀도가 높고, 특정 지역에서 집중적으로 야영하는 경우에는 대부분의 막영지가 '특정지역'이라고 할 수 있다. 이런 경우 1회용 친환경 변기를 사용해야 하는데 아쉽게도 우리나라에서는 구하기가 어렵다. 1회용 친환경 변기 제품에는 똥을 완전히 분해시키는 분말 효소가 들어있어 땅에 그대로 묻어도 된다. 1회용 친환경 변기는 정서상 불편할 수도 있는데 이럴 경우 제품에 포함된 효소만을 이용하는 것도 한 방법이다. 즉 LNT의 권장안대로 땅을 일정 깊이로 판 후 배설물과 효소를 섞어 묻는 것이다.

관습을 버리면 자유로워지는 것들

아주 오래전 이야기다. 어느 겨울날 지인 몇 명과 북한산 인수 봉 아래에 있는 인수야영장에서 야영을 하게 되었다. 나는 식사 를 하고 난 후 남은 음식물 쓰레기를 날진 수통에 담아서 되가져 왔다. 나는 당연하게 여겼지만 다른 사람은 조금 특이하게 여긴 모양이었다. '더러운' 음식물 쓰레기를 깨끗한 수통에 담는다는 것이 익숙하지 않은 거였다. 그런데 정말 그것은 더러웠을까?

그것은 그저 관습적인 생각일 뿐이다. 남은 음식물에 '쓰레기' 라는 단어를 조합하여 부정적인 의미가 과장된 것일 뿐 사실은 좀 전까지도 우리가 맛있게 먹었고, 지금은 '남은' 음식물에 불과 하다. 불어터진 라면이 맛있어 보이지는 않았지만 생각을 조금만 바꾸면 더럽다는 생각은 과장된 이미지 조작인 것을 알 수 있다.

남은 음식물을 왜 수통에 담느냐 물었을 때 나는 농담 삼아 조 난당하면 비상식량으로 사용할 거라고 대답했다. 물론 나는 지금 까지 운 좋게도 집에 가서 버리려고 수통에 담은 남은 음식물을 비상식량으로 써본 일은 없다.

배변 처리와 관련해서도 관습적인 생각을 버리면 좀더 친환경 적인 방법을 실천할 수 있다. 어쩔 수 없는 경우를 대비하여 표백 제나 화학 약품이 들어있지 않는 화장지를 준비하거나 사용한 휴 지를 밀봉하여 되가져오는 것도 작은 실천이다. 각종 세제도 우리 는 아무런 생각 없이 사용하는 경우가 많다. 아침에 일어나서 반다나에 물을 살짝 묻혀 고양이 세수만 하는 것에 익숙해진다면 우리는 지구에게 덜 미안할 수 있다. 반드시 풍성한 거품을 만들어 몸을 씻거나 양치를 해야 개운하다고 생각하는 것은 관습일지 모른다. 게다가 오늘 하루만 참는다면 우리는 집에서 따뜻한 온수로 느긋하게 샤워를 할 수 있지 않은가? 계면활성제가 들어 있는 세제를 숲에 버리지 않았다는 자긍심을 느끼면서 말이다.

한국형
장거리 트레일
– 어디에나 길은 있다

장거리 트레일이란?

장거리 트레일 길이는 전 세계적으로 합의된 기준이 없다. 위키피디아의 '장거리 트레일Long-distance trail' 항목에서는 "50km 이상이지만, 대부분은 수백 마일 이상"이라고 설명하고 있다. 미국 국립공원 관리청의 'National Park Service Programs' 문서에서는 국립 경관 트레일National Scenic Trail을 100마일(160km) 이상의 연속적이며, 차량이 다니지 않는 루트로 정의하고 있다.[1] 넓은 국토와 오지가 많은 미국의 자연환경이 반영된 것이므로 이 역시 장거리 트레일의 절대적인 기준이 될 수는 없다.

장거리 트레일의 기본적인 요소로 '연속성'을 꼽을 수 있는데, 연속성이라 함은 단지 물리적인 연결만을 의미하지는 않는다. 물

---

1   These routes are primarily non-motorized continuous trail and extend for 100 miles or more. The routes traverse beautiful terrain, and connect communities, significant landmarks and public lands. (National Park Service 웹사이트에서 인용)

리적인 연결만을 기준으로 한다면 세상 대부분의 길은 모두 연결되어 있으므로, 모든 길을 'OO 트레일'이라고 이름 짓고 똑같은 하나의 길을 연결 지점에 따라 서로 다른 이름으로 불러야 하는 혼란에 빠진다. 물리적인 연속성 이외에 역사, 문화, 지형적으로 공통적인 특징을 갖는 일련의 연결된 길을 장거리 트레일이라고 할 수 있다. 대표적으로 백두대간이 그런 사례다. 백두대간은 백두산에서 지리산까지 한반도의 가장 큰 산줄기를 따라 연결한 트레일이다. 말하자면 지형적으로 공통적인 특징을 가진 트레일의 연결인 것이다.

장거리 트레일의 개념을 이해하는 데 또 하나의 중요한 기준은 당일 하이킹으로는 다 걸을 수 없는 정도의 거리다. 그래서 흔히 장거리 트레일의 거리 기준을 50km 이상이라고 정의한다. 일반적으로 권장되는 1일 하이킹 거리는 20~30km 정도이므로 50km 이상의 장거리 트레일은 당일 하이킹이 아닌 멀티 데이 하이킹, 즉 백패킹 스타일로 걸어야 한다. 이 책에서도 장거리 트레일이라고 했을 때 백패킹 방식으로 걷는 50km 이상의 연속된 트레일로 정의한다. 앞서 설명한 공통적인 특징과 물리적 거리라는 조건을 모두 반영하여 장거리 트레일을 정의하자면 아래와 같다.

전체 길이 50Km 이상의 역사, 문화, 지형적인 공통 특징을 갖는 일련의 연결된 길

우리나라의 장거리 트레일

먼저 우리나라의 장거리 트레일 현황은 어떠한가 살펴보자. 우리나라에서도 2000년대 들어 국민들 사이에 걷기 열풍이 일어나면서 걷기가 전통적인 등산 활동에 버금가는 레저 활동이 되었다. 이에 따라 관련 부처나 각 지자체에서도 트레일 조성 붐이 일었다. 걷기 트레일은 대부분 도심이나 마을로 이어져 접근성이 뛰어나고, 등산에 비해 비교적 안전하며, 남녀노소 국민 누구나 즐길 수 있다는 점에서 큰 장점을 가지고 있다. 그러나 일시적인 유행은 어디에서나 부작용을 동반하는데 실적 위주의 경쟁적인 트레일 조성은 자치 단체장의 생색내기에 불과한 경우도 비일비재

하다. 접근성에 대한 검토나 역사 문화적인 스토리 없이 조성된 트레일은 이후 유지 관리가 되지 않아서 아무도 찾지 않는 황폐한 길이 된 경우도 있다. 다른 지역의 방문객들은 물론, 지역 주민들마저도 외면하고 차라리 강변의 아스콘 포장길을 걷거나 뛰는 경우가 많다.

많은 사람들로부터 꾸준히 사랑받으며 삶의 질 향상에 기여하는 길은 역사 문화적 스토리텔링과 빼어난 자연경관을 갖추어야 한다. 이런 조건을 충족시키며 여전히 많은 사람들이 찾고 있는 장거리 트레일은 제주올레길, 지리산둘레길, 그리고 해파랑길을 들 수 있다.

우리나라의 대표적인 장거리 트레일은 제주올레길이다. 2007년 9월 시흥초등학교에서부터 광치기 해변까지의 제1코스 15km가 연결된 이래, 현재 모두 26개의 코스로 구성되어 있으며, 전체 길이는 425km이다. 제주도 특유의 이국적인 풍경과 군데군데 오름을 연결하고 해변으로 이어지는 트레일은 아직도 많은 사람들이 찾는 곳이다.

지리산 둘레길은 2008년 전북 남원 산내면과 경남 함양군 휴천면 세동마을을 잇는 20km 구간이 시범적으로 운영되면서 2012년 22개 구간 274Km이 모두 연결되어 걷기 열풍 속에서 많은 사람들의 사랑을 받았다. 지리산 둘레길은 남한에서 가장 높고 깊은 산세를 가진 지리산이라는 상징적 의미와 마을과 마을을 잇는 트레일의 모범 사례라는 점에서 한국 트레일 역사의 한 획을 그었다고 할 수 있다.

해파랑길은 부산 오륙도 해맞이공원에서 강원 고성 통일전망대까지 동해안 해변길, 숲길, 마을길 등을 잇는 750km로 우리나라에서 가장 긴 장거리 트레일이다. 전체 10개 구간, 50개 코스로 이루어져 있다.

트레일 통합 관리

지자체나 민간 차원에서 조성한 트레일 이외에도 국가 산림 자원을 관리하는 산림청은 '숲길'이라는 명칭으로 트레일을 통합관리하는 시스템을 구축 중이다. '산림문화·휴양에 관한 법률 제23조의3'에는 '산림생태적, 역사·문화적 가치가 높아 체계적인 운영 관리가 필요한 숲길에 대해서 산림청장은 국가숲길로 지정 고시할 수 있다'고 명시돼 있다. 산림청이 현재 관리하고 있는 숲길은 백두대간 총 681km 중 국립공원공단에서 관리 중인 261km를 제외한 백두대간 마루금 420km, 서울둘레길 157km, DMZ펀치볼 둘레길 73km, 인제-홍천간 백두대간 트레일 158km, 대관령숲길 88km, 금강소나무숲길 79km, 속리산둘레길 182km, 내포문화숲길 319km, 지리산둘레길 295km, 한라산둘레길 66km 등 모두 10개의 트레일을 관리하고 있다.

2021년까지 DMZ 트레일 325km, 낙동정맥 340km, 서부종단 총 876km, 남부횡단 총 682km를 정비해 관리할 계획이며, 그외에도 5대 명산 둘레길인 설악산둘레길 350km, 지리산둘레길 274km, 속리산둘레길 250km, 덕유산둘레길 200km, 한라산둘레길 80km를 정비할 계획이다.

숲길은 등산로와 트레킹길을 모두 아우르는 개념이다. '산림문화 휴양에 관한 법률' 제22조의2(숲길의 종류)에서 숲길의 유형을 다음과 같이 5개로 정의하고 있다.

등산로: 산을 오르면서 심신을 단련하는 활동(등산)을 하는 길

트레킹길(둘레길과 트레일): 길을 걸으면서 지역의 역사·문화를 체험하고 경관을 즐기며 건강을 증진하는 활동(트레킹)을 하는 길

레저스포츠길: 산림에서 하는 레저·스포츠 활동(산악레저스포츠)을 하는 길

탐방로: 산림생태를 체험·학습 또는 관찰하는 활동(탐방)을 하는 길

휴양·치유숲길: 산림에서 휴양·치유 등 건강증진이나 여가활동을 하는 길

"산림문화 휴양에 관한 법률'에 따른 숲길의 종류에 따르면 장거리 트레일은 등산로와 트레킹길에 해당될 것이다.

백패킹은 없다

국가숲길 네트워크를 추진하고 있는 산림청은 '전국 숲길 네트워크를 구축을 통한 통합 관리', '산림생태벨트 구축', '주요 산림 지역의 산림생태계 보호', '산림자원과 야생 동식물, 지역주민, 이용자가 공존할 수 있는 가치 발굴', '주요 등산로 이용 압력의 분산' 등을 목표로 제시하고 있다. 그러나 국가숲길 네트워크 추진 사업에 포함된 장거리 트레일에서는 백패킹을 고려한 사업 내용은 찾을 수가 없다. 트레일을 설계하는 과정에서부터 구간별 당일 하이킹을 전제로 하고 있기 때문인데 그 논리적 배경은 거점 마을을 잇는 구간별 거리가 당일 하이킹으로 가능한 거리라서 야영장이 필요 없다는 것이다. 물론 그 이면에는 야영장 부지 확보와 야영장을 설치한 후 예상되는 유지 관리의 실무적 어려움도 크게 작용했을 것이다.

그러나 더 중요한 것은 정책 담당자들의 야영 활동을 바라보는 시각이다. 야영은 일상에서 벗어나 자연 속에 이틀 이상 머물며 연속해서 걷는 백패킹의 필수 행위이다. 뒤에서 살펴볼 미국 국립 트레일 시스템에서도 트레일 관리의 목적에 하이킹뿐 아니라 캠핑을 포함하고 있다. 단지 걷는 행위, 즉 하이킹만을 목적으로 한다면 특히 장거리 트레일은 그 의미가 반감된다. 백패킹은 일상적인 생활환경을 벗어나 야생의 자연 환경 속에서 먹고 자고 걷는 행위를 스스로의 노력으로 해결하는 과정으로 국민 건강 증진뿐

아니라 심신의 휴식과 치유를 위한 가장 복합적인 아웃도어 레저 활동이다. 이 속에서 우리는 스스로의 한계를 극복하고, 자연의 위대함과 교감하는 체험을 극대화시킬 수 있다. 그러나 안타깝게 도 우리나라 트레일은 모두 구간별 당일 하이킹을 전제로 설계되 어 있다. 심지어 수백 km라고 홍보하는 장거리 트레일 조차 야영 활동이 포함되는 백패킹 방식은 전혀 고려하고 있지 않기 때문에 장거리 트레일이 주는 극적인 경험과 교육 효과를 기대할 수 없 는 것이다.

가장 규모가 큰 백패킹 관련 커뮤니티의 회원수가 약 9만 명 에 이르고, 커뮤니티에 속하지 않고 활동하는 동호인들을 포함 하면 우리나라의 백패킹 동호인은 대략 20만 명쯤으로 추정된 다. 백패킹을 허용하지 않는 각종 규제에도 불구하고 동호인의 숫자는 지속적으로 늘어나고 있는 추세다. 그러나 백패킹 동호인들이 주말마다 마주쳐야 하는 현실은 산림보호법, 자연환경공원법, 자연공원법, 하천법 등 촘촘하게 둘러싸고 있는 법적 규제다. 지금과 같이 관련 법규의 사각지대에서 이루어지는 국민들의 아웃도어 레저 활동은 오히려 더 심각한 환경적인 문제나 산불 등과 같은 사고를 불러올 수 있다. 백패킹 동호인의 실재를 인정하고 하루빨리 제도권 안에서 공론화시켜 국가숲길 사업 계획에도 반영되어야 한다. 유지 관리 비용이 가장 적게 들며, 가장 친환경적인 아웃도어 활동으로서 백패킹 문화를 육성하는 것은 국민들의 삶의 질 향상을 위해 삼림자원을 활용한다는 목적에도 부합되는 정책이다.

미국 국립 트레일 시스템

지속가능한 트레일의 관리와 관련해서는 미국의 국립 트레일 시스템National Trails System은 좋은 사례가 된다. 국립 트레일 시스템은 오랜 논의를 거쳐 1968년 10월 2일 제정된 '국립 트레일 시스템 법The National Trails System Act'에 의해 만들어졌다.

이 법령에 따라 "국가의 야외, 아웃도어 지역 및 역사적 자원을 보존하면서 대중들의 접근과 여행, 즐거움과 감상을 촉진하기 위한" 일련의 국립 트레일을 만들었다. 구체적으로 이 법령은 세 가지 유형의 트레일을 승인했는데 국립 경관 트레일National Scenic Trails, 국립 레크레이션 트레일National Recreation Trails, 그리고 연결 및 사이드 트레일Connecting and side Trails이 그것이다.

1968년 애팔래치아 트레일Appalachian Trails과 패시픽 크래스트 트레일Pacific Crest Trail을 우선 국립 경관 트레일로 지정했고, 1978년 에는 미국 역사 협회의 연구 결과에 따라 네 번째 카테고리인 국립 역사 트레일National Historic Trails이 추가되어 모두 네 개의 유형으로 분류하여 관리한다.

국립 트레일 시스템은 현재 30개의 국립 경관 및 역사 트레일과 1,000개 이상의 국립 레크레이션 트레일, 두 개의 연결 및 측면 트레일로 구성되어 있으며, 총 길이는 8만 km에 이른다. 이 국립 트레일은 단순히 하이킹만을 위한 것이 아니라 승마, 산악자전거, 캠핑 및 빼어난 경관이 있는 곳의 운전을 위해 개방된 곳들도 있다.

의회 결의 따라 설립된 장거리 트레일은 국토 관리국, 미국 산림청 또는 국립 공원 관리국과 같은 연방 기관에서 관리하는데 트레일 특성에 따라 BLMBureau of Land Management, 토지관리국과 NPSNational Park Service, 국립공원관리청가 공동으로 관리하기도 한다.

여기서 한 가지 주목할 점은 모든 국립 트레일은 PNTS[2]에 속한 민간 비영리 단체의 지원을 받아 트레일을 관리하고 있다는 사실이다. PNTS에 속한 비영리 단체들은 주로 자원봉사자들로 구성되어 있으며, 행정적 지원 및 예산 지원을 위해 다양한 연방 기관과 협력하고 있다.

미국의 경우 트레일 규모가 방대하고 숫자도 많아서 연방 기관과 비영리 민간단체들 간의 촘촘한 협력 네트워크를 구축해 역할 분담을 통해 트레일을 효율적으로 통합 관리하고 있다. 미국의 3대 장거리 트레일인 AT, CDT, PCT 트레일 단체들은 모두 PNTS에 소속되어 있으며, 이들 민간 비영리 단체와 협력하는 연방 기관으로는 국립공원관리청, 토지관리국 외에도 어류 및 야생동물 관리국U. S. Fish and Wildlife Service 등 트레일 주변의 공공자원을 관리하는 조직을 포함하고 있다. 연방 기관은 트레일 관련 각종 법규와 정책을 입안하거나 시행하며, 비영리 민간단체는 자원봉사자들과 함께 주로 트레일 현장 관리를 맡고 있다. 민관협력 거버넌스의 모범적인 사례라고 할 수 있다.

홍콩의 장거리 트레일

2016년 제로그램 클래식을 란타우 트레일에서 진행했는데 답사와 본 행사를 위해 그 해 두 번을 방문했었다. 2014년에는 맥리

---

2 PNTS((Partnership for the National Trails System, 국립 트레일 시스템 협력기구)에 가입해서 활동하는 트레일 관련한 많은 비영리 단체들은 PNTS 웹사이트(http://pnts.org/)에서 확인할 수 있다. 당연한 이야기지만 AT, CDT, PCT 트레일 단체들은 모두 PNTS에 소속되어 연방 기관과 협력하면서 장거리 트레일을 관리하고 있다.

호스 트레일의 일부 구간을 다녀오기도 했다. 당시 나는 작은 면적에 비해 장거리 트레일이 3개나 있으며, 비교적 관리가 잘 되고 있다는 사실에 약간 놀랐으며, 부럽기도 했다. 홍콩의 장거리 트레일과 야영지 운영을 특별히 소개하는 것은 우리나라의 트레일 관리 정책이 백패킹, 즉 야영을 고려하지 않은 채 설계되고 있다는 점에서 시사점이 있기 때문이다.

2016년 전체 구간을 종주했던 란타우 트레일Lantau Trail은 1984년에 만들어진 70km의 장거리 트레일이다. 홍콩 국제공항이 있는 란타우 섬의 란타우 피크를 중심으로 섬의 남쪽을 한바퀴 돌아서 원점 회귀할 수 있도록 연결되어 있다. 란타우 피크는 해발 934m로 홍콩에서 두 번째로 높은 산이며, 섬 중앙에 위치하고 있어서 훌륭한 조망을 가지고 있다. 섬 중앙을 가로지르는 트레일의 야영장은 숲 속에 있으며, 섬의 남쪽 해변으로 연결된 구간은 해안가에 야영장이 있다. 갈림길에는 이정표가 잘 표시되어 있으며, 우리나라의 일부 등산로처럼 500m 간격으로 표시물이 있어서 비상시 자신의 위치를 쉽게 알 수 있다. 사전 이미지 트레이닝만 한다면 처음 방문하는 경우에도 길을 잃지 않고 백패킹 방식의 전체 트레일 종주가 가능하다.

맥리호스 트레일MacLehose Trail은 홍콩에서 가장 긴, 100km의 트레일이다. 트레일은 해변과 산을 포함해 다양한 홍콩의 자연 경관을 통과하는데 특히 서부 지역은 계곡과 저수지, 해안가의 언덕을 끼고 있어서 훌륭한 자연 경관을 볼 수 있다. 란타우 트레일처럼 중간중간 마을이 연결되어 있어서 홍콩의 풍물을 즐길 수 있으며, 백패킹 방식으로 전체 구간을 종주할 수 있도록 야영장이 조성되어 있다.

윌슨 트레일Wilson Trail은 1996년에 만들어진 트레일로 전체 길이는 78km이다. 홍콩 섬과 홍콩 본토를 남북으로 연결한 트레일인데 홍콩의 번화한 지역을 통과하기 때문에 오지에서의 백패킹을 원한다면 실망스러울 수 있다. 공식 야영장 시설도 없기 때문에 중간에 숙박시설을 이용해야 한다. 그러나 홍콩 관광을 겸한 하이킹을 체험하고 싶다면 좋은 선택이 될 수 있다. 홍콩 섬과 본토로 전체 트레일을 종주하려면 빅토리아 항구에서 MTR[3]을 이용해 건너야 한다.

앞서 소개한 미국의 국립 트레일 시스템은 복잡하며 다양한 이해관계를 가지고 있는 관련 조직들이 협력해 효율적으로 관리하는 트레일 통합 관리 시스템의 좋은 사례라고 할 수 있지만 우리나라는 미국에 비해 상대적으로 트레일 규모가 작으며 국토의 면적이 넓지 않다는 특수성을 감안한다면 홍콩의 사례를 눈여겨볼만 하다. 특히 장거리 트레일에서 야영을 하면서 여러 날을 연속해서 걷는 백패킹 활동 수요를 반영하여 특정 조건이 충족되

---

3 홍콩 최대의 지하철 노선인 Mass Transit Railway를 줄여서 MTR이라고 부른다.

는 트레일에서는 홍콩의 장거리 트레일과 야영장 운영 방식을 도입할 필요가 있다. 여기서 특정 조건이라 함은 생태보존의 중요성이 상대적으로 낮은 야영장 후보지, 유지 관리 측면에서 접근성, 장거리 트레일과의 연계성, 그리고 야영장 간의 적절한 거리 등이 될 것이다.

홍콩의 야영지는 정부 조직인 농어업보존부Agriculture, Fisheries and Conservation Department에서 관리하고 있다. 이름에서 알 수 있듯이 우리나라의 부처로 보면 농림축산식품부, 해양수산부, 환경부를 통합한 정부 기관이라고 할 수 있는데 농어업보존부에서 관리하는 공식 야영장은 모두 41개이며, 선착순으로 사용할 수 있다. 홍콩이라는 작은 도시에 정부 조직에서 관리하는 공식 야영장이 41개나 되며, 야영장은 대부분 장거리 트레일과 연결되어 있다는 사실은 장거리 트레일의 운영과 야영 활동을 바라보는 정책 당국의 관점이 우리나라와는 크게 다르다는 점을 시사한다. 홍콩의 경우 지역 공원 개념으로 공원 지역을 관리하고 있으며, 공원 내에서의 야영은 '지역 공원 및 특별 구역 규정' 법령을 따르고 있다. 법령 제 208A조 11항에는 "누구도 다음을 제외하고 지역 공원 또는 특별 구역 내에 텐트 또는 쉘터를 세우고 야영할 수 없다"고 규정하고 있는데, '다음'으로 정의한 두 가지 조건은 '당국의 서면 허가'와 '지정된 야영장'이다. 즉 지정된 야영장에서는 야영이 가능하다는 것이다.

정부가 관리하고 있는 야영장은 대부분 장거리 트레일과 연계되어 있으며, 도로와 가까운 곳은 바베큐 시설을 갖추고 있어서 시민들의 피크닉 장소로도 사용할 수 있다. 화장실과 취수 시설이 있었지만 규모가 큰 야영장을 제외하면 가까운 곳의 개울이나 샘에서 식수를 구해야 한다. 다만 갈수기에는 개울이나 샘이 말라있을 수도 있으므로 사전 확인이 필요하다. 한 가지 인상 깊었던 일은 41개의 야영장 중에서 가장 큰 규모인 남산 야영장에서 단체로 백패킹 온 어린 학생들을 만난 일이었다. 교사가 인솔하여 온 학생들은 스스로 텐트를 설치하고 식사를 준비하였는데 학생들의 독립성과 환경 의식을 고취하기 위한 훌륭한 프로그램으로 보였다.

인식의 전환

지리산 둘레길, 제주도 올레길 등은 잘 설계된 트레일이다. 다만 당일 하이킹을 중심으로 설계되어 주변의 숙소를 이용할 수밖에 없다. 산티아고 순례길처럼 하이커를 위한 알베르게를 운영하는 것도 하나의 방법이지만 유사한 모델인 제주도 올레길 주변의 게스트하우스는 주로 관광객을 대상으로 운영하므로 올레길을 종주하려는 사람들에게 최적화된 숙소는 아니다. 이곳에도 30km 정도 간격으로 백패킹 전용 야영장을 둔다면 해외의 하이커들에게도 자랑할 만한 장거리 트레일이 될 것이다. 지리산 둘레길의 경우에는 많은 지역이 국립공원 지정구역일 텐데 이런 경우라면 트레일에서 약간 벗어난 곳에 야영장을 둔다면 제도적인 한계를 극복할 수 있을 것이다.

시민의 자발적인 참여로 트레일의 야영장을 확보하는 것도 하나의 방법이다. 보존 가치가 높은 자연 환경과 문화유산을 확보해 시민들의 소유로 영구히 보전하는 내셔널트러스트[4] 운동처럼 백패킹 동호인들이 자발적인 기금 조성에 동참한다면 트레일 주변의 땅을 구입한 후 백패킹 전용 야영장을 만들고 무분별한 개발과 자연환경 파괴를 막는 것이다. 내셔널트러스트 운동의 사례

---

4 National Trust. 영국에서 시작한 자연보호와 사적 보존을 위한 민간단체. 시민들의 자발적인 모금이나 기부·증여를 통해 보존가치가 있는 자연자원과 문화자산을 확보하여 시민 주도로 영구히 보전·관리하는 시민환경운동이다. 한국에서는 강화 매화마름군락지와 임진강 두루미서식지 등을 시민유산으로 확보하였다.

도 있거니와 노스페이스의 창업자인 더그 톰킨스이 기금을 조성
하여 파타고니아 지역의 땅을 구입한 후 개발을 막기 위해 칠레
정부에 귀속시키는 사업을 오랫동안 해온 모범적인 전례도 있다.
물론 이를 위해서는 백패킹 동호인들의 환경 의식과 참여, 그리고
실무를 진행할 수 있는 단체가 필요하다.

무엇보다 장거리 트레일에 대한 인식의 전환이 필요하다. 장거
리 트레일을 물리적인 거리 관점에서만 바라본다면 굳이 이름을
붙여서 트레일을 만들 필요가 있을까? 많은 사람은 장거리 트레
일에서 좀더 모험적인 야생의 경험을 원하고 있다. 백패킹 문화를
접목한 트레일 운영은 장거리 트레일의 활용 가치를 높이는 일이
기도 하다.

6부

질문하는 사람들

언제나 세상엔 오직 경외감 또는 엄청난 성실성 때문에,
아니면 기존 지식이 적절치 않다고 생각해 낙담하거나
다른 사람들은 모두 알 수 있는 것을 자신은 이해할 수 없어
스스로에게 분노해서 결국 핵심 질문을 던지는 소수가 존재한다.
— 칼 세이건

자연은 유구(悠久)해도 새로운 아웃도어 문화를 만들고
어드벤처를 확장해가는 사람들이 있다.
그들은 늘 회의(懷疑)하고 질문한다.
많은 사람들에게 새로운 영감을 제시하는 그들에게서 자연은 무엇이며,
도전은 어떤 의미가 있는지,
그들이 생각하는 아웃도어는 무엇인지 이야기를 들어본다.

세계 텐트 시장을 이끌다,
DAC 라제건 대표

동아알루미늄은 대단히 독특한 기업이다. 텐트 완제품을 시장에 내놓지 않았는데도 텐트 사용자들은 동아알루미늄의 브랜드 DAC에 열렬한 지지를 보낸다. 마치 아이폰을 만든 애플에 열광하는 게 아니라 액정 생산 업체에 열광하는 것과 같다. 원부자재를 생산하는 업체가 곧 브랜드가 되는 사례는 세계적으로도 그리 흔한 일이 아니다. 대표적인 경우가 패브릭으로는 고어텍스, 코듀라, 퍼텍스 등이 있고, 부자재로는 YKK 등이 있다. 그러나 이들 업체들도 최종 소비자, 즉 사용자들로부터 직접적인 지지를 받는 것은 아니다. 사용자들에게 직접적인 지지를 받는 DAC는 '브랜드 소비는 소비자가 브랜드 스토리에 참여하는 과정'이라는 나의 브랜드 정의에 부합되는 대표적인 사례라고 할 수 있다.

이런 기이한 현상은 동아알루미늄의 기술력과 기업 철학이 반영된 결과이고, 그 중심에는 동아알루미늄을 일관된 방향으로 30년 이상 이끌고 있는 라제건 대표가 있다. 라 대표는 DAC의 제

품 디자인과 기술 혁신을 마케팅 활동이 아니라 '집착'이라고 표
현했다.

아는 사람들은 다 알겠지만 라제건 대표는 유능한 기업인이기
도 하지만 세계 아웃도어 업계에서는 텐트 아키텍처 디자이너로
더 유명하다. 이름만 들어도 알만한 많은 스테디셀러 텐트들이 그
의 손에서 태어났다. 아웃도어 마니아가 아닌 사람으로 유일하게
인터뷰를 요청한 이유도 라제건 대표가 기업 대표가 아니라 텐트
아키텍처 설계의 살아 있는 전설이기 때문이다.

Q. 이번 인터뷰는 DAC의 대표에게 드리는 질문과 텐트 디자이너 제
이크라JakeLah에게 드리는 질문으로 나누어서 진행하겠습니다. 먼저
DAC 히스토리에 관한 질문입니다. 처음에는 천체망원경을 개발하셨

던 것으로 알고 있고, 이때 헬리녹스Helinox라는 이름도 지은 것으로 알고 있습니다. DAC의 히스토리를 소개해주세요.

A. 천체망원경은 페더라이트Featherlite가 초경량 텐트폴로 시장에서 자리 잡은 이후 알루미늄 텐트폴과 다른 분야로 잠시 한눈을 팔았던 프로젝트라고 말씀드리는 게 맞겠습니다. 그 덕분에 브랜드명으로 구상했던 헬리녹스라는 이름은 하나 건졌지만요. DAC는 미국 유학시절 뭔가 우리 손으로 세계최고를 만들 결심을 했었던 것을 실행으로 옮긴 프로젝트였습니다. 사학과 경영학을 공부하고 사회생활이라고는 미국은행에서 몇 년 일해본 것이 대부분이었던 제가 제조업을 해보겠다고 뛰어들었으니 무모하기 짝이 없었죠. 1988년에 공장을 짓기 시작해서 알루미늄 튜브만 만들다 보니 벌써 32년이 흘렀습니다. 그 동안 좋은 분들을 많이 만나 함께 일을 할 수 있었던 것이 가장 감사하는 일입니다.

Q. 인터뷰 서문에서도 이야기했지만 DAC는 생산업체가 자체 브랜드 파워를 가진 대단히 독특한 기업입니다. 오늘의 DAC가 있기까지 핵심적인 기술 경쟁력은 무엇이라고 생각하십니까?

A. 완제품 생산업체도 아니고 부품 생산업체가 시장에 알려지게 되는 것은 흔치 않은 일이죠. 광고를 해본적도 없고. 그렇다고 DAC에 특별한 핵심적인 기술이 있는 것도 아니거든요. 저도 가끔 DAC가 어떻게 알려지게 되었을까 궁금해서 생각해볼 때가 있습니다. 군이 이

유를 찾자면 아마 처음부터 텐트를 사용하는 사람들에게 관심을 가졌었기 때문 아닌가 싶습니다. 텐트 메이커나 브랜드 보다 텐트의 완성도를 높이기 위해 제가 더 많이 애를 썼던 것 같습니다. 때로는 브랜드들과 다투기도 하고. 자기네 제품인데. 그런 마음이 오랜 시간을 두고 조금씩 시장에 알려지게 된 것 아닐까요? 아무래도 소비자 입장에서는 자신들이 사용하는 제품을 위해 애정을 쏟는 사람에게 관심을 갖게 될 테니까요.

Q. DAC는 특별히 눈에 띄는 전통적인 방식의 마케팅 활동도 없는 것 같은데 어떻게 오늘날의 DAC라는 브랜드가 되었을까요?

A. 조금 남다른 부분이 있다면 늘 사용자 입장에서 생각했던 점 아닌가 싶습니다. 텐트폴을 만들긴 했지만 텐트폴로 구성된 완제품인 텐트 사용자의 시선에서 바라보며 그들의 불편함을 덜어주려고 생각하다 보니 해결책을 찾는 과정은 집착일 수밖에 없었다고 생각합니다. 쉽게 답이 안 나오다 보니 계속 들여다보게 되니까요. 마케팅이라고 하자면 저의 도움을 고맙게 생각하던 바이어들이 자꾸 DAC를 소개하는 과정에서 이제 조금은 알려진 것도 같습니다.

Q. 일전에 DAC의 30년을 회상하면서 10년 단위의 키워드로 설명하신 적이 있습니다. DAC의 지난 30년과 앞으로의 10년에 대해서 말씀해주시겠습니까?

A. 달려올 때는 잘 몰랐는데 돌아보니 지나온 궤적에서 뭔가 조금은 보이는 것 같습니다. 회사 초기인 1990년대에 철재 구조에 직선 가옥형으로 되어있던 대형텐트 시장을 가벼운 곡선형으로 바꾸는 데 기여했다면, 두 번째 10년 동안은 페더라이트의 개발을 시작으로 백팽킹 텐트의 경량화에 공을 들였습니다. 새로운 텐트모델 개발 과정에서 토이들도 많이 만들었고요. 다음 10년은 체어원으로 출발해 경량 아웃도어 퍼니처들을 개발하는 데 온힘을 쏟았습니다. 아시다시피 퍼니처들은 헬리녹스 브랜드로 소개해왔고요. 앞으로의 10년이 어떻게 될지 아무도 모르겠지만 제가 주도적으로 개발에 참여할 수 있는 마지막 10년이 되겠죠 저로서는 지난 30년의 테마들을 모두 융합해 새로운 아웃도어 라이프스타일을 위한 장비들을 개발할 수 있으면 좋겠다는 바람을 가지고 있습니다. 기존의 텐트와 퍼니처들을 다듬어 실내에서만 가능하던 활동들을 도시 속의 야외로 확장할 수 있도

록 하는 장비들을 생각해보고 있습니다.

Q. 앞으로의 10년도 큰 기대를 가지게 하는 말씀이십니다. 그동안 기업을 경영하시면서 많은 어려움이 있었을 텐데 가장 큰 위기는 언제였으며, 어떻게 극복하셨는지요?

A. 돌이켜보면 10년에 한 번은 큰 어려움이 닥쳤던 것 같습니다. 처음엔 공장을 짓고 기계들을 만들다가 아직 공장이 돌아가기도 전에 갑자기 아버님이 돌아가시니 자금이 끊겨 힘들었고요, 그다음엔 국내 외환 위기인 IMF, 그리고 10년 후엔 미국 월가의 금융 위기. 그리고 이번에 코로나로 인한 팬데믹까지… 10년에 한 번씩 어려움이 있었습니다. 기업경영에 어려움은 언제든지 갑자기 닥칠 수 있는 일이어서, 평소에 회사를 어려움을 견딜 수 있는 튼튼한 체질로 만들어 놓으려고 애를 써왔지만, 그래도 막상 어려움이 닥치면 하루하루가 늘 조마조마하죠. 회사 임직원들이 회사가 어려울 때 함께 힘을 보태는 전통은 동아의 가장 큰 자랑입니다.

Q. 이제부터 질문은 기업의 대표가 아닌 텐트 디자이너로서 제이크라에게 드리겠습니다. 비즈니스 모델이 아니라 텐트 개발 자체에서 느끼는 매력이 있으신가요?

A. 저는 사실 비즈니스 모델에는 흥미도 별로 없고 도전의식도 없습니다. 그런데 누군가 불편해 하는 것이 있으면 도와주고 싶은 욕구

는 커요. 그런 것이 텐트 개발로 이어졌다고 생각합니다. 무언가 남들
을 위해 만들어주고 그걸 좋아하는 모습을 보는 것은 정말 즐겁죠.
보람도 있고. 그런데 돕는 대상이 초기에 텐트 메이커에서 텐트 브랜
드로, 사용자들로, 그리고 상상 속의 미래의 사용자들에게까지 확대
되어온 것 같습니다. 비즈니스 모델을 생각했다면 텐트 개발에 발을
들여놓지 않았을 거예요. 텐트 개발이라는 게 노력은 엄청 들고 돈은
안 되는 일이었으니 말이죠.

**Q. 부족하지만 저도 대표님의 그런 마인드 덕에 많은 도움을 받았습니
다. 그럼 텐트를 설계하실 때 가장 중요한 요소는 무엇이라고 생각하시
나요?**

A. 제품 설계의 가장 중요한 점은 사용자의 불편함을 줄이거나, 새로
운 편리함을 추가할 수 있는 요소를 찾아내는 것이겠지요? 텐트도
마찬가지구요. 일단 '문제'가 무엇인 줄 알게 되면 10년, 20년이 걸리
더라도 계속 머릿속에 담아두게 됩니다. 해결책을 찾을 때까지. 아직
도 해결 방법을 못 찾아 속에 담아두고 있는 것들이 세상에 나온 것
들 보다 훨씬 많은 것 같습니다. 텐트 구조를 처음 구상하던 1990년
대 초기에는 주로 텐트구조를 통해 해결 방법을 찾아보려고 애를 썼
고, 조금씩 배우다보니 텐트 본체와의 조화를 많이 생각하게 되었습
니다. 그리고 텐트를 사용자들이 사용하는 환경까지 종합적인 시각
으로 바라봅니다.

Q. 텐트야말로 사용자의 관점이 중요한 장비 같습니다. 직접 설계한 세계적인 브랜드의 텐트가 많은 것으로 알고 있습니다. 직접 설계한 텐트 중에서 가장 애착이 가는 모델은 어떤 제품인가요?

A. 저로서는 여러 해 동안 풀지 못해 애쓰던 문제를 해결하게 되면 무척 기쁜데, 그런 것이 텐트 모델일 수도 있지만 하나의 툴인 경우도 많이 있습니다. 최근에 헬리녹스에 만들어준 터널텐트는 다양한 크기와 형태로 개발될 수 있는 자립형 모델입니다. 터널 텐트의 큰 단점 중의 하나인 비자립을 극복해 자립형 터널이 완성되어 흡족합니다. 제이크라 브랜드로 소개한 코트용 텐트인 J.COT190에 처음으로 적용해본 TRTension Ridge도 제가 좋아하는 재미있는 툴이 되리라고 봅니다. 텐트 입구를 획기적으로 높여줄 수 있는 툴로 씨투써밋Sea To Summit에서 새로 소개하는 텐트들에 적용해보았는데 사용자들이 어떻게 받아들일지 궁금합니다.

Q. 최근 '제이크라'라는 개인 브랜드 비즈니스를 시작하신 것으로 알고 있습니다. 간단한 소개를 부탁드리겠습니다.

A. 돌이켜보면 꽤 오랫동안 개발자 이름은 없는 텐트 개발을 해왔습니다. 항상 브랜드 이름으로만 세상에 소개가 되었죠. 10년쯤 전 미국 〈백패커 매거진〉이라는 잡지에서 제 특집기사를 싣겠다고 했습니다. 숨겨진 개발의 주역을 소개하겠다고요. 그런데 제가 거절했습니다. 그때는 아직 텐트 디자이너로서 제 이름을 드러낼 준비가 안 되었다고 판단했었죠. 이제는 제 이름을 꺼낼 때가 되었다고 생각합니다. 세계적 메이저 브랜드들이 제가 개발해준 모델에 'Architecture by JakeLah'라고 텐트에 라벨을 붙이고 홍보하는 것이 자신들에게 도움이 된다고 생각하게 되었으니까요. 10년 전쯤 시작한 헬리녹스는 감사하게도 국내외 많은 분들의 성원에 힘입어 세계적으로 네트워크를 구축한 브랜드로 성장했습니다. 제이크라는 헬리녹스와 달리 사업을 위한 브랜드가 아니라 제품 개발의 역사를 알려주는 디자이너 브랜드로 보면 될 것 같습니다.

Q. 학창 시절 국악 동아리에서도 활동하시는 등 문화 예술에 대한 관심이 많으신 것으로 알고 있습니다. DAC 사옥 곳곳에서도 대표님의 취향을 엿볼 수 있는데요, 문화 예술이 대표님께 어떤 긍정적인 역할을 하고 있나요?

A. 문화와 예술은 철학과 함께 제 삶의 뼈대를 이루는 핵심 요소라

고 부르는 게 맞을 것 같습니다. 어릴 적부터 나무와 꽃, 음악, 미술을 워낙 좋아했어요. 회사는 누구를 위해 존재하는가, 회사 사옥은 어떤 목적을 가지고 있는가. 회사 대표로서 직원들에게 어떤 선한 영향력을 미쳐야 하는가 등등의 생각은 철학적 사유를 통해 얻어지는 것이라고 생각합니다. 문화와 예술은 철학과 맥락을 같이하는 것이고요. 회사의 존재이유에 대한 생각은 자연히 직원들의 근무환경 개선으로 이어졌다고 생각합니다. 직원들이 공장 환경에 대해 자부심을 느끼는 모습이 제게 큰 행복을 줍니다.

Q. 기업을 경영하시면서 대표님이 가지고 계신 CSRCorporate Social Responsibility 원칙이나 철학이 듣고 싶습니다.

A. 사회공헌은 기업의 존재 이유 중 하나일 만큼 중요한 부분이라고 생각합니다. 우리가 살아가는 사회의 부가가치는 대부분 기업활동을 통해 만들어집니다. 이 부가가치들이 승수효과에 의해, 그리고 세금을 통해 분배되게 됩니다. 그래서 좁은 의미로 말씀드리면 기업은 그 존재 자체가 CSR을 감당합니다. 직원을 고용하고 세금을 내기 때문입니다. 조금 넓게 생각하면, 기업을 창업하고 경영을 하는 분들이 기업의 사회적 책무에 대해 깊이 생각하고 그들 스스로의 선택에 의해 CSR 활동을 늘려나가면 우리가 살아가는 세상이 보다 더 살만한 세상이 되겠지요. 이것은 강제할 문제가 아니라 기업의 철학적 과제라고 생각합니다. 어쩌다가 최근에 한국자원봉사협의회의

상임대표까지 맡게 되어 기업활동과 사회공헌에 대해 많은 생각을
하게 됩니다. 함께 살아가는 사회를 위해 진정성을 가지고 노력하는
기업들이 수익성에도 도움이 되는 환경이 되면 CSR은 자연히 늘어
나리라고 봅니다.

설악을 지키다,
녹색연합 박그림 공동대표

나는 박그림 선생을 볼 때마다 존 뮤어를 떠올린다. 자연에 대한 깊은 성찰과 설악산을 온전히 지켜내고자 하는 지난하고 고독한 투쟁. 요세미티의 존 뮤어가 설악에 재현했다면 바로 그일 것이다. 우리는 크게 그에게 빚지고 있다. 그는 지난 수년 간 설악산 케이블카 설치 반대 투쟁을 이끌었고, 지금 이 순간에도 사력을 다해 설악에 쇠기둥을 박으려는 시도를 막아내고 있다. 그의 주장은 때로는 국립공원을 위락시설쯤으로 여기는 탐방객들의 의견과 공원 관리를 마케팅으로 접근하려는 정책 당국의 입장과 충돌한다. 그러나 원칙은 엄격하되 행동은 온화하며, 스스로 다 내던져 실천함으로써 그의 목소리 울림은 더 커진다. 설악산에서 그를 만나면 반갑게 인사하자. 그 역시 산양처럼 선한 눈으로 활짝 웃으며 함께 오랫동안 설악을 사랑하자고 할 것이다.

Q. 박그림 선생님 하면 많은 사람들은 산양을 떠올립니다. 산양은 우리에게 어떤 의미가 있을까요?

A. 천연기념물 제217호, 멸종위기종 1급인 산양은 신령한 짐승이며 설악산의 깃대종인 우리의 형제이며 우리보다 훨씬 오래전부터 설악산에서 살고 있었던 생명입니다. 설악산의 주인이며 우리와 더불어 살아야할 존재가 밀렵과 서식지 파괴로 멸종위기의 막다른 골목에 몰렸습니다. 지금 우리들의 행동이 어느 때보다도 절실히 필요한 때입니다. 더불어 살아갈 수 있는 대책이 필요합니다.

Q. 저도 먼 발치에서 잠깐 산양을 본 적이 있습니다. 귀한 야생 동물을 만났을 때의 경이로움이 아직도 생생합니다. 산양과의 첫 번째 인연이랄까요? 처음 산양을 본 게 언제였나요?

A. 20대 젊은 시절에 설악산에 오르다 먼발치에서 바위모퉁이를 돌

아가는 산양을 보았습니다. 그때는 그것이 내 삶을 바꾸리라는 생각
을 하지 못했습니다. 벌써 산양 형제를 처음 만난 것도 50년이 넘었
습니다.

Q. 설악산과의 인연도 남다른 것으로 알고 있습니다. 거처도 설악산 근
처인 것으로 알고 있고요. 설악산과의 인연은 언제부터 시작되었나요?
A. 고3 때 우연히 처음 오게 됐습니다. 그 이후로 자연 앞에서 스스
로를 돌아보고자 자주 오게 된 것입니다. 차츰 깊이 빠져들었고 지금
은 여기서 삽니다. 1992년 가족과 함께 설악산 언저리로 삶터를 옮겨
살고 있으며 많은 환경문제를 안고 있는 설악산 가까이에서 상처가
아물 때까지 활동을 하려고 합니다.

Q. 설악산 대청봉에서 녹색 치마를 입으시고 퍼포먼스를 하시는 모습
을 종종 뵙습니다. 녹색 치마는 무엇을 상징하는 건가요?
A. 설악산 케이블카 반대 투쟁을 할 때 전투복입니다. 녹색은 생명과
평화를, 치마는 모든 것을 품는다는 생각을 합니다. 녹색치마를 입었
을 때 스스로에게 다시 한 번 물러서지 않을 마음을 다지게 됩니다.
내가 꿈꾸는 세상을 위해 쉬지 않고 나아가는 겁니다.

Q. 세상에서 가장 평화적인 전투복이라고 할 수 있겠네요. 산악인들과
도 친분이 많은 것으로 알고 있습니다. 원래 산악 활동을 하셨나요?

A. 20대부터 '나리뫼'라는 산악회에 들어가서 산에서 할 수 있는 것들을 배우고 가르치며 지냈고 한국산악회에서도 잠깐 활동했습니다.

Q. 설악산 케이블 설치 이슈는 잠깐 수면 아래로 내려간 것 같습니다. 그러나 많은 지자체가 끊임없이 케이블카 설치를 시도하고 있습니다. 선생님은 케이블카 설치를 반대하고 계신데 그 이유는 무엇인가요?

A. 2019년 9월 16일 환경부에서 부동의 함으로서 끝났다고 여기고 있으나 강원도와 양양군이 중앙행정심판위원회에 제소함으로서 아직도 끝나지 않았습니다. 설악산 케이블카는 노선 자체가 천연기념물 제217호, 멸종위기동물 1급인 산양의 서식지를 관통하고 있으며 대청봉에서 1.4km 떨어진 곳에 상부종점이 건설됨으로서 탑승객들로 인한 정상부의 환경훼손은 불을 보듯 뻔합니다. 끝내는 대청봉까지 탐방로가 뚫리고 환경훼손 문제는 설악산 전체로 번질 것입니다. 설악산은 5가지의 엄격한 규제에 의해서 지금까지 자연환경을 유지하고 있었던 것입니다. 국립공원, 천연기념물 제171호, 유네스코생물권보전지역, 백두대간보존지역, 산림유전자원보호림으로 지정되어 철저하게 보존되어야 할 국립공원이며 미래 세대에게 되돌려 주어야할 자연유산입니다. 경제적인 잣대로 보아서는 안 되는 곳입니다.

Q. 케이블카 설치가 지역경제를 활성화시킨다는 주장도 있습니다. 선생님의 의견은 어떠신가요?

A. 지역경제가 활성화 된다면 케이블카를 설치해도 된다는 발상은 매우 위험합니다. 고려청자에 금을 긋는 것과 같으며 황금알 낳는 거위의 배를 가르는 것과 다르지 않습니다. 설악권 지역은 지금까지 설악산이 있어 먹고살았습니다. 설악산의 아름다움이 우리세대에서 끝나는 것이 아니라 아이들에게 되돌려 주어야 할 자연유산임을 깨달아야 합니다.

Q. 등산객 1,000만 명 시대라고 합니다. 자연환경 보존이 우선한다는 입장과 등산객들의 탐방 요구가 서로 충돌하기도 하는데요, 서로 다른 두 입장은 어떻게 조절되어야 할까요?

A. 갈 수 있을 만큼만 가는 것입니다. 무리해서 가는 것은 스스로를 위험에 빠트리는 일입니다. 더구나 국립공원에 케이블카를 설치해서

정상부에 오르는 일은 산을 함부로 하는 것과 같습니다. 아름다운
자연경관을 보기 위한 의무는 다 했는지 스스로에게 물어야 합니다.

**Q. 우리나라는 국립공원을 '공원', 즉 피크닉을 즐기는 공간으로 인식
하는 경향이 강합니다. 마치 놀이공원의 '공원'과 같은 의미로 이해하
는 거죠. 선생님이 생각하시는 국립공원의 의미는 무엇인지요?**

A. 전 국토의 5%에 지나지 않는 국립공원마저 경제적인 잣대로 바
라본다면 원시야생의 모습을 어디에서 찾아야 할까요. 우리의 삶을
풍요롭게 해주는 것은 돈이 아니라 자연이라는 것은 이미 알고 있습
니다. 이곳만은 지키자고 약속한 야생의 땅이 국립공원이라면 그곳
의 자연은 끝까지 지켜져야 하며 다음 세대에게 되돌려 주어야 합니
다. 부끄러운 조상으로 기억되지 않기를 바랍니다.

**Q. 많은 전문가가 기후변화에 대해서 걱정하고 있습니다. 기후변화에
대처하기 위해 일상적으로 실천할 수 있는 행동은 무엇이 있을까요?**

A. 기후변화는 이미 우리들의 삶을 흔들고 있습니다. 어떤 국가적인
대책 뿐 아니라 개인의 삶이 바뀌지 않는다면 곧 멸종의 날을 맞이할
것입니다. 철저하게 생태적인 삶으로의 귀환이 절실히 필요한 때입니
다. 의식주, 그 모든 것 하나도 허투루 하지 않는 뭇 생명과 더불어 살
아가는 삶을 살아야 합니다. 개인의 삶이 바뀌지 않고는 기후변화를
멈출 수 없습니다. 그동안 우리들 때문에 멸종을 맞았던 생물 다양성

의 원상회복을 이루지 않는다면 불가능한 일입니다.

Q. 그동안 환경운동을 하시면서 가장 보람 있었던 일은 무엇인가요?

A. 환경운동을 시작하면서 설악산 환경문제만을 다루겠다는 다짐을 했습니다. 얼마나 보탬이 되었는지 모르겠지만 지금도 설악산은 여전히 아프고 힘듭니다. 제가 꿈꾸는 국립공원은 자연그대로의 환경을 보존하는 곳이며 철저하게 통제된 곳이어야 한다고 여깁니다. 왜냐면 너무나 많은 상처와 아픔을 간직한 산이기 때문입니다. 상처가 아물고 아픔이 사라질 때까지 활동해야 하며 아이들에게 되돌려주어야 할 땅입니다. 설악산 케이블카 설치 계획이 환경부에 의해 부동의된 일이 기억에 남습니다. 또 하나 산양에 대한 관심이 높아지면서 여러 가지 대책들이 진행 중인 것도 뜻 깊은 일입니다.

Q. 선생님이 활동하고 계신 녹색연합에 대해서 소개해주세요.

A. 지금 지구는 모두가 환경운동가가 되기를 요구하고 있습니다. 그렇지 않으면 끝내는 멸종에 이르게 될 것은 너무나 뻔한 일입니다. 그 길에서 모두에게 바른 길을 알리고 함께 멸종의 길로 나아가지 않도록 막아서서 외치는 단체입니다.

Q. 아웃도어 활동은 항상 자연 속에서 이루어집니다. 좀더 자연을 아끼면서 오랫동안 아웃도어를 즐길 수 있도록 아웃도어 애호가들에게

당부하고 싶은 이야기가 있을까요?

A. 꽃이 아름다워 꺾는다면, 더 나아가 뿌리채 뽑는다면 어떻게 될까요? 우리는 자연의 주인이 아닙니다. 오직 잠간 스쳐가는 손님일 뿐이라는 걸 잊지 말길 바랍니다.

산악계의 이단아,
전천후 알피니스트 유학재

"미지의 세계를 동경하고 갖은 고난을 헤쳐가는 즐거움을 나는
기꺼이 받아들인다. 더불어 내가 가는 그곳은 나의 것이 아니기
에 그곳을 해치지 않는다."

알프스, 알래스카, 요세미티, 히말라야 등 전 세계의 봉우리를
두루 섭렵한 한국의 대표적인 전천후 알피니스트. 등반 장비 제
조회사인 (주)트랑고에 입사해 홍성암 박사와 함께 피켈, 아이스
바일, 아이젠, 하네스, 헬멧, 카라비너 등의 장비를 개발해 국내
등반계의 르네상스를 이끌었다. 실전과 이론을 두루 갖춘 그는 이
순의 나이에도 여전히 바위에 오르고, 자전거로 종횡무진 전국을
누비며, 후배들의 등산 교육에도 열심이다. 유학재, 그는 여전히
청년이다. 2019년에는 그 동안의 생생한 등산 경험을 모아서 《등
반중입니다》라는 책을 펴내기도 했다.

**Q. 유학재 님은 오랫동안 등반 활동을 해온 것으로 알려져 있습니다.
처음 산에 오른 것은 언제였나요?**

A. 저는 북한산 밑 우이동에서 태어났습니다. 북한산 일원의 숲은
저의 놀이터였죠. 초등학교 6학년 때 동네 친구들과 도시락을 싸들
고 백운대를 오르기로 했는데 길을 잘못 들어 인수봉을 구경하게 되
었습니다. 인수봉은 암벽 등반을 하는 곳입니다. 다른 사람들이 올라
가는 모습을 보고 약 15미터 정도 달아 올라가다 더이상 못 올라간
기억이 있습니다. 그 후 다시 고등학교 1학년 때 북한산 야영을 들어
갔습니다. 그때 만난 산악회의 권유로 암벽등반과 더불어 전국의 산
에 다니기 시작했습니다 그 당시 제 나이는 열일곱 살이었습니다

Q. 초등학교 때 우연히 만난 인수봉은 선생님께 운명 같은 것이었네

요. 산에서 죽을 고비도 여러 번 넘겼다고 하셨는데 가장 기억에 남는 등반은 어디였습니까?

A. 산을 배우면서 많을 곳을 두루 다니기도 하고 많이 다치기도 했습니다. 그렇게 다닌 산들은 하나같이 모두 소중하고 모두 기억에 남습니다. 어떤 산이든 등산을 하기 위해 혼신의 힘을 다했기 때문이다. 어느 산이 특히 좋았다 이렇게 이야기를 하면 다른 산들이, 아니 좋았다고 얘기하지 않은 다른 산을 같이 간 동료들이 섭섭해 할 것입니다. 제가 처음 암벽등반에 입문해서 올라 간 인수봉, 아무도 오르지 않았던 백두산 장백폭포의 빙벽, 저의 해외 첫 고산등반의 기억 등 아직도 그 등반들이 제 머릿속에 생생합니다. 그래도 하나를 꼽으라고 하면 1997년 파키스탄 가셔브롬 4봉(7945m) 원정등반입니다. 3박 4일의 비박을 통해 동료 두 명과 올라간 곳입니다. 굴비 두 마리에 고추장과 젓갈을 반찬으로 하고, 추위와 죽음의 공포를 넘어 등정을 이루어내 세계 산악계에서 등반성을 인정받기도 했습니다.

Q. 가셔브롬 4봉 등반은 정말 세계적으로도 굉장한 등반이었죠. 선생님은 특정한 룰에 얽매이거나 관습대로 하지 않는 창의적인 등반으로도 유명합니다. 혹시 본인의 임기응변이나 창의성으로 위험을 넘긴 사례가 있나요?

A. 1997년 가셔브롬 4봉(7945m)을 등반할 때 장비가 부족해 더이상 등반이 어려운 상황에서 숟가락으로 록 하켄(일종의 바윗못)을 즉석에

서 만들었습니다. 그 숟가락 장비로 등반을 계속할 수 있었습니다. 숟
가락이 밥을 먹여주기도 하고, 등반도 가능하게 만들어 우리를 살린
셈이죠.

Q. 최근에는 등산 문화가 크게 바뀌고 있습니다. 예전처럼 등산이 전
문가들만의 영역이 아니라 누구나 쉽게 다가갈 수 있는 취미가 되고 있
습니다. 특히 20~30대의 젊은이들은 캐주얼하게 등산을 즐기고 있습
니다. 최근에는 산에서 레깅스 복장이 크게 화제가 되고 논쟁이 벌어지
기도 하였습니다. 오랫동안 산에 다니신 분으로서 이런 문화에 대해 이
질감은 없나요?

A. 모든 문화는 시간의 흐름에 따라 변합니다. 등산의 역사는 어느
덧 300년이 되었습니다. 한국의 등산 역사도 100여 년이 되었습니
다. 그동안 많은 변화가 있었습니다. 어떤 때는 산의 높이만을 따지
는 고도지향적인 시대가 있었고, 또 어떤 시절에는 암벽등반이 등산
의 전부인 것처럼 말할 때도 있었습니다. 등산은 산을 오르고 다시
내려오는 활동으로 꽤 많은 시간이 필요하고, 그래서 상대적으로 생
활의 여유가 사회적으로 안정된 지위에 있는 40~60대의 취미 활동
으로 자리 잡았습니다. 그러다가 최근의 등산문화는 '등산의 즐거
움'을 중요한 가치로 여기는 시대가 되었습니다. 고도지향적도 아니
고 암벽등반을 최고의 등산으로 쳐주던 시대가 지나고, 이제는 누구
나 자기의 체력과 기량에 맞게, 그리고 20~30대의 젊은 세대들도 가

벼운 복장으로 등산을 즐기는 시대인거죠. 사실 이러한 등산문화는 1950~1960년대와 비슷합니다. 그 당시도 등산을 하는 사람들의 연령대가 20~30대의 젊은이들이었습니다. 복고풍이라고도 할 수 있는데, 어쨌거나 젊은이들이 다시 산을 찾는 것은 반가운 일입니다.

젊은이들이 쉽게 등산을 접할 수 있는 것은 시대의 변화와 관련이 있습니다. 무엇보다 교통편이 좋아졌습니다. 특히 서울과 수도권에 있는 산들은 대중교통수단으로 쉽게 갈 수 있는 접근성이 많은 젊은이들을 산으로 이끌고 있다고 생각합니다. 복장도 마찬가지입니다. 등산로가 잘 정비되어있고, 등산로 정보도 쉽게 얻을 수 있으며, 기상예보 정보 실시간으로 확인할 수 있으니 전문가 수준의 등산 복장이 필수가 아닌 시대가 된 거죠. 캐주얼한 복장으로도 산에 오를 수 있으니 비용도 절감할 수 있습니다. 그 예로 요즘 산에 오르는 많은 젊은이들이 레깅스 스타일입니다. 실내에서 요가나 피트니스 운동을 하던 복장이 실외로 확산된 셈이죠. 시대의 변화는 생각마저도 바뀌게 합니다. 지금이 바로 그런 변화의 과정에 있다고 생각합니다. 젊은 세대들의 등산문화에는 레깅스로 대표되는 캐주얼 복장 이외에 또 다른 흐름도 있습니다. 장거리 하이킹이나, 경량 하이킹 문화입니다. 더이상 높이 올라가는 등산뿐 아니라 더 가볍게, 더 멀리 가는 새로운 가치를 추구하는 것이죠. 서로 다른 스타일과 가치는 때로는 충돌하겠지만 결국에는 하나의 새로운 등산문화로 자리 잡게 될 것입니다. 저는 그래서 젊은이들이 만들어내는 새로운 등산 문화를 응원하는 쪽입니다. 다만 언제나 안전을 최우선으로 생각해주길 바랍니다.

Q. 오랫동안 에코 프로젝트도 주도한 것으로 알고 있습니다. 에코 프로젝트는 어떤 캠페인이었나요?

A. 거창하게 자연을 보호하자, 이런 것이 아니라 산에 오르면서 자연에 미치는 영향을 최소화하고 그런 방법을 널리 알리기 위해 시작한 운동입니다. 저는 암벽 등반을 주로 하고 며칠씩 연속해서 암벽 등반을 할 때도 있어서 자연 속에서 계속 지내야 합니다. 그러다 보니 배변 처리에 대한 문제가 오랜 숙제였습니다. 여러 가지 방법으로 다 써봤지만 가장 좋은 방법은 결국 봉투에 담아 내려오는 것이었습니다. 그래서 제가 직접 배변 처리 봉투를 개발하여 산악인들에게 나누어주고 취지를 설명했습니다. 그 후 많은 사람들이 동참하면서 암벽등반 바위 주변의 배변 문제는 상당히 개선되었습니다. 그런데 봉투에 배변하는 것이 익숙하지 않은 분들은 바위가 아닌 흙이 충분히 쌓인 지역에서 나뭇가지 등으로 땅을 파서 묻기도 합니다. 그래서 착안한 것이 에코 삽입니다. 우리가 사랑하는 자연에 미치는 영향을 최소화하고 다른 방문자를 배려하는 소박한 운동이라고 할 수 있습니다.

Q. 선생님이 만드신 에코삽은 미국 LNT에 수출하기도 했었지요. 그럼 등산 이외에 다른 취미도 있는지요?

A. 대부분의 취미는 아웃도어 관련 활동이며, 동적인 것보다 정적인

것을 좋아합니다. 겨울에는 텔레마크 스키1를 타기도 하고 여름에는 가끔 캠핑을 가기도 하고, 자전거를 이용해 장거리 라이딩으로 산길을 찾아다니기도 합니다. 집에 있을 때는 낡은 등산장비와, 안 쓰는 각종 도구들을 이용해 업사이클링 제품 만드는 것을 좋아합니다.

Q. 끝으로 등반에 사용했던 모든 장비가 다 애착이 가겠지만 한 가지만을 꼽으라면 무엇일까요?

A. 세월이 가면서 좀더 좋은 장비들이 개발되고, 보다 안전한 장비들이 필요하기 때문에 장비는 늘 바뀝니다. 불확실성으로 가득 찬 등반을 할 때는 안전을 위해서 꼭 필요한 장비들이 있고, 그것은 저와 동료들의 생명을 지켜주었기 때문에 사용했던 모든 장비들이 소중합니다. 제 손때가 묻은 모든 것이 다 애착이 생긴 것이죠. 사용 연한이 지나 더이상 사용할 수 없는 오래된 장비들도 그래서 버리지 못하고 쌓아두고 있습니다. 그래도 한 가지 고른다면 평생 산을 다닐 수 있게 이끌어 준 산 선배들입니다. 그들과 맺어진 인연이 저에게 가장 소중합니다. 굳이 애착이란 단어로 설명하라고 하면 저는 산을 통해 만난 산 사람들의 인연이 가장 좋습니다.

---

1 텔레마크 스키(Telemark ski)는 19세기 후반에 노르웨이 남부의 텔레마르크 지방을 중심으로 발전한 현대 스키의 원형이라고도 말할 수 있는 스키이다. 현재 있는 크로스 컨트리 스키 등이 일반화되면서, 텔레마크 스키는 거의 행해지지 않았다. 하지만, 1970년대에 이르러서 크로스 컨트리 스키의 유행과 함께 미국에 있는 크로스 컨트리용 판자로 슬로프를 활강하는 기술로 부활하여 현재에 이르고 있다. (출처: 위키피디아)

문화를 팔다,
시티핸즈컴퍼니 유해연 대표

아웃도어 마니아들이 아니더라도 스탠리Stanley를 모르는 사람은
거의 없다. 한국에서의 인기를 반영하듯 각종 드라마의 소품으로
도 스탠리는 자주 등장한다. 사람들은 유료 PPL로 알겠지만 그렇
지 않다. 스탠리는 아웃도어 필드가 아닌, 일상의 어느 자리에 있
더라도 자연스럽다. 그런 스탠리가 있기까지, 한국에서는 전적으
로 시티핸즈컴퍼니 유해연 대표의 지난 10년간 노력이 있었기에
가능한 일이었다. 유해연 대표는 특히 장비 리페어에 있어서도 장
인의 경지에 이르렀다. 구멍 난 자켓이며, 뜯어진 침낭이 그에 손
을 거치면 새 생명을 얻는다. 한국등산학교 출신으로 정통 등반
기술도 익힌 그에게 한국 아웃도어 비즈니스와 문화에 대한 이야
기를 들어본다.

Q. 먼저 스탠리 이야기를 하지 않을 수 없습니다. 한국에서는 언제부터
스탠리를 전개하셨나요?

A. 지금으로부터 10년 6개월 전, 그러니까 2010년 3월부터입니다. 일본 써모스 브랜드의 아웃도어 영역 딜러를 하다가 시장 규모가 비약적으로 늘어나니까, 토사구팽을 당하게 되었죠. 그래서 미국 오알 쇼에 참가했다가 그 동안 유심히 봐두었던 미국 스탠리 브랜드 부스를 불쑥 찾아가 '한국 디스트리뷰터'를 하고 싶다고 말했죠. 당시 본사 부사장인 Mike Bros와 세일즈디렉터 David Frew는 느닷없이 자기들 대화에 끼어든 이방인이 귀찮아서 "한국은 상해현지법인에서 관장하는데 거기 사장에게 연락해보라"라고 했고, 전 바로 그분에게 "당신네 본사 부사장이 소개해서 연락한다"라고 이메일을 보냈고, 제 메일을 받은 현지법인 사장은 당연히 본사에서 알아서 선별해 천거한 업체인 줄 알고 아래 직원에게 이 업체와 한국 거래를 시작하라고 지시했죠,

Q. 미국의 큰 업체와 비즈니스를 하는 게 쉽지는 않았을 텐데요. 무리한 영업 조건을 제시하거나, 디스트리뷰터를 변경하겠다는 불리한 계약을 제시하는 일은 없었나요?

A. 왜 없었겠습니까? 책으로 500쪽 이상 쓸 수 있을 정도입니다. 근

본적으로는 서로의 신뢰에 관한 문제에서 비롯되는 것이지요. 그들
은 원래 한국 시장의 잠재 규모가 100인데 우리가 50밖에 못하니 나
머지 50을 다른 채널을 통해 직접 채우겠다는 생각이고 우리는 아
직 50밖에 안 되는 시장을 노력해서 60이나 했다는 생각이고. 그들
은 우리가 그들 브랜드 사업에만 전념해서 휘두르기 좋은 하급 조직
이 되기를 원하고 저희는 그들이 직접 한국에 상륙하든지 어떻게 될
지 모르니까 브랜드를 다변화해서 보험을 들어 놓으려고 하고. 그들
은 우리의 자본이나 실력이 한국 전체 시장에서 아웃도어 시장만 국
한한다고 평가절하하고 제2, 제3의 업체를 복수로 세우려 하고, 저흰
한국 전체시장을 원하고.

과거 10년 동안 스탠리 브랜드에 관련된 모든 전시회와 행사는 빠
지지 않고 거의 쫓아다녔습니다. 심지어 본사 사장의 시애틀 개인 집
에 초대 받아서 같이 요트를 몰고 낚시를 하기도 하고 상해에서는 함
께 폭음을 하기도 했습니다. 그리고 제품개발담당 부사장과는 아시
안 라이프스타일에 맞는 제품개발을 위한 영감과 아이디어를 나누
는 오랜 친구가 되었습니다.

그 결과 상해 현지법인이 저에게 함부로 디스트리뷰터를 변경하겠
다는 시도는 하지 못합니다. 오히려 저와 본사의 핫라인을 차단하려
고 노력하지요. 그리고 미국을 제외한 전 세계 디스트리뷰터 중 현재
한국이 일등입니다. 곧 연간 1,000만 불을 목전에 두고 있으며 10년
내 목표는 1억 불입니다.

Q. 오랫동안 스탠리 브랜드를 전개해오셨는데 재미있는 에피소드 하나 들려주세요.

A. 스탠리라는 브랜드 이름은 식음료 장비 브랜드인 저희 스탠리와 공구 툴로 유명한 스탠리 브랜드1가 있습니다. 공교롭게도 로고 서체도 비슷했습니다. 한창 박지성이 활약하던 영국 프리미어리그를 보면 전체 경기장이 공구 스탠리 광고판으로 가득 차는 장면이 많이 있었습니다. 그러나 한국 축구팬들은 그것이 보온병 스탠리 광고로 알고 계시더군요. 그리고 공구 스탠리는 거의 모든 생활용품에 대해서 전 세계에 상표등록을 오래전에 해버렸습니다. 그래서 저희는 보온병 주머니 한 개도 브랜드를 달고 만들 수가 없는 형편이었죠. 지금은 서로 대승적 협상을 거쳐서 두 스탠리 브랜드의 소비자 혼란을 방지하기 위한 장치를 만들었습니다. 즉 보온병의 프로모션을 위해 꼭 제작해야 하는 몇 가지 생활용품들에 대해서는 저희에게 양보하고 저희는 스탠리 로고 위에 날개가 달린 윙베어를 추가해서 아이덴티티를 높였죠. 그리고 저희 스탠리는 공구 스탠리의 기업 색상인 노랑색은 사용하지 않기로 했습니다.

Q. 스탠리 이외에도 꾸준하게 사랑받는 제품들도 전개하고 계신데요,

---

1 미국의 철물 및 공구 제조 브랜드인 STANLEY를 뜻한다. 포춘지 탑 500 기업에 들 정도의 대기업이며, Black & Decker, DeWalt Tools와의 합병으로 세계 최대 공구 기업이 되었다. 현재 풀네임은 Stanley Black & Decker.

어떤 제품들인지 소개해주세요.

A. 가장 애착이 가는 브랜드는 아웃도어용품 유지, 보수, 수선제품 브랜드인 미국 Gear Aid입니다. 자기 장비를 스스로 고쳐서 오래 사용하는 문화를 만들어나가기 위해 꼭 필요한 브랜드라고 판단되어서 갖은 고난을 무릅쓰고 벌써 20년째 이어오고 있습니다. 우리나라는 화학물질 관련 법규정이 자주 바뀌는데, 얼마 전 가습기 소독제 관련 사건으로 더 강화된 법규에 따라 새로운 검사와 스티커 부착을 등한 시하여 환경청에 의해 고발되고, 검사에게 기소되어서 기소유예 판결을 받은 적도 있습니다. 매년 검사 비용도 꽤 나가고요. 1년 동안 판매 수익이 검사 비용을 커버하지 못하지만, 그래도 누군가 대신 하겠다는 업체가 나설 때까지 계속하려고 합니다.

Q. 제품 수선 관리나 유지 보수에 대한 노하우도 남다른 것으로 알고 있습니다. 제품 수선이라는 게 얼핏 보면 비즈니스로서는 그다지 매력적이지 않을 수 있는데 관심을 갖는 이유가 있나요?

A. 이런 질문을 받으면 저에게는 떠오르는 장면 두 개가 있습니다. 하나는 제가 20대 때 구입해서 아끼던 로우알파인 어택 배낭이 있었습니다. 그런데 벨트 버클 장식의 한쪽이 풀려서 잃어버렸습니다. 이때부터 나머지 한쪽을 항상 주머니에 갖고 다니면서 국내 장비점에 갈 때마다 혹시 여기에 맞는 장식을 구할 수 있는지 물었지만 불가능했습니다. 그러다가 서른 살이 지나서 일본에 다니러 갔다가 친구

와 함께 들른 수산장秀山莊이라는 장비점에서 그때까지 갖고 다니던 버클 장식을 꺼내 보이며 물었더니 잠깐만 기다리라고 하더군요. 금방 정확히 맞는 부속을 찾아가지고 와서 보여줬습니다. 도대체 이게 어디에 있었냐고 물으니 따라와 보라고 했고, 매장 지하에 가니 작은 한쪽 벽면에 전 세계 거의 모든 배낭의 버클 장식들이 정리되어 있었습니다. 이것은 한국 멀티숍 시장의 몰락과도 맥이 닿는 이야기입니다. 또 다른 한 장면은 제가 기어에이드를 수입 전개하면서 종로5가 장비점에서 실제 본 장면입니다. 매장 스태프는 어떤 고객에게 기어에이드의 고어텍스 세제 사용법을 친절하게 설명하고 있었는데, 갑자기 매장 전무가 그를 한쪽으로 불러들였습니다. 그리고 하시는 말씀이 "그거 팔려고 시간 쓰지 말고 그 시간에 차라리 고어텍스 재킷 한 벌이라도 더 팔아라"라고 하는 것이었습니다. 파타고니아 브랜드는 자기들 재킷을 사지 말라는 광고를 해서 큰 반향을 부른 적이 있습니다. 자기 장비를 아껴서 오래 재사용하는 것은 한정된 지구 자원을 아끼고 환경오염을 막는 일과도 연결됩니다. 그러나 안타깝게도 우리 소비자들은 자기 장비를 아끼고 고쳐 쓰는 일에 무관심합니다. 게다가 천민자본주의 행태를 보이는 국내 대형 유통업체들이 뭐든지 교환·반품을 내걸고 소비자들을 유혹해 여기에 익숙해진 소비자들은 여차하면 반품, A/S를 맡기거나, 그냥 폐기해버립니다. 한 번 장비를 구입할 때, 세계 최고의 제품을 구입해서 평생 폼 나게 쓰다가 문제가 생기면 스스로 고치고, 이렇게 하는 것이 지혜로운 길이라고 생각합니다.

Q. 전문 산악인들에 대한 사회적 관심과 대우가 열악한데도 국내의 등반가들을 황문성 사진작가와 함께 재조명하는 '한국의 알피니스트, 아직 살아있다' 프로젝트를 진행 중인 것으로 알고 있습니다. 어떤 계기로 시작하게 되었나요?

A. 저희 스탠리 브랜드의 홍보 모델을 하기도 했던 고 김창호 대장의 구르자히말 사고를 접했을 때, 일반인들의 반응이 너무 황당했습니다. 즉 "너무 무모한 짓들을 하는 게 아니냐", "자기들 좋아서 가서 죽은 것에 왜 내가 낸 세금을 쓰냐" 등등. 산악인들을 보는 일반인들의 시각이 곱지 않았습니다. 언제부턴가 우리나라에서는 안전을 이유로 심지어 보이스카웃의 야영활동도 금지하는 행정편의주의적 행태가

만연하고 어드벤처 정신이 사라지고 있습니다. 저 설산 넘어서 미지의 땅에 대한 동경으로 극한을 이겨내는 숭고한 알피니스트들의 죽음을 애석해하기는커녕 잘 죽었다는 식의 반응들이었습니다. 게다가 그때는 개봉영화관에서 〈퍼스트맨〉이라는 달 착륙 우주인들에 관한 영화가 상영 중이었습니다. 그 당시 미국에서도 "내가 낸 세금으로 뭔 말도 안 되는 짓들을 하느냐"라면서 반대시위가 일어나기도 했죠. 하지만 그들의 도전정신이 없었다면 인류는 발전하지 못했을 겁니다. 그만큼 어드벤처 활동을 하는 우리 알피니스트들은 이 사회에서 존경받아야 하는데, 현실은 그렇지 못했습니다. 그래서 아직도 이 땅에는 젊은 표범 같은 산악인들이 살아있다는 것을 보여주고, 그들에게 작은 응원을 보내주고 싶었습니다. 그 방법으로 그들의 인물사진을 전문작가님의 작업을 통해 남기는 일을 시작했습니다. 그리고 월간 〈산〉에서 매월 기획 취재로 사진과 산악인의 인터뷰를 게재하게 되었습니다. 인터뷰에 응해주신 산악인들에게는 평생 사용할 수 있는 작품 프로필 사진을 선물하고, 자기의 등반 역사와 철학을 개진할 수 있는 기회를 주고, 또 초상권에 대한 소정의 후원금으로 계속될 등반 활동에 위로를 드리고 있습니다. 이 일을 위해 프로젝트 코디네이터로 수고하시는 유학재 산악인과 중간에 뇌출혈을 당해서도 극복하시고 사진 작업을 계속해주시는 황문성 작가님께 고마움을 전합니다.

Q. 산악인들을 위해 굉장히 의미 있는 프로젝트라고 생각합니다. 대표

님도 테크니컬 등반을 하시는 것으로 알고 있습니다. 어떤 계기로 등반을 시작하셨나요?

A. 어려서부터 도봉산 밑에서 선인봉을 바라보며 자랐습니다. 그리고 스무 살에 처음 접한 겨울 설악산에 매료되면서 틈만 나면 시외버스를 타고 백담사를 통해 설악에 드는 취미가 생겼습니다. 그 후 전문 등반의 필요를 느껴서 대학 4학년이던 1982년에 한국등산학교 정규반 18기를 졸업하면서 같은 기수들끼리 모여, '한등회'라는 산악회를 조직하면서 등반을 본격적으로 시작하게 되었습니다. 동기 중에는 코오롱등산학교 교장이신 윤재학 형님, 그리고 서울등산학교 교장이신 서성식 형이 있습니다. 그 후 윤대표, 장봉완, 허정식 등 기라성 같은 젊은 산악인들이 모여서 한국알파인가이드협회를 출범했는데, 거기에 암벽반과 빙벽반을 1기로 수료하면서 사무실 인턴생활을 시작으로 만년 설산에 대한 꿈을 키웠습니다.

Q. 아웃도어 문화에 대한 관심도 크신 것으로 알고 있습니다. 한국의 아웃도어 문화가 해외와 어떤 차이점과 공통점이 있을까요?

A. 작은 기업을 운영하면서 어떻게 하면 미약하지만 사회적 기여를 할 수 있을까 늘 생각합니다. 그중 하나가 바람직한 아웃도어 문화를 정착시켜 나가는데 조금이나마 힘을 보태는 것입니다. 울주산악영화제 측에서 5년 전에 처음으로 후원협찬을 제안 받았을 때, 더이상 묻지도 따지지도 않고 한국에도 제대로 된 산악영화제 하나쯤은 자리

를 잡아야 한다고 생각하고 지금까지 후원하고 있습니다. 설악산에 케이블카를 놓겠다는 시도가 있었을 때, 그것을 반대하는 입장에서 녹색연합의 활동을 후원하다가 〈설악, 산양의 땅 사람들〉 다큐멘터리 영화제작을 후원하게 되었습니다. 안타깝게도 이 영화를 찍은 이강길 감독은 50세의 나이에 갑자기 세상을 떠났습니다.

등산로에 떨어진 쓰레기를 줍는 활동을 하는 젊은 크루들이 있다는 소식을 들었습니다. 정말 바람직한 일입니다. 그러나 큰 틀에서 문화를 움직이려면 더 큰 조직과 더 큰 지원이 필요하다고 생각합니다. 즉, 관의 눈치를 보지 않는 새로운 파워 있는 순수 산악인 단체의 출현, 아웃도어 문화를 아우를 수 있는 의지와 능력이 있는 전문 미디어의 출현, 그리고 아웃도어 문화 창달을 사업으로 하는 법인의 출현, 파타고니아 같은 기업 이념을 가진 아웃도어 회사의 출현 등 많은 것들이 곧 실현될 것으로 봅니다. 메시아가 오기를 기다리겠다는 것은 아니고요, 우리가 작게 시작해서 반향을 일으키면 눈덩이는 커지게 되어 있습니다. 해외문화와의 차이점은 크게 세 가지로 봅니다.

첫째는 한 번 어떤 캠페인이 시작되면 최소한 10년은 지속되어야 자취가 남는데, 우리는 수명이 짧거나 일회성이라는 겁니다. 둘째는 본질과 변죽의 문제입니다. 환경보전이면 그 본질에 충실해야지 운동을 이끌어가는 사람들의 개인 영달을 위한 도구로 전락하면 안 된다는 이야깁니다. 셋째는 결코 작지 않은 우리나라 아웃도어 기업들의 문제입니다. 브랜드를 홍보하기 위해 일련의 광고성 행사, 즉 이벤

트에 만족하지 말고, 변화를 추구하는 운동 즉 무브먼트로 발전하기
를 바랍니다.

**Q. 많은 아웃도어 업체들이 진정성 있는 브랜딩보다는 당장의 매출에만
더 큰 관심을 가집니다. 평소 공동체의 이익, 자연 환경 등에도 많은 관
심을 가지고 계신 것으로 알고 있습니다. 대표님이 생각하시는 지속가
능한 아웃도어 문화에서 가장 중요한 것은 무엇이라고 생각하시나요?**
A. 현장 아웃도어 활동가들이 주도하는 아웃도어 산업이어야 한다
고 생각합니다. 우리나라의 아웃도어 브랜드들은 사업영역이 패션이
지 장비 사업이 아니라고 생각합니다. 그 부분에 대해서는 이제 서서
히 제대로 된 아웃도어 멀티숍들의 문화가 먼저 꽃피워야 한다고 생
각합니다.

미국 REI 같은 협동조합 체제도 출현할 때가 되었다고 생각합니
다. 자꾸 파타고니아 예를 들어서 죄송하지만, 그들의 광고 사진과 국
내 아웃도어 브랜드들의 광고 사진을 비교해보면 무엇이 문제인지 쉽
게 알 수 있습니다. 거기에서부터 다시 시작될 수 있습니다. 관 주도
의 아웃도어 문화 정책을 비판하고 대안을 제시하는 일, 천민자본주
의가 주도하는 아웃도어 산업에서 벗어나는 일이 중요합니다.

**Q. 코로나 이후 한국의 아웃도어 환경이 많이 바뀔 것으로 보입니다.
대표님이 생각하는 5년 후, 혹은 10년 후 한국의 아웃도어는 어떤 풍경**

일까요?

A. 현재 많은 분들이 캠핑에 열광하고 있습니다. 여유가 있으신 분들은 캠핑카와 캠핑 트레일러로, 30~40대 젊은 가족들은 아이들과 오토캠핑으로 일반 서민들이나 젊은이들은 독특한 '차박' 문화로 온 국토가 주말이면 정체가 벌어지고 있습니다. 트레일러 값은 천정부지이고 웬만한 유명 캠핑 장비들은 모두 품절되고 유료 캠핑장들은 매주 만원입니다. 그러나 벌써 부작용이 나타나고 있습니다. 허가되지 않은 장소에 무단으로 캠핑카를 세우고 캠핑을 하거나 각종 식음료는 대형마트에서 구입하고 쓰레기는 시골 동네에 버리고 오니 벌써 지역에서는 캠핑카 통행금지 경고문이 나붙고 있습니다. 곧 캠핑자격 허가제가 시행될 지도 모르겠습니다. 이러다가는 우리나라에서 캠핑 활동은 곧 저항에 부딪혀서 좌초될 가능성이 높습니다.

그럼 등산문화는 어떨까요? 현재 한국에는 두 개의 산이 존재한다고 합니다. 기존 비교적 노년층이 대다수였던 주말근교산행 문화와 실내 피트니스에서 내쫓긴 젊은 하이킹족들이죠. 10년 후에 우리나라 산에는 간단하게 손에 물병 한 개 들고 뛰어서 트레일을 다니는 젊은 사람들이 많이 늘어날 것입니다. 그리고 더이상 소위 '100대 명산' 운운하며 카드 모으듯이 지방산들을 매주 섭렵하는 분들이 모두 은퇴하면 우리나라 산은 지금보다는 한적해질 것 같습니다. 전반적으로는 아주 다양한 아웃도어 활동들이 더욱 도시화 되어서 펼쳐질 것으로 예상됩니다. 그리고 육지의 통제에 한계를 느낀 아웃도어는 내수면 상수도원보호에 묶인 강이나 호수보다는 바다에서 활동하는 스탠딩 보드(SUP)나 씨 카약이 크게 활성화될 것으로 생각합니다.

Q. 아웃도어 마니아이시기도 한데요, 평소 좋아하시는 아웃도어 활동이 있으신가요?

A. MTB를 타고 36km 중랑천 돌기, 피톤치드 많은 숲길 하염없이 걷기, 캠핑하면서 불멍하고 밥하고 커피 데우기, 산악스키, 스쿠버, 카누 정도입니다. 그동안 왼쪽 발목 인대가 끊어진지도 모르고 다리를 절룩이며 오래 고생을 했다가 몇 년 전 수술이 잘되어 삶의 질이 많이 향상되었습니다. 환갑 기념 마터호른 등반이 버킷리스트에 있었는데, 코로나로 보류중입니다.

Q. 끝으로 스탠리 제품을 포함해 본인이 가장 아끼는 장비가 있으면 소개해주세요

A. 스탠리 제품으로는 커피, 냉음료, 맥주용으로 막 쓰기 좋은 어드벤처 스태킹 파인트 473미리고요, 장비 중에서는 독일 핸드메이드 스키 쯔바이딩거 2세트(국내에 유일한 장비이며, 값을 매기기 어려울 정도다), 그리고 36년 전에 구입해서 지금도 쓰고 있는 일본 허밍버드사의 1세대 고어텍스 재킷입니다.

흰 포말의 두려움을 넘어서,
지리산카약학교 강호 교장

"모험은 나를 지탱하는 힘. 그 모험을 위해 카약을 탔으며, 이제 카약은 나의 인생이 되었다."

국내에서는 아주 생소한 급류 카약. 그 생경한 모험의 세계에서 꿋꿋하게 카약의 대중화를 위해 애쓰고 있는 이가 있으니 바로 지리산카약학교 강호 교장이다. 카약은 왠지 상류층 아웃도어 취미처럼 보이기도 하지만 그가 하는 급류 카약은 때로는 생과 사를 넘나들기도 한다. 체계적으로 교육받고, 지속적으로 훈련하지 않으면 죽음 너머로 떨어질 수도 있기 때문이다. 물론 강호 교장은 모든 사람들이 급류 카약을 즐겨야 한다고 고집하지 않는다. 그의 역할은 평범한 사람들이 새로운 경험, 새로운 도전을 할 수 있도록 하는 것이기 때문이다. 그 역할에 최선을 다하기 위해 그는 사람들과 지리산 계곡을 찾아가고, 때로는 남미 파타고니아의 협곡으로 모험을 떠나는 것이다.

Q. 급류 카약은 우리나라에서 좀 생소하고 매우 위험하게 느껴집니다.

간단하게 급류 카약에 대해서 소개해주세요.

A. 카약은 패들을 이용해 자유롭게 물길을 이동하기 위한 수단으로

서 시작되었고 혁신적인 디자인과 소재 그리고 패들링 기술과 모험

가들의 경험이 지속적으로 더해져 발전하고 있습니다. 수상환경을

기준으로 주로 바다에서 항해를 목적으로 하는 씨Sea 카약과 강을

내려가기 위한 급류White water 카약, 그리고 평수Flat water 또는 약간의

무빙 워터에서 특별한 훈련이 필요 없이 쉽게 즐길 수 있는 레크레이

션 카약으로 나누고 있습니다. 급류 카약은 강을 내려가면서 즐길 수

있는 아웃도어 액티비티이며 고강도 플라스틱 소재가 개발되면서 비

약적으로 발전을 거듭하고 있습니다. 강은 난이도에 따라 클래스가

1부터 5까지 나뉘며 숫자가 높아질수록 난이도도 높습니다. 이는 글

로벌 스탠다드이며 카약으로 강을 안전하게 내려가기 위해서는 단계

적인 접근이 필요하다는 뜻도 됩니다.

Q. 카약에도 여러 등급과 스타일이 있군요. 많은 아웃도어 활동이 있는데 굳이 카약에 매료된 계기가 있나요?

A. 전에는 산행을 취미로 삼던 평범한 직장인이었습니다. 우연한 계기로 카약을 알게 되었고, 용기를 내어 동호인 모임에 나가 패들을 잡고 물살을 가르며 카약에 앉았을 때 저는 왠지 모를 희열에 흥분했습니다. 그 느낌은 두려웠지만 성취감 있는 특별한 경험이었습니다. 대자연속에 카약을 탄다는 것은 일상에선 느낄 수 없는 특별한 경험이었고, 그날의 경험은 제 인생을 바꾼 계기가 되었습니다.

Q. 충분히 공감합니다. 누구에게나 그런 경험들이 있죠. 그럼 조금 경박한 질문을 드리겠습니다. 한마디로 돈벌이가 안 되는 카약에 몰두하면 가족들의 반대가 심할 텐데 어려움이 없었나요?

A. 카약에 빠져 살던 아빠이자 남편인 저는 카약을 통해 목표가 생기고 새로운 인생을 알아가면서 평범한 삶을 거부하기 시작한 것 같습니다. 결과적으로 정상적인 직장 생활을 할 수 없었고 그리고 시작한 작은 사업도 1년 만에 실패해 지갑에 만 원 한 장 없을 정도로 어려움이 있었습니다. 처음으로 경험하게 된 실패는 저와 우리 가족에게 큰 고통을 주었고 저는 새로운 인생의 방향을 결정해야만 했습니다. 주변 지인들에게 "제가 잘 할 수 있는 것이 무엇일까요?"라고 질

문했을 때 하나같이 똑같은 대답이었습니다. "너는 카약과 관련된 일을 해보는 것이 어떨까? 왜냐하면 너를 생각하면 카약이 생각나니까!" 저 자신도 몰랐던 저의 브랜드는 바로 카약이였던 것 같습니다. 그래서인지 저를 가장 잘 아는 가족들은 한 번도 반대하지 않았고 언제나 저를 응원해주었습니다.

Q. 우리나라에서는 아직 카약이 마이너 액티비티라고 할 수 있는데 앞으로 한국에서 카약 문화가 더욱 발전할 것으로 예상하시나요?

A. 결론적으로 말씀드리자면 더욱 더 발전할 것입니다. 관련 동호인들도 꾸준히 늘어나고 있고 상업적이긴 하지만 아웃도어 리더십에 바탕한 카약 학교들이 있기 때문입니다. 그럼에도 불구하고 한국의 카약 문화는 아직은 걸음마 단계라고 생각합니다. 제 개인적인 판단으로는 심플하지만 어려운 문제로서 카약 시장이 너무 작다는 것입니다. 그 작은 시장은 저변확대를 기대할 수 없으며 정부나 지자체 그리고 일반인의 기준에서 언제나 마이너일 수밖에는 없기 때문입니다. 그럼에도 불구하고 저는 그 작은 시장에서 지속가능한 카약 라이프를 살아가기 위해 노력할 것이며 저의 작은 활동이 카약 문화 발전에 도움이 될 수 있길 기대합니다.

Q. 잘 다니던 직장도 그만두고 해외로 카약 교육을 받으러 간 것으로 알고 있습니다. 어떤 교육과정을 수료하셨나요?

A. 앞서 말씀드렸듯이 카약학교를 세울 당시 사업 실패로 경제적으로 매우 어려웠습니다. 그 당시에 카약과 관련해 자신감이 충만했지만 제가 정말 잘하고 있는지, 우물 안의 개구리는 아닌지 궁금했고 선진 교육 시스템을 통해 저의 카약 능력을 확인해 보고 싶은 마음으로 마지막 남은 재산이었던 차를 팔고 카약커 형님들의 현금 도움과 현지 한국 카약커의 도움으로 영국으로 떠나게 되었습니다. 영국카누연맹 시스템 속에서 한국 카약커로서 제가 할 수 있는 것이 제한적이었지만 영국 카약학교의 코칭[1]을 통해 저의 카약 학교에 벤치마킹하겠다는 목표로 코스에 참가했습니다. 48일 동안 다양한 강을 여행할 수 있었던 영국 카약 여행은 카약 코치로서의 사명을 시작할 수 있는 강력한 영감을 주었으며 좋은 카약커가 되기 위해 어떻게 해야 하는지의 방향을 설정하는 계기가 되었습니다. 영국 카약 여행에 도움을 주신 여러분들께 다시 한 번 감사의 마음을 전합니다.

Q. 지금껏 가장 인상 깊었던 카야킹 경험을 소개해주세요.

A. 어드벤처 카약커로서 새로운 강에서의 여정은 흥미진진한 모험일 수 있지만 보이지 않는 물길을 내려간다는 것은 죽을 수도 있다고 느낄 만큼 위험하다는 것을 잘 압니다. 많은 카약 여행 중에서도 티베트의 건너편 은둔의 땅 무스탕에서 시작된 물길을 따라 내려가며

---

1 British Canoeing White Water Kayak Leader Training, White Water Kayak Leader Assessment, White Water Safety & Rescue By Gene17 Kayaking.

네팔의 중앙부터 동쪽의 세계 10대 급류를 가진 순쿠시 강Sunkushi river을 끝으로 580km 네팔의 물길을 횡단했던 한 달간의 여행, 그리고 미국 그랜드 캐니언을 따라 이어지는 콜로라도 강에서의 226마일 무보급 카약 캠핑 여행이 기억에 남습니다만 2015년부터 매년 저에게 가장 큰 카약 경험과 영감을 주는 곳은 칠레입니다. 특히 2019년 파타고니아의 물길을 찾아 떠난 홀로 여행은 'Solo Kayak Trip'이라는 타이틀로 안데스 산맥 오소르노Osorno 화산 지역의 페트로우에Rio Petrohué강을 시작으로 아름다운 해변이 있는 호르노피렌Hornopirén, 파타고니아에서도 오지로 속하는 코차모Cochomo, 그리고 안데스산맥의 빙하가 만들어내는 거대한 강이 있는 푸탈레우푸(Futaleufú-Big River를 의미하는 원주민 인디언 마푸체족의 언어로 세계 최대의 급류가 있는 강에 속함)까지 이동거리 4,500km의 길고도 짧은 이 카약 여행을 통

해 파타고니아라는 대자연속에서 현지 원주민들과 함께하며 평범한 일상을 살아가던 저에게 카약커로서의 저의 여정이 끝이 아닌 시작 이라고 느끼게 해준 최고의 경험이었습니다.

Q. 가장 애착을 가지고 운영하는 지리산카약학교는 어떤 과정으로 구성되어 있나요? 초보자도 참가할 수 있나요?

A. 지리산카약학교는 카약을 시작하는 데 필요한 기본 기술부터 카약 문화까지 전달하고자 노력하고 있습니다. 영국카누연맹 커리큘럼을 벤치마킹해 한국 실정에 맞게 단계적으로 디자인되어 있습니다. 카약과 관련된 모든 것을 서비스하며, 초급자도 아름다운 강에서 카약을 즐길 수 있습니다. 단계적인 접근은 리스크를 줄이면서 각자가 원하는 모험을 할 수 있는 가장 안전한 방법입니다.

Q. 카약을 한 번도 경험해보지 못한 분들께 카약의 세계로 입문하라고 한마디 권유하신다면?

A. 물에 대한 막연한 두려움과 카약이라는 생소함에 시작하기가 쉽지 않습니다만 카약은 자전거와 매우 유사합니다. 길이 있는 곳이면 사유지나 법으로 제한된 곳을 제외하고 자유롭게 다닐 수 있는 것처럼 카약은 아름다운 물길에서 패들을 가지고 자유롭게 즐길 수 있습니다. 대자연 속에서 카약에 앉아 있는 것만으로도 일상에서 느낄 수 없는 특별한 경험을 할 수 있고 그 경험은 반복적인 일상을 살아

가는 현대인들에게 큰 힘이 될 것입니다. 카약은 그렇게 대자연 속에 좀더 가깝게 갈 수 있도록 해주기 때문에 자연을 사랑하는 아웃도어 마니아들께 적극 권유드립니다.

Q. 끝으로 계획하고 계신 카약 프로젝트가 있나요?

A. 현재 코로나19의 상황으로 모든 것이 멈춰버렸고 제 계획 또한 예외는 아닙니다. 하지만 언제 어디서든 대자연의 강을 내려오는 제 모습을 상상하고 있으며 새로운 모험을 지속하기 위해 네팔과 일본 그리고 미국 그리고 칠레에서의 경험을 토대로 새로운 프로젝트를 구상 중입니다. 조금 바뀌는 것이 있다면 긴 여정보다는 강이나 폭포와 같이 목표를 정해 좀더 집중할 수 있는 효율적인 여정을 계획하려 합니다. 하지만 저의 궁극의 프로젝트는 가족과 함께 칠레를 종단하는 카약 로드 트립입니다. 세상에서 가장 긴 나라인 칠레의 산티아고를 시작으로 물길을 찾아 이동하면서 대자연이 만들어낸 최고의 자연을 가진 파타고니아까지 많은 원주민 속에서 각기 다른 지역 문화를 접하고 때론 불편함에 가족끼리 싸우기도 하겠지만 언제나 아빠와 남편을 기다리기만 했던 가족에게 저의 카약 라이프의 가치와 문화를 공유할 수 있는 모험을 하고자 합니다.

아웃도어 트렌드 세터,
베러위켄드 강선희 대표

아웃도어 씬에 새로운 바람이 불어오면 어김없이 그가 있다. 기획하고 주관하는 모든 행사 티켓은 1~2분 내에 매진된다. 아웃도어 마니아들의 광클릭을 '강요'하는 베러위켄드Betterweekend의 강선희 대표, 그는 아웃도어 트렌드 흐름의 인사이트가 누구보다 깊다. 그래서 그가 주도하는 웹 매거진 베러위켄드의 장비 리뷰와 콘텐츠는 깊은 신뢰를 받는다. 아마도 아웃도어 관련 레거시 미디어들이 가장 경계하는 인물일 것이다. 베러위켄드가 기획하고 주관하는 OTTOn The Trail는 한국 하이킹 문화의 정점에 있다. 화려한 브랜드 전시 부스와 요란한 이벤트 하나 없이도 참가자들은 함께 걷고 야영하며, 정보와 경험을 공유하고 하이킹 문화의 즐거움에 흠뻑 빠져든다. 여전히 뭔가 흥미로운 일을 꾸미고 있을 그에게 코로나 이후 달라진 아웃도어 환경에 대한 이야기를 들어본다.

Q. **다양한 스타일의 아웃도어 활동을 즐기는 것으로 알고 있습니다.**
아웃도어 마니아가 된 특별한 계기가 있나요?

A. 어린 시절 아버지는 텐트를 만들고 유통하는 사업을 하셨어요.
장비가 많다 보니 여름철에는 항상 캠핑을 다녔어요. 초등학교 때 까
진 아버지를 따라 등산을 거의 다녔고 고등학교 때는 등산부 활동을
했었는데 당시에는 용어를 몰랐지만 백패킹을 접한 건 그때가 처음이
었어요. 20대 중반까지는 또래들처럼 놀기 좋아하다가 캠핑을 하면
서 다시 아웃도어에 관심을 갖기 시작했고, 캠핑, 하이킹, 팩 래프팅,
바이크 패킹 등 주로 야영을 베이스로 다양한 액티비티를 즐기게 되
었어요. 엄청난 특이점은 없었지만 자라오면서 아웃도어 활동은 저에
게 지속적으로 좋은 영향을 주고 있었던 것 같아요. 무엇보다 밖에서
잠자는 것을 좋아하는 유전자를 가졌나 봅니다.

Q. 베러위켄드는 특히 경량 하이킹 문화 확산에 큰 역할을 하고 있습니다. 다양한 아웃도어 활동과 스타일 중에서 특별히 경량 하이킹이 가지는 매력은 무엇일까요?

A. 경량 하이킹은 환경에 가하는 충격을 최소화하고 가장 존중할 수 있는 방식이다, 가볍게 꾸린 배낭은 보다 멀리 걸으며 더 많은 것을 볼 수 있다, 이런 것들은 가장 기본적이고 중요한 부분입니다만 처음 경량 하이킹에 심취하게 된 것은 정말 심플했어요. 바로 비주얼적인 것이 가장 컸습니다. 저는 원래 스트리트 문화를 좋아했고 관련 분야에서 일을 하기도 했었습니다. 그래서 대중적인 것들보다 서브컬처를 좋아하고 관심이 많았어요. 해외에서 행해지는 경량 하이킹을 보면서 유사함을 많이 느꼈죠. '와 이거 정말 근사하고 멋지다'. 그리고 일반적인 백패킹에 비해 경량 하이킹은 개성을 표출하기에 더 좋은 방식이라고 생각했습니다. 저는 제가 하는 일이 합리적 내지는 실용적이고, 멋있고, 재미있어야 된다고 생각해요. 장비의 선택에 있어서도 우선시 되는 것들인데, 경량 하이킹 역시 이 모든 부분을 충족시킵니다. 참 매력 있죠.

Q. 개인의 개성을 잘 표현할 수 있는 서브컬처로서의 경량 하이킹 매력이 아마도 젊은 세대들에게 어필하지 않았나 합니다. 베러위켄드가 기획하고 주관하는 이벤트는 특히 젊은 세대들에게 인기가 높고 티켓 구하기가 어렵다고 원성이 자자합니다. 특별한 비결이 있을까요?

A. 저희가 진행하는 이벤트가 티켓팅이 어려운 이유는 우선 인원 제약이 크기 때문인 것 같아요. OTT의 경우 야영 장소의 수용 능력이 참가 총 인원을 결정하게 되는데, 대부분의 장소가 많은 인원이 함께하는 데 어려움이 있습니다. 또 비결이라면 저희의 방향성을 지지해 주시는 분들이 점점 많아지고 있어서 그런 게 아닐까 합니다. OTT라는 하이킹 이벤트를 기획하면서 초창기에는 다양한 시도와 시행착오가 있었어요. 그러면서 얻은 결론은 '걷는 것 자체가 콘텐츠가 되어야 한다'였어요. 부수적인 것들보다 걷는 시간 동안 재미를 느꼈으면 하는 마음으로 만들어왔는데, 우리가 추구하는 본질적인 것을 즐기는 분들이 많아졌기 때문에 이벤트의 인기도 높아졌다고 생각을 하고 있습니다. 문화가 단단해져가고 있다고나 할까요?

Q. 이것저것 다 욕심을 부리면 결국 죽도 밥도 안 된다는 교훈이기도 하네요. 베러위켄드의 웹 사이트 구성이나 각종 B.I를 보면 단순미와 일관된 감각이 돋보입니다. 디자인을 전공했거나, 특출한 디자이너와 협업하고 있습니까?

A. 베러위켄드나 OTT와 관련된 그래픽 디자인 작업은 모두 제가 하고 있습니다. 제 외모에서는 절대 상상할 수 없다며 놀라시는 분들도 간혹 있습니다. 디자인 전공은 아닌데 고등학교 시절부터 포토샵이나 일러스트레이터로 무언가를 그리고 편집하는 것을 좋아했어요. 그런 계기로 그래픽 디자인, 웹 디자인, 웹 프로그램 개발 등을 직업으로 삼기도 했었습니다. 덕분에 시대에 뒤떨어지지 않고 빠르게 대응하고 있기도 합니다.

Q. 베러위켄드의 비즈니스 모델이 궁금합니다. '영업 비밀'이 아니라면 어떤 구조로 운영하고 있나요? 해외를 포함해 롤 모델이 있다면?

A. 딱히 영업 비밀이랄 것은 없고요. 비즈니스 모델은 웹 매거진이기 때문에 우선 유가 콘텐츠가 있습니다. 쉽게 이야기해서 브랜드의 제품 홍보를 목적으로 하는 콘텐츠 제작입니다. 그리고 베러위켄드 스토어가 있습니다. 현재는 온라인 쇼핑몰로만 운영 중인데, 이곳에서는 하이킹 관련 제품과 베러위켄드 오리지널 굿즈, 협업 아이템 등 익스클루시브 제품을 위주로 판매하고 있습니다. 그리고 마지막으로는 OTT 하이킹 이벤트가 있겠네요. 롤 모델 같은 경우는 예전에는 해

외의 몇몇 매체들이 있었는데 지금은 특별히 없는 것 같아요. 딱딱 체계적인 플랜으로 돌아가는 곳은 아니라서 그냥 그때그때 할 수 있는 것을 잘 하려고 하고 있습니다.

Q. 해마다 OTT를 기획하고 주관하는 베러위켄드도 코로나 이후 변화된 환경 탓에 여러 가지 고심이 있을 것 같습니다. 많은 사람들이 OTT에 대해서도 궁금해 할 것 같습니다. 중장기적으로 특별히 준비하는 게 있나요?

A. 코로나 유행 초반에는 말 그대로 유행처럼 지날 갈 것으로 가볍게 생각했었어요. OTT는 1년 중 상반기, 하반기 두 번 개최하는데 올해 상반기는 못하겠구나 정도로 말이죠. 하반기 OTT는 보통 7월부터 본격적인 준비가 시작되지만 이번에는 시간적인 여유가 있다 보니 코스의 경우 일찍 확정이 되었어요. 어느 때보다 느긋했는데, 그러던 와중에 8월 집회를 기점으로 다시 집단 감염이 시작되었죠. 사회적 거리두기 2.5단계를 겪으며 든 생각은 '아 이제는 정말 예전과 같지 않구나'라는 걸 깨달았어요. 시대가 이러하다면 시대에 맞는 것을 하는 게 맞겠다는 생각으로 논커넥트Non-Connect 형식의 OTT도 기획하고 있습니다. 이런 시대를 예견한 것은 아니지만 작년 OTT부터 GPS 인증 방식 프로그램을 개발해서 사용했었는데, 이것을 활용한 비대면 이벤트로 진행할 예정입니다. 오프라인 이벤트라는 것이 참가자들 간의 커뮤니티 역할을 하는 것도 큰데 그것을 못하니 전의 이벤

트보다 재미와 감동적인 부분이 덜 하겠지만 가만히 있기보다는 할 수 있는 것을 하자는 생각으로 뉴노멀을 만들어야겠다는 생각으로 임하고 있습니다

Q. 포스트 코로나 환경에서 새로운 모델을 시도한다고 하니 기대가 큽니다. 한국 아웃도어 시장에 대해서도 하고 싶은 이야기가 있을 것 같습니다. 10여 년 전 오토캠핑을 중심으로 아웃도어 시장이 극성수기를 맞았고, 재벌급 브랜드들 중심으로 한 해 매출이 7조를 육박했습니다. 그 후 조정국면을 거치다가 코로나 사태 이후 해외여행이 거의 봉쇄되다시피 하면서 국내 아웃도어 시장이 안정국면에 들어선 게 아닌가 하는데, 한국 아웃도어 시장에서 가장 아쉬운 점은 무엇일까요?

A. 5~6년 전 정점을 찍었던 한국의 아웃도어 시장은 코로나 전까지 계속 좋지 못한 상황으로 흐르고 있었습니다. 코로나 바이러스의 창궐은 세계적인 유행으로 안 좋은 상황이 계속되고 있지만 유독 국내 아웃도어 시장에서는 엄청난 호재로 작용하면서 다시 호황이라고 하죠. 저는 안정 국면이라기보다는 일시적인 현상으로 보고 있습니다. 실내 활동이 제한되니까 야외로 나가는 단순 상황으로 말이죠. 코로나라는 이슈가 없었으면 이렇게 극단적으로 상황으로 바뀔 리가 없으니까요. 코로나가 장기화된다고 하면 경제는 침체되고 소비는 위축될 것이기 때문에 결국 아웃도어 시장에도 영향을 줄 것입니다. 언제다시 쏙 빠져나갈지 모르죠. 우리나라의 아웃도어 시장은 이렇게 유

입된 사람들을 계속 끌어안을 수 있을까요? 전 브랜드의 역할 중에 문화를 리딩해주는 것이 크다고 생각을 하거든요. 하지만 말씀하신 대부분의 재벌급 국내 브랜드들은 예전이나 지금이나 크게 달라진 것이 없습니다. 여전히 트렌드만 쫓아 해외 브랜드의 제품을 짜깁기 한 카피 제품만 내놓고, 연예인 마케팅에 열중하고 있죠. 파타고니아 같은 철학을 가지라는 것이 아닙니다. 단순히 유행하는 스타일의 옷 만 팔려고 하지 말고 아웃도어를 즐기는 사용자들의 입장에서 생각 하고 정말 필요한 제품들을 개발하려고 노력을 해야 한다는 거예요. 유행보단 본질적인 것을 쫓고 문화에 대한 존경이 있었으면 합니다.

Q. 끝으로 본인이 가장 아끼는 장비가 있으면 소개해주세요.

A. 생각해보지 못했던 부분인데요. 특별히 아끼는 장비라⋯ 딱히 없 는 것 같습니다. 아무래도 다양한 장비를 사용하고 소비하는 것이 일 이다 보니 그런 것 같아요. 어떻게 보면 제 직업의 단점일 수도 있겠 다는 생각이 듭니다. 아끼는 장비는 없지만 가장 좋아하는 카테고리 는 신발입니다. 좋은 신발은 좋은 곳으로 데려 간다고나 할까요? 걷 는 것에 있어 가장 중요한 부분이기도 하고 다양한 신발을 신어보며 비교하는 것을 참 좋아해요.

MYOG의 전도사,
백패킹 장비 DIYer 이태한

장비 덕후들의 최고 경지는 MYOG이다. 대량생산의 획일적인 스타일에 식상한 사람들이 MYOG에 열광하고 있다. 세상 모든 장비를 다 소유하고 있어도 만족할 수 없는 사람들, 혹은 지갑을 여는 아주 간단한 프로세스가 아니라 직접 그리고, 자르고, 붙이는 어찌 보면 번거로울 수 있으나 그 과정 자체를 즐기는 이들의 고급스러운 취미다. 약간은 허술해도 자신이 직접 만든 장비를 들고 산으로 가는 일은 에베레스트 정상에 선 것만큼이나 큰 성취감을 안겨준다.

DIYer 이태한은 이제 취미의 수준을 넘어서서 많은 장비 덕후들의 MYOG 에반젤리스트 역할을 하고 있다. 마이너 리그에서 불철주야 칼을 갈고 있는 그를 만나서 도대체 무슨 생각으로, 무엇을 만들고 있는지 물어보았다. 그의 빅 리그를 기대하며.

Q. 하이킹 씬에서 나름 유명세를 타고 있습니다. 장비를 직접 만들기 시작한 것은 언제부터인가요?

A. 평소 만들 수 있는 것은 직접 만들어 쓰려는 습관이 있었는데, 백패킹 장비를 직접 만들기 시작한 것은 2018년 봄부터였습니다. 꽤 오래 되었다고 생각했는데 이제 겨우 2년 조금 넘었네요. 처음에는 기존에 사용하던 제품을 튜닝하면서 시작했고, 파우치 같은 소품은 직접 만들어보다가, 본격적으로 많은 시간과 돈을 쏟아붓기 시작한 것은 해외 인디브랜드의 텐트를 구입하면서 부터였습니다. 오매불망 기다렸건만 배송 사고로 인해서 주문한 지 3개월이 지나서야 받아보게 되었는데, 텐트를 피칭하면서 예상치 않은 제작 욕구가 일어났습니다.

그동안 사용해온 대량 생산 제품의 높은 완성도와 마감 처리를 기대하지 않았지만 인디 브랜드 제품은 개발자들의 고민과 제작 과정을 엿볼 수 있었어요. 텐트 안에 누워 있다 보면 '아 여기는 이렇게 했구나' 자꾸 생각하게 만들었죠. 나쁘게 말하면 완성도가 떨어진다고 할 수도 있겠지만, 그건 제게 별로 중요한 문제가 아니었어요. '이 정도 만들면 어지간하게 사용할 수는 있겠구나!' 하는 자신감 혹은 건방짐으로 주저 없이 텐트를 만들기 시작했습니다. 그렇게 처음 만든 녀석을 가지고 테스트도 없이 5박 6일 백패킹을 떠났는데, 간밤에 와르르 무너지는 등 갖은 굴욕을 맛보았고, 이왕 하는 거 더 잘 해봐야겠다는 의지를 갖게 되었습니다.

Q. 장비 덕후들은 누구나 그런 비슷한 경험을 하는 것 같습니다. 그럼 원래 전공이 디자인이나 섬유공학 이런 쪽인가요?

A. 저는 원래 그림을 그리는 사람입니다. 뭐 화가라고 할 수 있죠. 직업 화가로서 제대로 이름을 알리지는 못했지만, 그땐 정말 열심히 했었죠. 그림을 그만둔 이후에 나름 다양한 일을 해왔는데, 그림은 항상 자양분이 되었기에 지금은 미련이 없고 어렸을 적 좋은 경험이라 생각합니다.

어떤 제품을 디자인할 때, 그동안 보아온 제품들로부터 영향을 받지 않을 수 없는데, 사전에 리서치를 한다면 리서치의 목적이 무엇인지, 무엇을 하고 무엇을 하지 말아야 하는지, 기능이 디자인을 해치려 할 때 또 그 반대의 경우 어떻게 균형을 잡아야 할지 등에 대한 결정은 상당 부분 미술을 하면서 체득한 경험에 의해 이뤄지는 경우가 많습니다.

Q. 해외의 많은 인디펜던트 브랜드들도 처음에는 개인 공방처럼 시작했다가 본격적인 비즈니스를 시작한 사례가 많습니다. 텐트를 기대하는 반응도 뜨겁습니다. 이미 몇 가지 프로토타입은 SNS에 공개한 것으로 알고 있고요. 사람들은 언제쯤 당신의 텐트를 구할 수 있을까요?

A. 주변 사람들로부터 빨리 자기 브랜드를 만들라는 말을 많이 들어왔습니다. 그럴 때마다 저는 텐트는 집이고, 집은 안전을 담보해야 하기에 아직 경험과 연구가 많이 필요하다고 말해왔습니다. 이건 결코 겸손 코스프레가 아니에요. 그동안 개발하고 테스트하고 실패하면서 자연스럽게 생긴 보수적인 관점입니다. 최근에 만든 텐트가 16번째인데요, 15번째보다는 분명 향상되었고, 17번째에 더 개선해야 할 것들을 이미 노트해두고 있기 때문에, 그 격차가 줄어들 때까지 서두르지 않으려 합니다. 대략 2년 내에 라인업을 갖추어 시작해보는 꿈을 꾸고 있습니다.

Q. 혹시 영감을 받은 브랜드나 개발자, 혹은 제품이 있나요?

A. Zpacks, Tarptent, HMG, Locus, Mikikurota, MMCM… 영감을 주는 제품들은 대부분 인디 브랜드이며, 많은 사람들이 지나치게 좋아하기도 하고 지나치게 폄하하기도 하죠. 초경량을 지향해 다이

니마 원단을 주로 사용하는 점이 비슷한데요, 원단에 대한 평가가 제품에 대한 평가로 직결되기도 합니다. 이 원단이 과연 텐트 재료로서 적합한가에 대해서 저도 많은 고민을 하고 있습니다. 그리고 그 결론을 쉽게 내릴 수 없는 점도 참 재미있어요. 나일론이나 폴리 원단과 비교할 수 없을 만큼 성질이 워낙 다르기 때문에 장점이 곧 단점이기도 하고 단점이 곧 장점인 측면도 있죠. 가격이 워낙 비싸서 예상만큼 효과를 발하지 못할 때에는 반발심이 들 수도 있고요. 그런데 소규모 브랜드나 MYOGer들이 이 원단을 선호하는 이유가 있지 않나 생각해요. 초경량의 고품질 나일론이나 폴리 원단은 소량 구하는 것이 아주 힘들거나 공급이 불안정합니다. 반면 다이니마는 가격이 걸림돌이지만, 품질은 말할 것 없고 안정적으로 운영되는 공급처들이 있기 때문에, 그저 그런 평범한 소재를 사용하기 보다는 가격이 높더라도 하이엔드를 선택하는 것이 아닌가 싶습니다. 그래서 질문에 대한 정확한 답변은 특정한 브랜드의 제품보다는 다이니마 원단의 성애자라고 할 수 있겠네요. 하하하.

Q. DCF, 이전 명칭으로는 큐벤 원단은 호불호가 분명한 소재이긴 하죠. 봉제뿐 아니라 제품 스케치, 도면 작성, 패턴 제작 등을 다하고 있는 것으로 알고 있습니다. 주로 사용하는 소프트웨어는 무엇인가요?

A. 실제로 현장에서는 어떤 프로그램을 사용하는지 전혀 모릅니다. 그저 조금씩 다룰 줄 아는 프로그램을 적절하게 활용하고 있습니다. 아키텍처 모델링은 SketchUp, 패턴과 하드웨어 모델링은 Fusion360, 스케치는 Procreate를 주로 사용합니다. 미싱은 싱거 가정용으로 시작해서 부라더 준공업용을 거쳐 현재 부라더 7300a와 주끼 8000a를 사용하고 있습니다.

Q. MYOG에 입문하려는 이들에게 무엇부터 시작해야 하는지 한마디 조언을 하신다면?

A. 대부분 처음에는 파우치를 만들어요. 저도 그랬고요. 좀더 나아가면 지갑, 보틀 파우치, 크로스백, 그리고 기존 어떤 장비들을 위한 케이스, 케이스, 케이스… 이 굴레에서 벗어나지 못하고 익숙해진 것을 반복하는 분들을 많이 보게 됩니다. 그 정도 되면 주변 사람들이 나도 하나 만들어달라 하겠죠? 그럼 더 그 굴레에서 벗어나지 못하

게 되는 것 같아요. 저도 처음에는 몇 가지를 사람들에게 선물하곤 했는데, 이게 그저 당신을 응원하는, 그냥 하는 말일 수 있다는 점을 간과하지 마세요. 사람들의 지나친 칭찬을 자꾸 의식하게 될 수도, 자칫 상처를 받을 수도 있더라고요. 그리고 백팩, 침낭, 텐트는 특별한 장비를 가진 남다른 기술자만이 할 수 있는 게 아니에요. 가벼운 마음으로 시작하되 그 과정을 즐기는 것이 MYOG의 진정한 의미가 아닌가 싶습니다. MYOG는 장비의 소중함을 깨닫게 하고, 걷는 즐거움을 배가시킵니다.

Q. 아직 제작한 장비들을 판매하고 있지는 않은데 경제적인 문제는 어떻게 해결하고 있나요?

A. 저는 현재 15년 경력의 웹 개발자입니다. 앞서 말씀드렸듯이 원래 저는 미술계 종사자였는데, 꽤 다른 종류의 일에 오히려 매력을 느껴서 푹 빠져 살아왔습니다. 기획, 디자인, 코딩, 관리 모두 혼자 하고 있어요. 이런 일을 혼자 하다 보면 외롭고 힘들 때도 많지만 시간과 공간의 제약을 받지 않고 일할 수 있다는 점에서 이 길을 선택했고, 만족하며 살아왔습니다. 지금은 인생 3막을 위해서 새로운 일은 더 받아들이지 않고 기존에 관리하던 웹사이트들의 유지보수만을 하고 있습니다.

Q. 인생 3막이 기대됩니다. 결과물만을 보면 개발 과정의 어려움은 잘

드러나지 않습니다. 장비의 개발과 샘플 제작 과정에서 가장 어려운 점은 무엇인가요?

A. 처음엔 재료 구하는 일이 매우 막연했습니다. 최고 사양의 텐트 원단과 뼈대가 모두 한국산이지만, 저 같은 개인에게는 그림의 떡이더군요. 하지만 지금은 그렇지 않아요. 궁즉통이라고, 찾고 또 찾다보니 오히려 공부도 많이 하게 되었고, 문제해결 능력이 높아지고 있으며, 대안 혹은 더 나은 재료를 찾아내기도 했습니다. 그리고 이러한 사정을 잘 아는 회사들이 아무런 대가 없이 재료를 제공해주기도 했고요. 그리고 구할 수 없는 부속품은 3D프린트로 만들기도 했습니다. 평소 관심도 없던 분야였지만 이를 위해 3D 엔지니어 모델링을 학습했죠. 프린트한 부속품은 내구성 문제가 있지만, 디자인을 직접 구현해볼 수 있다는 것만으로 만족했습니다. 텐트의 경우 극한의 상황에서 다양한 테스트를 해야 하다 보니 날씨가 나쁠 때 백패킹을 떠나는 일이 잦아졌어요. 힘들지만 재미있는 일이에요.

Q. MYOG 정보와 제작 기법 등을 공유하고 있는데, 이렇게 MYOG 에반젤리스트 역할을 하는 이유는?

A. 어떤 역할을 하려고 특별히 노력하고 있지 않습니다. 정보를 공유하거나 누군가를 가르치거나 하는 일에 관심이 거의 없고 그런 일에 흥미를 갖지 못하는 스타일입니다. 인스타그램에 종종 제작 과정을 올렸는데 결과적으로 정보 공유가 되어 어떤 분들에게 도움이 되

었을 수는 있겠죠. 작년에 파주의 어느 공원에서 텐트를 피칭하고 태풍 '링링'을 기다리며 인스타그램에 사진도 한 장 올렸어요. 본격적으로 비바람이 몰아치자 텐트가 들썩들썩 거리며 다 망가져버릴 것 같아 불안한데 그 상황이 너무나 짜릿한 거예요. 오로지 나만 느끼는 고생스런 성취감이랄까? 희열이랄까? 그 전에도 혼자 이런 식의 테스트를 많이 해왔지만, 제가 뒤늦게 SNS를 시작하면서 이런 일을 하는 사람도 있다는 것을 많은 분들이 보게 된 거죠. 응원과 걱정이 많았고 큰 위로가 되었어요. 그래서 이런 경험을 공유해보고 싶다는 생각이 비로소 들었어요. 그때부터 SNS로 친분을 쌓은 몇몇 분들과 정보를 공유하고 있고, 제품을 완성하면 필드테스트를 목적으로 하는 하이킹을 함께하고 있습니다.

Q. 의도하지 않았지만 일종의 교감을 나눈 셈이네요. 끝으로 본인이 개발한 장비 중 가장 애착이 가는 것은 무엇인가요? 그 이유도 알고 싶습니다.

A. 지금은 해체되어 존재하지 않지만, 애증의 두 번째 텐트가 생각납니다. 이 텐트를 가지고 많은 곳을 돌아다녔고 수없이 많은 개선의 과정을 거쳤는데, 어느 날 아침 제 부주의로 인해 텐트에 화재가 발생했어요. 전실(다이니마 원단)과 바닥이 순식간에 녹아 내렸고 그게 얼굴에 옮겨 붙으면서 화상을 입게 되었습니다. 응급조치와 후속치료는 잘 되었지만, 이 일이 트라우마가 될까 걱정스러웠습니다. 그래서

이를 극복하고자 몇 주 후에 텐트를 복원해 바로 그 자리에서 화기 없이 야영을 하고 못다한 트레킹을 이어갔습니다. 그렇다고 해서 텐트를 만들 때 특별히 화재에 대비하는 것은 아니지만, 텐트는 집이고, 집은 안전을 담보해야 한다는 생각이 커지게 된 것 같습니다.

빛나는 시에라 산맥
JMT 종주기

사회가 말할 때 만인이 듣고, 산이 말할 때 현자가 듣는다.
Society speaks and all men listen, mountains speak and wise men listen
— 존 뮤어

빛나는 산맥
하이시에라의 품

존 뮤어 트레일(이하 JMT)[1]은 길이 344km에 달하는 미국 캘리포니아의 장거리 트레일이다. 자연주의자이자 요세미티의 환경 보호를 위해 한평생을 바친 존 뮤어를 기리기 위해 지어진 이름이다. JMT는 요세미티에서 출발해 미국 본토에서 가장 높은 휘트니 산(4,421m)까지 이어진다. 이 트레일은 미국 서부의 험준한 산맥인 하이 시에라의 깊은 산속으로 이어진다. 대부분의 트레일 구간이 2,400m 이상 고지대로 이어지며, 3,300m 이상의 패스[2]가 여섯 개나 되는데 그만큼 광활한 장관을 보여준다. 존 뮤어는 하이 시에라를 빛의 산맥Range of light이라고 불렀다. 때로는 거칠고, 때로는 혹독하지만 감히 지구에서 가장 아름다운 트레일이라고 할 수 있다. JMT에 관한 정보를 요약하면 다음과 같다.

1 John Muir Trail. 이 책에서는 한글 전체 이름인 '존 뮤어 트레일'과 영어 약자 표기인 'JMT'를 문맥에 따라 혼용한다.
2 Pass. 트레일 상에서 산과 산이 만나는 고개를 패스라고 한다. 산 정상 등정을 목표로 하지 않는 하이킹 트레일은 패스를 통해 높은 산맥을 넘어서 이어진다.

트레일 전체 길이: 343.9km

시작 지점: 요세미티 밸리의 해피 아일Happy Isles

종료 지점: 휘트니 산 정상

고도 변화: 14,000m

최고 지점: 마운트 휘트니, 4,421m (14,505 피트)

트레일 난이도: 보통 수준 및 일부 구간은 높은 수준

하이킹 최적기: 7~9월

시에라 네바다를 한눈에

2011년 8월 13일 요세미티 밸리 하이킹과 캠핑을 마치고 JMT 퍼밋을 받은 투올러미 메도우Tuolumne Meadows로 이동하기 위해 티 오가 도로Tioga road로 들어섰다. 요세미티 밸리에서 출발하는 JMT

종주는 매우 인기가 높아서 퍼밋을 받기가 여간 어렵지 않다. 그 대안으로 요세미티 구간을 섹션 하이킹으로 다녀온 후 상대적으로 퍼밋을 받기가 쉬운 투올러미에서 출발하는 종주 퍼밋을 받았다. 시에라 네바다 산맥을 관통하는 캘리포니아 120번 도로를 티오가 도로라고 부르는데 요세미티 인근에서 가장 아름다운 도로다. 요세미티 국립공원을 동서로 관통하는 도로로서 10,000ft 이상 되는 고도에서 내려다보이는 풍광은 천상을 지나는 도로라고 해야 할 것 같다. 티오가 도로를 거쳐 투올러미로 가는 길은 생각보다 멀었다.

지나는 길에는 화이트 울프White Wolf 캠프그라운드, 요세미티 크릭Yesemite Creek 캠프그라운드 등이 있으며, 멀리 요세미티 계곡의 속살과 하프돔의 뒷모습을 볼 수 있는 전망대인 옴스테드 전망대 Olmsted Point도 지난다. 옴스테드는 현대도시공원의 창시자이며, 조경기술자이기도 한데 요세미티의 자연환경을 지키려고 노력했던 그를 기리며 전망대 이름을 지은 것이다. 티오가 도로는 겨울에는 폐쇄되는데 가끔 6월에도 눈이 내려 길이 일시적으로 통제되기도 한다.

구비구비 길을 돌아 투올러미에 들어서자 지금까지와는 또 다른 풍경이 눈에 들어온다. 요세미티 입구는 마치 설악산 소공원의 느낌이라면 이곳은 설악산 용대리나 십이선녀탕 입구인 남교리 같은 느낌이다. 우선 남녀노소 암벽등반을 즐기는 사람들이 많다. 투올러미 일대에는 다양한 암질과 스타일의 크고 작은 암장들이 많이 개척되어 있다.

드넓게 펼쳐진 초원에는 사슴들이 아무렇지 않게 사람들을 쳐다보면 풀을 뜯고 있다. 사람이 사슴인 듯, 사슴이 사람인 듯 그렇게 공존한다. 푸른 초원 위로 점점이 피어난 들꽃과 짙은 소나무 숲, 그리고 더 멀리 우뚝 솟아오른 봉우리들, 발치 앞 작은 돌멩이 하나까지도 놀랍지 않은 것이 없다.

윌더너스 센터에서 퍼밋 받기

　JMT 종주 퍼밋은 트레일 입장일로부터 6개월 전부터 신청을 받고 있다. 퍼밋을 받으면 퍼밋 ID를 발급해주는데 이는 퍼밋 그 자체는 아니다. 트레일 입구에 있는 윌더너스 센터Wilderness Center 에서 정식 퍼밋을 받아야 한다. 예약이 되어 있다면 퍼밋 ID와 몇 가지 신상 정보만 확인한 후 바로 퍼밋을 발급해주었다. 윌더너스의 레인저들은 매우 친절했으며, 백패커로서의 어떤 유대감 같은 것이 느껴졌다. 안전을 당부하며 트레일의 난이도, 소요시간, 적설 여부 등을 상세하게 알려주었다. 특히 존뮤어 트레일 종주자들에게는 "Good luck!"을 잊지 않았다.

1일차 - 마침내 JMT 트레일 헤드에 들어서다

퍼밋 발급, 장비 점검, 배낭 정리 등을 마치니 어느덧 오후가 되었다. 오후 1시 40분 마침내 길을 나섰다. 배낭이 무겁다. 총 2주간의 일정 중 8일간은 식량을 보급 받을 수 없어서 8일치의 식량을 포함한 배낭 무게는 약 22kg 정도였다. 나는 당시까지만 해도 경량 하이킹 방법론에 대해서 체계적으로 이해하지 못한 상태였고 관련 장비도 국내에서는 구할 수가 없었다.

초원 위로 가늘지만 길게 뻗은 트레일을 한 발 한 발 걸어가며 나는 JMT에 몰입하기 시작했다. JMT 종주자들이 지켜야 할 수칙 중에는 지름길을 만들지 않는다는 것이 포함되어 있다. 사람의 발길이 닿는 그 순간부터 자연을 상처를 입기 시작한다. 그 생채기를 최소화하기 위해서 가늘지만 길게 이어진 단 하나의 트레일만을 허락하고 있는 것이다. 기품 있는 소나무를 배경으로 드넓은 초원이 펼쳐지고 거기 맑은 계곡물이 햇빛에 반짝이며 흐른다. 마치 달력 사진 속으로 내가 들어와 있는 느낌이었다. 그렇게 달력 사진 풍경 속을 3시간 남짓을 걸었을까, 오후 5시경 첫날의 일정은 워밍업 정도로 마쳤다. 첫날의 운행거리는 총 10.6km. 계곡으로부터 30m 정도 떨어진 곳에 텐트 4~5동을 설치할 수 있는 제법 넓은 캠프그라운드를 발견했고, 첫날은 여기서 야영하기로 했다.

여섯 명의 학생과 그들을 인솔한 교사 한 명이 이미 야영 준비를 마치고 파이어 링3링에 모닥불을 지피고 있었다. 그들은 달려드는 모기에 아랑곳하지 않고 책을 읽거나 모닥불 주위에 앉아 카드놀이를 했다. JMT에서의 첫 날 밤은 이렇게 놀라움과 설렘이 교차하면서 저물어갔다.

1일차 8월 13일 운행 요약
운행 시간: 13:40~17:00
운행 구간: 투올러미 메도우~에블린 레이크 갈림길
운행 거리: 10.6km
총 운행 거리: 10.6km
야영 지점: 에블린 레이크Evelyn Lake 갈림길
좌표: 37° 49.565′N 119° 16.776′W
고도: 2,720m

2일차 – 곰에게 식량을 뺏기다

곰통이 개발된 후 요세미티를 포함하여 JMT 전 구간에서는 모든 음식물을 곰통에 넣어 보관하도록 규정하고 있다. 곰통을 가져가지 않으면 벌금을 물거나 트레일에서 쫓겨날 수도 있다. 이는 곰으로부터 사람을 보호하는 것이기도 하지만, 곰의 야생성을 훼손하지 말아야 한다는 취지이기도 하다. 실제 국립공원 내에서

---

3 야영지에서 모닥불을 피울 수 있도록 둥그렇게 돌을 쌓아놓은 것을 파이어 링(fiver ring)이라고 한다. 이는 모닥불이 확산되는 것을 막기 위함도 있지만 만들어 놓은 파이어 링에서만 불을 피우라는 뜻이기도 하다. 모닥불은 지표면의 식생을 심각하게 훼손하기 때문이다. 모닥불이 허용된 야영지라고 해서 함부로 새로운 파이어 링을 만드는 것도 삼가야 한다.

야생동물에게 먹이를 주는 행위는 범법행위로 규정하고 있으며, 강제 퇴장당할 수 있다.

첫날이다 보니 식량과 행동식 등이 많았던 나는 곰통에 다 들어가지 않는 식량을 주머니에 담아 나뭇가지에 매달고 잠들었다.[4] 이는 곰이 출몰하는 지역에서 오래전부터 이용하던 방법이지만 곰통이 나온 이후에는 거의 사용하지 않는다. 나는 방심했다.

이튿날, 아직 해가 뜨기 전인 5시 30분쯤 기상해서 JMT에서 첫 번째 아침을 맞게 되었다. 그날의 컨디션과 일정 계획에 따라 다르겠지만 보통은 6시에 기상해 식사 후 7시 정도에 출발한다. 눈을 비비고 쉘터 밖으로 나와 식사 준비를 위해 곰통을 놔둔 나무 밑으로 가보았다. 가지런히 쌓아둔 곰통이 여기저기 뒹굴고 있었다. 곰이 다녀 간 게 분명했지만 곰은 곰통을 열지는 못했다. 순간 나뭇가지에 걸어둔 나머지 식량이 걱정되었다.

당했다! 베어 백을 매단 나뭇가지가 부러져 있었고, 주변에는 초콜릿, 파워젤, 마른 과일, 견과류 봉지 등이 찢어진 주머니와 함께 처참하게 나뒹굴고 있었다. 순간 눈앞이 캄캄해졌다. 첫날부터 예상치 못한 봉변을 당한 것이다. 곰통에 모든 음식을 넣어야 한다는 수칙을 잘 알고 있었지만 첫날이라 식량이 많았고, 3~4m

---

4 베어 백(Bear bag). 곰이 먹지 못하도록 먹을 것은 나뭇가지에 매달기 위한 주머니. 식량 주머니를 나뭇가지에 매다는 것을 bear bag hanging이라고도 하는데 요세미티에서는 베어 백 대신에 곰통을 가져가야 한다.

높이에 매단 음식물을 이렇게까지 깨끗하게 먹어치울 줄이야. 미처 예상하지 못했던 것이다.

첫날부터 행동식과 비상식량이 모두 없어져 나머지 일정을 운행하는 것도 걱정스러웠지만 정말 곰이 야영장까지 내려와 음식물을 가져간다는 사실이 순간 무섭기도 했다. 곰은 언제 어디서나 마주칠 수 있다! 잠시 혼란스러웠지만 다른 방법이 없었다. 다시 내려가 행동식과 비상식량을 구입하고 올라오려면 꼬박 하루 반나절 일정이 더 필요했다. 나는 조금 배가 고프더라도 예정대로 계속 걷기로 결정했다. 그런데 문제는 곰이 '남기고' 간 쓰레기들이었다. 가져가려면 쓰레기까지 몽땅 가져갈 것이지… 투덜거렸지만 어쩔 도리가 없었다. 곰이 남긴 쓰레기를 모두 수거하여 커다란 주머니에 담고 다음 식량 보급지까지 배낭에 넣고 가는 수밖에는 없었다. 중간에 쓰레기통이 있을 리는 없었다.

JMT는 보통 북쪽 출발점인 요세미티에서 출발하는데 3,000m가 넘는 첫 번째 고개인 도너휴 패스(Donohue Pass, 3,370m)가 첫 번째 관문이 된다. 3,000m는 일반인들에게 고소 증상이 나타날 수 있는 고도이며, JMT에서는 처음 넘어야 하는 3,000m 이상의 고개이기 때문이다. 도너휴 패스를 올라가는 길은 JMT의 모든 고갯길이 그렇듯 스위치 백[5]으로 지그재그식 오르막길이다. 처음 만나는 3,000m 이상의 고지대인데다 처음 만나는 본격적인 오르

막이라서 쉽지는 않은 구간이다.

도너휴 패스를 넘을 때 친구와 함께 JMT 종주에 나선 제시카를 만났다. 그녀의 친구는 맴머스 시티Mammoth city까지만 동행하고, 제시카는 마저 완주할 예정이었다. 그녀는 대단히 인상깊은 하이커였다. 그녀의 배낭은 12kg 남짓이었는데 내 배낭을 들어보더니 깜짝 놀라는 표정이었다. 나는 무거운 배낭을 메고 올라가는 것에 으쓱하기보다 부끄러웠다. 나름 울트라라이트 백패킹을 지향했지만 배낭 무게가 20kg이 넘다니….

물론 한국인들의 식생활과 그에 따른 식량과 스토브, 연료 등

---

5   스위치 백(Switchback)은 직선 대신 지그재그 패턴으로 만든 길이다. 가파른 언덕을 직선으로 오르게 되면 지표면이 쉽게 침식되어 트레일을 오래 유지할 수 없다. 하이커들은 거리를 단축하기 위해 스위치백 대신 직선으로 지름길(short cut)을 만들어서는 안 된다.

이 다르고, 나는 카메라, GPS, 여유분의 배터리 등을 챙겨왔기 때문에 배낭이 무거울 수밖에 없긴 했지만 최적화 되어있지 않은 것은 분명했다. 더군다나 그녀가 오르막을 치고 올라갈 때 나는 숨이 턱까지 차서 결국 뒤처지고 말았던 것이다. 정상 부근이나 내리막에서는 다시 내가 리딩을 하면서 앞서거니 뒤서거니 그렇게 3일을 함께 걷긴 했지만 경량 백패킹에 대한 나의 노하우가 부족한 것은 사실이었다.

그녀에 대한 인상을 길게 늘어놓는 것은 'Pack less, Be more!'라는 경량 백패킹의 슬로건을 그대로 실천하고 있었기 때문이다. 그녀는 가볍게, 그리고 빠르게 움직였다. 그래서 경치가 좋은 호숫가나 계곡에 앉아서 마치 오래전부터 그 자리에 있었던 것처럼 도화지와 팔레트를 꺼내어 수채화를 그렸다. 그녀는 화가

였던 것이다. 중간 지점인 뮤어 랜치에서 나는 그녀에게 지금까지 그린 그림을 보여달라고 했고, 그녀가 내민 엽서만한 도화지에 그려진 그림은 열 장이 넘었다. 조금 가져가서 많이 즐기는 것이 경량 백패킹의 가치라고 할 수 있다.

2일차 8월 14일 운행 요약

운행 시간: 07:20 ~ 17:20
운행 구간: 에블린 레이크Evelyn Lake 갈림길목 ~ 마리 레이크Marie Lake 갈림길목
운행 거리: 16.5km
총 운행 거리: 27.1km
야영 지점: 마리 레이크 갈림김
좌표: 37° 45.008′N 119° 13.194′W
고도: 3,063m

3일차 – 호수가 있어 더욱 빛나는 존 뮤어 트레일

천 개의 섬이 있다는 사우전드 아일랜드 호수Thousand Island Lake 는 이름 그대로 쪽빛 수면 위로 수많은 작은 섬들이 점점이 떠있었다. 존뮤어 트레일에서의 호수는 크고 작은 개울을 만들어 대지를 풍요롭게 했으며, 귀중한 식수뿐 아니라 영혼까지도 풍요롭게 했다. 호수가 있어 더욱 빛나는 존 뮤어 트레일인 것이다. 호수와 호수가 만들어낸 크릭이 없었다면 아마도 이 길을 처음부터 만들어지지 않았을 것이다.

사우전드 아일랜드 호수에 이어 구비를 돌아가면 연이어 에머

사우전드 아일랜드 호수.
뒤로 보이는 봉우리는 배너 피크(Banner peak, 3,943m)

럴드 레이크, 루비 레이크가 나타나고 다시 큰 규모의 가넷 레이
크가 나타난다. 가넷 레이크는 기슭에 흰 눈을 고스란히 안고 있
는 배너 피크를 배경으로 아름다운 자태를 뽐내고 있었다. 그 아
름다움 때문인지 쉽게 볼 수 없었던 야영 중인 백패커들을 세 팀
이나 볼 수 있었고, 송어 낚시꾼도 만날 수 있었다.

존 뮤어 트레일을 걷다 보면 종주자들보다 더 낡은 옷을 입고,
더 많은 땀을 흘리며 트레일을 살피는 사람을 종종 만날 수 있다.
벼랑 위로 아슬아슬하게 나 있는 트레일을 정비하고, 쓰러진 나
무를 치우며, 트레일이 훼손되지 않도록 물길을 만드는 이들은 바
로 트레일 크루(트레일 정비공)들이다. 이들은 트레일 종주자들처
럼 숲속에서 야영하며 훼손된 트레일을 정비하는 일을 한다. 이
들이 있기 때문에 존 뮤어 트레일이 보다 빛날 수 있는 것이다. 인

터뷰에 응한 PCT 소속의 트레일 크루 테일러Brendan Taylor는 차마 사진을 찍어도 되냐고 묻기에 미안할 정도로 땀을 흘리며 오르막의 훼손된 트레일을 정비하고 있었다. 비록 그는 낡은 옷에 땀으로 얼룩진 얼굴이었지만 존 뮤어 트레일을 정비한다는 자부심으로 누구보다도 행복한 표정이었다. 트레일을 걷는 동안 여러 명의 트레일 크루를 마주쳤는데 그들은 하나같이 트레일을 정비하는 일에 행복해 했으며, 존 뮤어 트레일의 아름다움 대해 마음껏 누리라고 당부했다. 나는 종주를 마치는 날까지 그들에게 진심으로 감사했다.

첫날부터 곰에게 식량을 뺏기고 다시 시련이 찾아왔다. 점심 식사를 준비하던 중 휘발유 스토브의 조작 실수로 연료통에 불이 붙었고, 스토브의 펌프가 훼손되어 더이상 사용할 수 없게 된 것이다. 지금 와서 생각하면 포트가 포함되어 있는 일체형 가스 스토브가 최적의 장비였지만 당시에는 강력한 화력만을 고려하여 휘발유 스토브를 가져갔었다. 사전 정보와 경험이 부족했던 탓이다. 결국 본의 아니게 비화식을 하거나 모닥불로 조리를 해야 하는 원시인의 생활수준으로 돌아가게 되었다.

캠프파이어가 불법은 아니지만 제한 사항도 엄격하다. 요세미티 국립공원 관할 지역에서는 9,600ft 이상에서는 캠프파이어를 피울 수 없으며, 그 외의 킹스캐니언 국립공원 등에서는 10,000ft로 제한하고 있다. 캠프파이어가 허용되는 지역이라고 해도 기존에 있는 파이어 링에 불을 피워야 한다. 이것은 환경과 생태계에 미치는 영향을 최소화하기 위한 것이다. 몇몇 환경론자들은 아예 캠프파이어를 피워서는 안 된다고 주장하기도 한다. 불을 피웠을 때 땅 속의 미생물과 식물의 씨앗들이 모두 죽기 때문에 오랫동안 복원이 불가능하기 때문이다.

스토브가 없으므로 파이어링이 있는 캠프 그라운드를 찾아야 했다. 마침 비어있는 파이어링을 발견하고 쉘터를 설치했다. 저녁 메뉴는 김치제육덮밥에 누룽지와 고추장을 넣고 끓인 정체불명의 레시피였다.

식사를 마치고 등산화를 벗으니 오른쪽 발에 물집이 생겼다. 장거리 운행에 물집 정도야 대수롭지 않은 일이지만 3일 만에 물집이 잡혔으니 걱정이 되기도 한다. 두 번째 발톱도 조금씩 까맣게 죽어가고 있었다.

3일차 8월 15일 운행 요약

운행시간: 07:00 ~ 18:46
운행 구간: 마리 레이크 갈림길목 ~ 로잘리 레이크Rosalie Lake
운행거리: 20.7km
총 운행거리: 47.8km
야영 지점: 로잘리 레이크
좌표: 37° 41.288′N 119° 07.259′W
고도: 2,856m

4일차 – 레즈 메도우에서의 탈출 유혹

아름다운 로잘리 호수에서 3일째 밤을 보내고 아침 6시에 일어났다. 날씨가 제법 쌀쌀하다. 온도계를 보니 영상 1도. 우모 자켓이 없다면 한기를 느낄 정도의 기온이다. 서둘러 아침 식사를 마치고 7시 10분쯤 출발했다. 오늘은 부지런히 걸어 오전 중에 레즈 메도우까지 가기로 했다. 레즈 메도우는 부족한 식량을 구입할 수 있는 곳이다.

애초 레즈 메도우 리조트는 식량 보급 장소가 아니었다. 종주하는 동안 한번만 식량을 보충하기로 했는데 그 지점은 출발 7일째가 되는 날 뮤어 트레일 랜치에 도착해서 다음 날 플로렌스 레이크로 내려가 맡겨둔 식량을 가져오기 했던 것이다. 그러나 행동식과 비상식량이 모두 없어진 나는 이곳에서 라면 두 개와 베이컨, 견과류 약간을 구입했다. 레즈 메도우 리조트는 작은 식당도 갖추고 있었으며, 과일과 맥주 등 제법 다양한 먹거리를 팔고 있었다. 가스와 휘발유 등의 연료도 팔고 있어서 혹시 스토브도 팔지 않을까 물어보았지만 아쉽게도 없었다. 레즈 메도우에서는 통신이 가능하므로 중간에 식량을 보급해줄 사람에게 휘발유 스토브도 같이 가져다 줄 것을 부탁하였지만 그때까지 스토브 없이 가는 것도 부담스러웠다. 계속 고도가 높아져 모닥불을 피울 수 없는 곳이 점점 많아지기 때문이다.

그런데 내 눈에 유용한 장비가 하나 들어왔다. 작은 스텐인레

스 그릴이 가게 벽에 걸려 있었던 것이다. 모닥불에 취사를 하기
위해서는 파이어 링 주변에 돌을 받쳐야 하고 균형도 잡아야 하
기 때문에 여간 불편한 게 아니었는데 이 그릴만 있으면 파이어
링 아무데나 놓고 코펠을 얹을 수 있을 것 같았다.

레즈 메도우에서 한가로운 관광객들을 보고 있자니 그들을 따
라 셔틀 버스로 문명으로 되돌아갈까 하는 유혹이 잠깐 생겼다. 물
집도 생겼고, 스토브도 없는데… 하지만 2년을 벼르다 마침내 종
주에 나섰으므로 그것은 잠깐이었다. 나는 가족들과 짧은 통화를
나누고 다시 길을 떠났다. 오늘도 드라마틱했던 하루가 저물었다.
어둠이 내리자 '이제 정말 내가 혼자구나' 하는 게 더 실감났다.

PCT와 겹쳐진 트레일은 레즈 메도우를 지나자 계속 오르막이
었다. 레즈 메도우에서부터 약 1,000ft 정도 고도를 올렸다. 오후

7시 30분 오르막을 거의 다 오르자 마침 해가 저물어 어둠이 찾아오고 있었다. 레즈 메도우에서 5시간을 지체한 탓에 마음이 급해졌지만 어둠 속에서 계속 걷는 것은 무리라고 생각하고 야영을 하기로 하였다. 레즈 메도우를 출발한 후 2시간 30분만에 9km 넘게 걸어왔다.

고도가 아직 10,000ft가 아니므로 모닥불을 피울 수 있었고, 아무도 없는 야영지에는 마침 파이어 링도 있었다. 개울이 바로 옆으로 흐르고 있어서 모기들이 극성이다. 우선 모닥불부터 피워 모기를 쫓고 저녁 준비를 하였다. 리조트에서 구입한 일본식 라면이었는데 아침으로 허술하기 짝이 없는 누룽지로 끼니를 때우고, 리조트에서 견과류와 비스킷으로 점심을 해결했으니 몹시도 시장하다. 라멘은 조금 느끼한 맛이라서 볶음 고추장을 넣었더니 얼큰한 게 그 맛이 아주 훌륭했다. 두 개만 샀는데 몇 개 더 살 것 그랬다는 후회가 들었다.

4일차 8월 16일 운행 요약
운행시간: 07:10 ~ 19:25
운행 구간: 로잘리 레이크 ~ 크레이터 메도우Crater Meadow
운행거리: 24.4km
총운행거리: 72.2km
야영 지점: 크레이터 메도우Crater Meadow
좌표: 37° 35.454′N 119° 03.483′W
고도: 3,062m

5일차 - 8월의 시에라, 영하로 떨어지다

5일째가 되는 날 가장 추운 밤을 맞았다. 그동안 내가 수집한 정보에 따르면 8월의 기온은 최저 영상 3도 정도였다. 그러나 산에는 늘 예상치 못한 기상 상황이 벌어진다. 5일째가 되던 8월 17일이 그랬다. 새벽에 추위로 잠이 깨 침낭 헤드를 다시 야무지게 조였지만 새벽 내내 깊게 잠들지 못했다.

그러다가 설핏 잠이 들었을까 결국은 6시에 쉘터 밖으로 나왔다. 시에라의 달은 항상 낮에 보인다. 이날 아침에도 새파란 하늘 위로 하얀 달이 처량하게 떠있다. 음력으로는 17일이었으니 완전하지는 않지만 둥근 달이다. 저 달이 다 기울어 그믐달이 되면 이 긴 여정도 끝나 있으리라. 쉘터 밖에 둔 물주머니가 얼어있다. 예상치 못한 영하의 날씨였던 것이다. 온도계를 확인해보니 영하 3도. 9,000ft도 안 되는 비교적 낮은 지역이었으나 땅도 얼어 있었다. 낮 최고 기온은 25도가 넘어가니 1일 일교차가 무려 30도에 이른다.

잠도 설치고 영양 공급도 충분치 않아 컨디션이 좋지 않다. 입술을 갈라지고 손톱 주변에 일어나 따끔거린다. 얼굴도 부었다. 모닥불을 피워 몸을 녹인 후 7시 10분 아침 식사를 건너뛰고 바로 출발한다. 곳곳에 땅이 얼어 있다.

출발한 지 2시간 30분쯤 지난 9시 40분 땅콩과 말린 과일 등으로 아침 식사를 해결한다. 야영지보다 약 1,000ft를 올라오는 구간인데도 2시간 20분 동안 7km를 걸었으니 나쁘지 않은 속도이다. 며칠간의 경험으로 아침에 최대한 많이 걸어두는 게 여러모로 편했다. 숲속 깊은 곳까지 햇볕이 들자 기온이 급상승하여 추위는 가셨으나 모기떼들이 극성을 부린다. 추위에 이어 바로 모기와의 전쟁이다. 오래 앉아 있을 수 없어 허기만을 면한 채 이내 출발한다.

12시 30분경 한동안 개울이나 호수를 만나지 못해 식수가 바닥났다. 다행히 덕 레이크Duck lake 갈림길에서 약 500m 못 미친 곳에 호수에서 흘러내려오는 개울을 만났다. 출발한지 5시간 만에 약 13.5km를 걸어왔다. 오늘 일정의 반은 소화한 셈이므로 조금 여유를 갖기로 한다. 바람이 조금 불고 거의 10,000ft 지점이라 모기가 없는 훌륭한 야영지였다. 주인은 가까운 덕 레이크로 트레킹을 갔는지 보이지 않고 텐트만 세 동이 설치되어 있다. 이곳에서 점심 식사와 함께 충분한 휴식을 취하기로 하였다.

처음으로 셔츠와 양말을 세탁하고 머리도 5일 만에 감았다. 물속에 발을 담그니 화끈거리던 발의 통증이 누그러진다. 여유만 있다면 오늘의 일정을 여기에서 마치고 하루 푹 쉬고 싶은 생각이 굴뚝같다. 자연 분해되는 친환경 액체 비누를 가져갔지만 비누는 거의 사용하지 않았다. 꼭 비누를 사용해야 한다면 코펠에 물을 떠서 개울로부터 떨어진 곳에서 비누 거품을 씻어냈다. LNT의 수칙이기도 했다.

그런데 문제는 이곳은 우드파이어가 안 되는 곳이다. 야영지 주
변에도 파이어 링이 없다. 스토브가 없는 나로서는 취사를 할 수
없는 곳이다. 급한 대로 익히지 않은 베이컨을 우걱우걱 씹어 먹
어 허기진 배를 채웠다. 배탈은 나중 문제였다. 단백질이 부족했
던 나에게는 그나마 꿀맛이다.

허기진 배를 채우고 세탁도 하고 머리도 감고 간밤 추위와 배
고픔, 피로는 개울과 숲 사이로 불어오는 시원한 바람에 실려 날
아갔다. 화사한 햇볕을 즐기며 암반 위에 누워 충분한 휴식을 취
한다. 하늘에는 비행운이 지나간다. 하늘과 땅이 바뀌어 호수 위
로 배가 지나가는 것 같기도 하다. 저 비행기는 내가 가야 할 길
을 30분이면 다다를 수 있을 것이다

산에 다니면 흔히들 '산 사나이'라고 해서 터프한 이미지를 연
상한다 그러나 이곳은 터프가이들에게는 어울리지 않는다. 산과
자연을 정복의 대상으로만 여긴다면 끊임없이 이어진 길, 숲속
의 바람, 개울 흐르는 소리에 제대로 마음을 열 수 없기 때문이
다. 마초보다는 오히려 명상가에게 어울리는 곳이다. 마치 존 뮤
어처럼.

5일차 8월 17일 운행 요약

운행시간: 07:10 ~ 18:50
운행 구간: 크레이터 메도우Crater Meadow ~ 툴리 홀T
운행거리: 24km

총 운행거리: 96.2km
야영 지점: 툴리 홀Tully Hole
좌표: 37° 30.141′N 118 55.395′W
고도: 2,923m

6일차 – 가장 길고 힘들었던 하루

6일차에는 좀더 속도를 내기로 했다. 실버 패스Silver Pass를 넘고 포켓 메도우Pocket Meadow를 지나 약 28km를 걷기로 하고 오전 6시에 일어나 아침을 준비했다. 이제 몸과 마음이 모두 트레일에 최적화되어 있었다. 짜파게티에 남은 베이컨을 썰어 넣어 아침식사를 해결했다. 특별히 맛을 따지거나 레시피를 지킬 일이 없었다. 그저 하루를 걷기 위한 열량이 필요한 뿐이다.

아침 식사 후 배변 신호가 왔다. 트레일을 시작한 후 6일째 되는 날 두 번째 배변을 보았다. 상태도 좋았다. 배변은 소화기관을 비롯한 신체의 컨디션을 체크해볼 수 있는 지표가 된다. 이제 정확하게 이틀 간격으로 아침 식사 후 배변 신호가 온다. 몸이 최적화되고 있는 것이다.

걸음을 재촉해 오전 11시경 실버 패스를 통과했다. 실버 패스는 해발 10,900ft(3,322m)로 다른 패스들에 비해 그리 높은 고개는 아니었다. 그리고 전날 밤 이미 9,600ft 지점에서 야영을 했기 때문에 어렵지 않게 오를 수 있었다. 실버 패스를 통과한 후 완만

한 내리막길이다. 여유롭게 주변 풍광을 즐기면서 발걸음을 옮겼
다. 오전 내내 컨디션이 좋았고 걸음도 빨랐다. 속도를 내기 위해
점심도 남은 베이컨 몇 조각과 피너츠바, 건조 블루베리 등으로
해결했다.

전날 함께 야영했던 토마스는 걸음이 느리다며 아침 일찍 떠났
는데 점심시간에 그를 다시 만났다. 그는 이미 발톱 세 개가 검게
죽었고, 침낭도 얇아서 에디슨 레이크로 탈출하기로 했단다. 버지
니아 레이크에서 처음 만난 후 앞서거니 뒤서거니 하다가 이제는
헤어져야 할 시간이었다. 순간 나는 토마스를 따라 에디슨 레이
크로 빠져나갈까 하는 유혹에 다시 빠졌다. 혼자 여기까지 왔으
면 많이 온 거 아닌가. 다음에 다시 더욱 철저하게 준비해서 오면
되지 않을까.

그러나 갈림길 근처 캠프그라운드에서 하루 더 야영한 후 내일 아침 배를 타고 에디슨 레이크로 빠져나가겠다는 토마스에게 작별 인사를 했다. 나에게는 아직 더 걸어야 할 길이 있었다. 에디슨 레이크 갈림길에서부터는 베어 릿지 트레일Bear Ridge Trail 갈림길까지는 계속 힘든 오르막이었다. 오르막을 시작할 즈음 만난 부부 백패커는 이 구간은 매우 힘들며, 물도 없으니 식수를 많이 준비해서 오르라고 당부한다. 하긴 거의 2,000ft 정도의 표고차를 올라가야 한다.

전체를 통틀어 최악의 구간이었다. 오르고 올라도 끝이 없었다. 다 올랐다 싶으면 그 뒤로 다시 오르막길이 보였다. 에디슨 레이크 갈림길목에서 오후 4시 10분 출발했는데 무려 3시간이 지난 오후 7시 10분에 정상에 도착하였다. 이미 해는 산 너머로 사라졌고 황혼이 깃들기 시작하였다. 2,000ft의 고도를 올리는 데 무려 3시간이 걸린 것이다. 다행이 시작 지점에서 부부 백패커의 조언대로 식수를 충분히 챙겼기에 망정이지 올라오는 동안 물도 없으며, 야영을 할 만한 곳도 없었다. 토마스와 헤어진 후 심리적으로 위축된 상태에 충분한 음식을 먹지 못해 영양상태도 나쁘고 여러 가지로 조건이 좋지 않았다. 영양 부족 상태로 입술이 까맣게 터서 입을 벌리기 힘들었고, 손톱 주변은 갈라져서 따가웠다.

오르막을 다 올라 능선 위에서도 다시 4km 정도를 지나자 야영지가 나왔다. 최악의 운행이었다. 처음으로 헤드랜턴을 켜고 야간 운행을 했고, 완전히 어두워진 오후 8시 5분에야 겨우 야영지에 도착할 수 있었다. 지도가 없어 정확한 고도를 예측하지 못해 페이스 조절에 실패한 것이다. 나는 텐트를 치기 전에 모닥불부터 피워 누룽지에 스팸을 썰어 넣고 김치와 고추장을 섞어서 정체불명의 국밥을 끓여 허겁지겁 먹었다. 다행히 고도가 10,000ft를 넘지 않는 곳이라서 모닥불이 가능한 곳이었다.

잠시 장비 이야기를 하자면 양말은 KEEN 양말과 인진지의 발가락 속양말이 포함된 양말을 번갈아 신었는데 특히 인진지 양말은 아주 만족스러웠다. 출발 초기에 신었던 국산 토털 아웃도어 브랜드의 양말은 이틀 만에 내 발바닥에 물집을 안겨주었지만 이 두 제품은 이후 나의 발을 편안하게 해주었다.

요세미티 밸리의 장비점에서 구입한 슬리핑 패드는 야영을 할 때마다 후회한 선택이었다. 가볍고 얇은, 그래서 한기 차단 효과는 형편없는 EVA 폼 패드였는데 시간이 지날수록 점점 압축되어 늘 등으로 전달되는 냉기 때문에 고생했다.

출발할 때 날진 수통은 가져가지 않았고 중간에 식량을 보급받을 때 보온용 온수를 넣기 위해 날진 수통을 사용했으며, 대신 플래티퍼스의 하이드레이션 수낭을 사용했다. 이는 아주 좋은 선택이었다. 고소를 예방하는 방법 중에 하나가 물을 조금씩 자주 마시는 것이다. 물을 먹을 때마다 배낭을 벗는 것은 아주 귀찮은 일이다.

설거지는 아예 하지 않을 생각이었다. 코펠은 물로 헹궈 마시거나 숭늉을 끓여 그대로 다음 식사에 사용하였다. 미리 준비한 휴지는 생분해되는 친환경 제품을 가져갔고, 그나마 꼭 필요할 때만 사용하여 2롤을 가져갔으나 1롤의 3분의 2밖에는 사용하지 않았다.

세제는 계면활성제가 들어있지 않고 세수와 세탁에 범용적으로 사용할 수 있는 생분해 액체 비누를 가져갔지만 두세 번밖에 쓸 일이 없었다. 손이 너무 더러워 위생상 걱정이 될 때나 얼굴이 더러워 스스로에게 불쾌감이 드는 경우에만 제한적으로 비누를 사용했다. 물론 그나마 개울이나 호수에서 직접 사용하지 않고 코펠에 물을 떠와서 거품을 행구어내는 식이었다.

> **6일차 8월 18일 운행 요약**
>
> 운행 시간: 07:10 ~ 20:05
> 운행 구간: 톨리 홀 ~ 베어 크릭Bear Creek
> 운행 거리: 26.8km
> 총 운행거리: 123km
> 야영 지점: 베어 크릭
> 좌표: 37° 22.673′N 118 54.200′W
> 고도: 2,833m

7일차 – 마침내 중간지점인 뮤어 트레일 랜치에 도착하다

7일차의 아침이 밝았다. 전날 약 27km를 운행하고 저녁 8시

넘어 야영지에 도착한데다 추위 때문에 충분한 수면을 취하지 못했다. 모닥불을 피워 몸을 녹이고 근처 개울에서 눈꼽만 떼내는 고양이 세수를 한 후 7시 30분에 출발했다. 아침 식사는 4km를 진행한 후 컨디션이 회복되어서 견과류 행동식으로 대신했다. 8시 41분. 70분 만에 4km를 진행했다.

참을 수 있을 정도까지는 음식을 아껴왔다. 이제 오늘의 목표 지점인 뮤어 트레일 랜치Muir Trail Ranch에 도착하면 많은 것들이 해결된다. 내일은 부족한 식량도 가지러 갈 것이며, 스토브도 보급받을 수 있다. 간밤에 추위 때문에 조금 고생을 했더니 왼쪽 어깨가 아프다. 숲속까지 햇볕이 든다. 나른해진다. 이중으로 껴입은 긴팔 셔츠를 벗고 다시 출발했다.

10시 50분쯤 제법 큰 에볼루션 크릭Evolution creek을 만났다. 건널 수 있는 우회로를 20분간이나 찾아보았으나 실패했다. 결국 등산화를 벗고 조심스럽게 건널 수밖에는 없다. 개울은 무릎 위까지 깊었고, 얼음처럼 차가웠다. JMT를 종주하다 보면 여러 번 개울을 건너야 하는데 대부분 돌로 된 징검다리가 있거나 쓰러진 나무를 걸쳐 놔서 쉽게 건널 수 있다. 그러나 어쩔 수 없이 등산화를 벗고 물을 건너야 하는 경우도 두세 번 만나게 된다. 특히 눈이 녹기 시작하는 6월과 7월초에는 수위가 높아 조심해야 한다. 빠르게 흐르는 계곡물은 수위가 보통 무릎 위까지 올라오면 매우 위험하다. 스틱을 잘 이용해 균형을 잡거나 일행이 있다면

보조 자일을 이용하는 게 안전하다. 에볼루션 크릭의 경우에는 그 지역 관할 레인저들이 평소에는 복원을 위해 폐쇄하는 에볼루션 메도우를 개방하여 위험한 개울을 건너는 대신 우회할 수 있도록 한다. 그 기준이 되는 수심은 60cm였다.

하나 남은 라면을 맛있게 끓여먹고 싶지만 어쩔 수 없이 생라면으로 먹는다. 스프를 섞어 먹으니 한국에서 먹는 라면 스낵 과자맛과 거의 똑 같다. 맛은 좋으나 끓여 먹었으면 포만감도 느낄 텐데 아쉽다. 대신 포만감을 위해 충분히 물을 마셨다.

점심을 먹고 작은 고개를 오르고 있는데 제시카가 역시나 빠른 걸음으로 올라오고 있었다. 그녀는 맘모스 시티에서 친구를 보내고 다시 트레일로 돌아오는 길이었다. 반갑게 인사를 나누었다. 곧 셀든 패스Selden Pass를 넘어야 하는데 그녀의 걸음을 따라

갈 수 있을지 모르겠다. 오르막길에서는 제시카가 리딩을 하고 나는 거친 숨을 몰아쉬며 뒤처지지 않도록 쫓아 올라갔다. 오후 2시 마침내 셀든 패스에 도착했다.

제시카와 앞서거니 뒷서거니 걷다보니 진행 속도가 굉장히 빠르다. 오르막은 배낭이 가벼운 그녀가 리딩을 하고 내리막길은 내가 빠르니 나보고 앞장서란다. 오후 2시 40분 두 개의 호수로 이루어진 샐리 키스 레이크Sallie Keyes Lakes를 통과했다. 하트 모양이라서 이름 붙여진 하트 레이크Heart Lake와 샐리 키스 레이크 옆으로 이어진 트레일은 걷기에는 아주 좋은 구간이었다. 적당한 경사도의 내리막길에다 아름다운 풍경을 바라보고 있자니 마치 구름 위를 사뿐히 걷고 있는 기분이다.

오후 4시 51분 마침내 플로렌스 레이크Florence Lake로 내려가는 트레일과 존 뮤어 트레일의 갈림길에 도착했다. 여기에서 뮤어 트레일 랜치까지는 1마일도 안 된다. 그 어느 이정표보다도 감개가 무량하다. 이제 나는 이곳에서 하루 푹 쉴 수 있으며, 스토브와 부족한 식량을 얻게 될 것이다. 나는 마치 긴 여정을 다 끝낸 사람처럼 안도의 한숨을 내쉬었다.

나는 뮤어 트레일 랜치로 내려가지 않고 계속 트레일을 따라 조금 더 가기로 했다. 제시카에게 스토브를 빌려서 저녁을 해먹기로 했고, 더구나 시간도 남아서 조금 더 진행한 후 야영을 하는 것이 좋을 것 같았다. 내가 앞장 서 걷는데 야영지가 쉽게 나타나지 않았다. 제시카는 뒤따라오며 '암 쏘 헝그리, 암 쏘 헝그리'하며 혼잣말을 한다. 나도 배고프긴 마찬가지였다.

오후 5시 40분 야영지에 도착했다. 7일차의 운행 거리는 28km. 셸든 패스(10,880ft)가 다른 패스에 비해 높지 않았고, 제시카와 경쟁하듯이 걸어서 목표 지점보다 3km를 더 왔다. 존 뮤어 트레일에서 갈라져 뮤어 트레일 랜치로 가는 길을 따라 500m 가니 개울이라기보다는 강에 가까운 큰 물을 만났고, 그 옆에 제법 넓은 야영지가 있었다.

제시카에게 스토브를 빌려 오랜만에 배부르게 먹자고 작정했다. 내일이면 식량을 가지러 내려갈 것이기 때문에 식량 부족을 더이상 걱정하지 않아도 되었다. 나는 여기서 내일 식량을 가지러 가기 위해 야영을 할 예정이었고, 제시카는 간단하게 요기를 하더니 1시간 정도 더 가겠다며 다시 출발했다. 그녀와 기념촬영을 하고 이제 우리는 다시 만날 수 없을지 모른다며, 서로에게 "Good Luck!" 인사말을 나누었다. 결국 그 후 제시카를 만나지 못했고 귀국해서야 연락을 주고받았다. 고맙게도 그녀의 하이킹 화첩에는 내 모습이 한 장 포함되어 있었고 우편으로 보내준 그녀의 스케치는 이 책에도 포함되어 있다.

내일 10시 30분까지 플로렌스 레이크로 내려가 식량을 받아오면 된다. 플로렌스 레이크까지는 약 10km 정도로 완만하게 내려가는 길이라 2시간 30분 정도면 충분할 것 같다. 이제 절반을 넘어섰다. 되돌아가거나 중도에서 포기하기에는 너무 많이 와버린 것이다.

7일차 8월 19일 운행 요약

운행시간: 07:40 ~ 17:40

운행 구간: 베어 크릭 ~ 뮤어 트레일 렌치

운행거리: 28km

총 운행거리: 151km

야영 지점: 뮤어 트레일 렌치

좌표: 37° 13.662′N 118 51.989′W

고도: 2,368m

8일차 – 플로렌스 레이크로 피크닉을 가다

8일차는 정말이지 그랬다. 플로렌스 레이크로 식량을 가지러 가는 길은 왕복 20km로서 짧지 않았지만 소풍을 가는 기분이었다. 대청봉에서 설악동으로, 혹은 천왕봉에서 백무동쯤으로 식량을 가지러 내려갔다가 다시 오는 거리인데도 말이다. 지금까지의 여러 가지 중압감으로부터 벗어난 하루였다.

아침 7시 좀더 늦잠을 자고 싶었으나 일찍 잠에서 깼다. 남은 누룽지를 끓여 아침 식사를 했다. 8시 10분 플로렌스 레이크로 출발했다. 배낭에는 빈 곰통과 자켓, 수낭만을 넣고 가니 가뿐하다. 콧노래가 절로 나올 것 같았다. 옆자리에서 야영하던 노부부께 아침 인사를 하고 너무 아름답다고 하니 수줍어하신다. 사진

촬영 허락을 받고 한 컷 찍었다. 미처 메일 주소를 여쭙지 못한 게 아쉽다.

플로렌스 레이크로 내려가는 길에 나무문을 만나는데 처음에는 길이 폐쇄된 줄 알고 당황했으나 팻말에는 'Please Close gate'라고 쓰여 있다. 즉 문을 닫으라는 이야기이지, 들어오지 말라는 뜻이 아니었다. 사유지를 지나서 뛰다시피 플로렌스 레이크로 향하였다. 호수가 내려다보이는 곳에 도착하니 배에서 내린 듯한 백패커들이 트레일로 올라가고 있었다. 배가 좀 전에 도착한 모양이었다.

플로렌스 레이크 리조트는 말이 리조트이지 한국에서의 대형 위락시설을 연상하면 안 된다. 그저 우리나라의 편의점보다도 작은 가게가 하나 있을 뿐이며, 전화 통화도 되지 않는 곳이다. 가게에는 주식이 될 만한 식품은 많지 않았지만 햄버거와 견과류, 음료 등을 팔고 있었으며, 가스와 휘발유 등의 연료도 팔고 있었다. 간단한 진통제와 반창고, 정수약품, 아스피린 등도 구할 수 있다. 술과 담배는 없다.

투올러미를 출발하기 전에 맡긴 식량은 남은 일정에 비해서 많았다. 그리고 라면 봉지 등은 해체되지 않은 상태로 그대로 들고 갈 수는 없었다. 내가 지닌 곰통은 평균 4일치만을 넣을 수 있는 작은 곰통이었고, 무게도 최소화하여 경량 백패킹 방식으로 하루라도 빨리 종주를 끝내는 게 나을 것 같았다.

중간에 보급 받은 식량은 약 8일치였고, 예상되는 남은 일정은 7일이었으나 나는 가벼운 라면과 누룽지, 알파미만으로 약 6일치 식량을 챙겼다. 식욕을 돋우는 김치제육 등의 포장 즉석식품이나 보관이 편한 통조림은 무게와 쓰레기 때문에 아예 제외했다. 라면도 봉지를 모두 해체하여 잘게 부수어 곰통에 넣고, 라면 수프도 다 뜯어 커다란 지퍼백 하나에 모두 담았다. 단 1g이라도 줄여야 했으며, 쓰레기도 남기지 않기 위한 조치였다.

식량 패킹을 마치고 다시 트레일로 복귀하기 위해 보트에 올랐다. 나는 이제 자신감도 붙었고, 식량도 새로 생겼으며, 심지어 스토브도 있다. 더이상 힘들게 모닥불을 피우고 식사를 준비하는 고단한 저녁을 보내지 않아도 된 것이다.

가벼운 마음으로 식량을 지고 내려온 길을 다시 올라간다. 오후 5시쯤 뮤어 트레일 랜치 도착했다. 전날 뮤어 트레일 랜치를 그냥 지나쳐서 오늘을 둘러보기로 했다. 뮤어 트레일 랜치는 지금까지 보아온 풍경과는 전혀 색다르다. 그 동안 봤던 사람들보다 더 많은 사람들이 짐을 찾거나 휴식을 취하고 있었다. 랜치라는 이름처럼 말목장도 있다.

뮤어 트레일 랜치는 존 뮤어 트레일뿐 아니라 PCT 종주자들에게도 오아시스와 같은 곳이다. 대부분의 종주자들은 이곳으로 미리 식량을 보내서 중간 보급을 받는다. 식량과 장비는 양동이에 넣어서 보내야 하며, 찾고자 하는 날로부터 일주일 이전에 도

착하도록 해야 한다. 장거리 종주에 필요한 스토브 연료도 구입
할 수 있다. 화이트 가솔린뿐 아니라 가스, 알코올 등도 판매하
고 있었다.

뮤어 트레일 랜치에서 만난 마일스Miles는 연인과 함께 PCT 종
주를 하고 있었다. 사진을 찍어주겠다고 하니 그의 연인은 매우
수줍어하면서 포즈를 취해준다. 메일 주소를 주면 한국에 돌아
가서 사진을 보내주겠다니 하니 느닷없이 "감사합니다!"라고 한
국말로 대답해 서로 크게 웃었다. 부디 무사히 PCT를 마치고 서
로 행복하게 살아가길 빌었다.

뮤어 트레일 랜치 구경을 마치고 오후 6시 10분 다시 야영지로
돌아왔다. 식량을 가지러 플로렌스 레이크를 다녀온 오늘도 왕복
약 24km를 걸었다. 그러나 배낭도 가볍고, 그보다 마음은 더 가
벼웠으니 전혀 힘들 줄 모르고 소풍을 다녀온 기분이다. 플로렌
스 레이크의 수상택시를 타고 호수 건너 리조트까지 가본 것은
어찌 보면 행운이다. 뮤어 트레일 랜치를 둘러본 것도 많은 도움
이 되었다.

주 식량 이외에도 꿀을 한 병 가지고 올라왔다. 꿀의 무게는 용
기를 포함하면 400g 정도였는데 무게 때문에 무척 망설였으나
다른 식량이나 행동식이 턱없이 부족하므로 나는 꿀을 가져가기
로 결정하였다. 결과적으로 행동식이 부족한 상황에서도 꿀 덕분
에 열량을 보충할 수 있었고 매우 좋은 선택이었다.

8일차 8월 20일 운행 요약

운행시간: 08:10 ~ 18:10

운행구간: 뮤어 트레일 랜치 ~ 플로렌스 레이크 ~ 뮤어 트레일 랜치

운행거리: 24km

총 운행거리: 175km

야영 지점: 뮤어 트레일 랜치 근처

좌표: 37° 13.662′N 118 51.989′W

고도: 2,368m

9일차 - 내가 길을 묻는 게 아니라 길이 나에게 묻는다

트레일을 시작한 지 9일째. 절반을 넘어선 이곳에서부터 펼쳐지는 트레일 환경은 지금까지와는 전혀 달랐다. 우선 고도가 3,000m 이상의 수목한계선을 넘어서는 곳이 많아지고, 큰 숲이나 초원, 크릭은 거의 없다. 트레일도 거친 암석 지대를 많이 지나게 된다. 이날의 야영지 고도가 2,368m, 목표 지점인 뮤어 패스 Muir Pass는 3,643m. 무려 1,300m의 표고차가 난다. 한국에서의 산행 들머리는 대부분 3~400m이므로 실제 1,708m의 설악산 대청봉 정도를 올라가야 하는 것이다.

하이 시에라는 10월부터 그 다음 해 5월까지가 겨울이라고 할 수 있다. 겨우내 내린 눈이 천천히 녹아 호수와 크릭을 만들고 그 눈이 다 녹기 전 다시 눈이 내린다. 만년설이 녹아 흐르는 끊이지 않는 물은 존 뮤어 트레일 종주자들에게 또 하나의 축복이다. 산세는 거칠지만 계곡은 유장하다. 거침없이 흘러가는 계곡은 우람

한 소리를 낸다. 여름 내내 비가 거의 오지 않는 곳임에도 이렇게 큰 계곡이 형성된 것은 모두 만년설 때문이다.

요세미티의 하프돔이나 휘트니 등 아주 특별한 자연유산이 아니라면 요세미티를 포함한 대부분의 국립공원 당일 하이킹은 별도의 퍼밋이 필요 없다. 그러나 하루 이상 야영을 한다면 반드시 사전 퍼밋을 받아야 가능하다. 물론 입구에 레인저들이 지키고 있거나 감시 초소가 없지만 그것은 당연하게 지켜야 하는 룰인 것이다.

퍼밋에는 국립공원 내에서 지켜야 할 수칙들이 적혀있다. 그 중에는 한 그룹의 최다 인원수는 15명으로 제한하며, 4분의 1마일(400m) 내에서 8명 이상 그룹으로 지날 수 없다는 내용도 있다. 수십 명씩 관광버스로 실어 나르는 단체 산행은 있을 수 없는 일인 것이다. 튼튼한 아스팔트 도로도 노면 보호를 위해 적재 중량을 제한하는 자연의 트레일에서는 당연한 제한이다. 야영은 호수나 개울에서 30m 이상 떨어진 곳에서 해야 하며, 용변 역시 30m 이상 떨어진 곳에 6인치 이상을 파서 처리해야 한다. 씻는 일도 30m 떨어진 곳에서 해야 하며, 비록 생분해되는 친환경 세제라고 해도 비눗물을 호수나 개울에 버려서는 안 된다. 이런 수칙들을 100% 지키는 일은 물론 쉽지 않은 일이다. 더욱이 장시간의 산행으로 지쳐있는 현실에서는 더욱 어렵다. 그러나 우리에게 자연은 항상 후손에게서 빌려 쓰고 있다는 사실을 명심해야 한다.

하이 시에라의 경이로움은 누가 지켜보지 않아도 스스로 이런 환경 수칙들을 지키도록 한다.

아침에 출발하여 90분 동안 약 4.5km를 걷고 행동식도 먹을 겸 휴식을 가졌다. 전날 보급받은 날진 수통에 견과류와 말린 과일을 담아 꺼내기 쉽게 배낭 옆주머니에 넣고 다녔다. 밤에는 뜨거운 물을 담아 보온용으로 사용했으니 고유한 역할은 아니었으나 나름 쓸모 있었다.

점심은 라면을 먹기로 했다. 한국에서 구입한 라면용 건조야채는 아주 유용했다. 건조야채에는 건조 김치가 포함되어 있어 따로 김치를 먹지 않아도 느끼하지 않았기 때문이다. 스토브가 있으니 마음이 든든하다. 지도를 보며 남은 일정을 머릿속에 그려보았다. 여전히 혼자 걷고 있었지만 비장할 필요는 없었다. 비장함이란 내 내면을 향한 것일 뿐, 나는 그저 나의 길을 걷고 있는 것이다. 내가 길을 묻는 게 아니라 길이 나에게 묻고 있었다. 너는 어디로 가고 있으며, 어디쯤 있느냐고.

발바닥에 생긴 물집을 보니 어느새 터져 있었다. 통증 없이 터져준 것이 고마울 뿐이었다. 하루 두 차례 정도 등산화를 벗어 발을 식혀주니 발 통증도 거의 없었다. 몸이 점점 최적화되고 있음을 느낀다. 점심과 함께 충분한 휴식을 취한 후 오후 1시 5분 다시 출발한다. 하루 편하게 머물고 싶을 정도로 아름다운 곳이지만 아쉬움을 뒤로 하고 길을 걷는다.

사파이어 레이크 상단 야영지.
돌을 치우고 겨우 1인용 쉘터 하나 설치할 수 있는 공간을 확보했다.

계속 고도를 높여가자 험준한 산세가 펼쳐진다. 침엽수림과 초원은 점차 드물어지고 삭막한 첨봉이 병풍처럼 서있다. 오후 5시 10분 에볼루션 레이크에 도착했다. 에볼루션 레이크는 에볼루션 메도우를 적시는 에볼루션 크릭의 발원지이기도 하다. 에볼루션 레이크는 해발 3,353m의 높은 곳에 위치하고 있으며, 긴 쪽의 길이가 1km 넘은 큰 호수였다. 아름다운 호수의 풍경에 사로잡혀 걸음이 늦어졌다. 목표 지점인 뮤어 패스까지는 아직도 7km 이상 남은 듯 했으나 이미 시간은 오후 5시 30분을 지나고 있었다.

걸음을 재촉했지만 사파이어 레이크Sapphire Lake를 지날 무렵 이미 해가 저물고 있었다. GPS를 확인해보니 운행 거리가 약 25km이다. 뮤어 패스까지는 아직도 5km 정도 남았다. 사파이어 레이크에서 약 2km 정도 떨어진 완다 레이크Wanda Lake까지 진행하려고 하였으나 일정은 여기서 마무리해야 할 것 같았다. 며칠 전 힘들었던 야간 운행을 다시 하고 싶지 않았고, 뮤어 패스 방향으로 계속 고도를 올리면 바람이 더욱 심해지고 텐트를 설치할 만한 곳이 더욱 없을 거라는 판단이 들었다.

이제 어느덧 200km를 지나왔다. 수목 한계선 위로 올라왔고 온통 바위투성이라서 곰은 없을 듯 했다. 너덜지대와 뾰족한 첨봉을 둘러싸고 있어서 풍경이 삭막했다. 그러나 관광은 풍경을 보는 것이고, 여행은 내면을 보는 것이지 않는가? 풍경을 탓할 형편이 아니었다.

저녁 메뉴는 김치를 조금 넣고 라면 스프로 간을 맞춘 후 알파미와 라면 부스러기를 함께 넣어 라면 국밥을 만들었다. 다행히 맛이 있었다. 늘 비슷한 식단이지만 입맛이 떨어지지 않고 다 맛있게 먹으니 그나마 다행이다. 식량을 다시 계산해보니 두 끼 내지는 세 끼 정도가 부족했다. 다음 날 점심은 말린 과일과 에너지바로 간단하게 해결해야 할 것 같았다.

9일차 8월 21일 운행 요약

운행시간: 07:30 ~ 19:20
운행구간: 뮤어 트레일 렌치 ~ 사파이어 레이크
운행거리: 26.7km
총 운행거리: 201.7km
야영 지점: 사파이어 레이크
좌표: 37° 08.634′N 118 41.782′W
고도: 3,417m

10일차 - 뮤어 패스에서 존 뮤어를 생각하다

밤새 바닥에서 올라오는 한기 때문에 새벽에는 거의 잠을 설쳤다. 새벽 2시쯤 일어나 빈 배낭을 쉘터 안으로 가져와 무릎 아래쪽에 깔고, 식어버린 수통의 물을 다시 끓여 채운 후 품에 안고 잤으나 바닥 한기를 몰아내지는 못한다. 더욱 얇아진 슬리핑 패드를 원망했다. 6시 30분 기상. 날이 밝고 햇살이 비추자 컨디션이 조금 좋아졌다. 아침 식사를 생략하고 바로 출발할 예정이었으나 햇볕이 들자 따뜻해져서 어제 남은 국밥 국물에 라면 부스러기와 건조야채를 조금 넣어 아침 식사를 준비했다. 현재 고도가 3,416m, 오전에 넘어야 할 뮤어 패스는 3,643m. 고도차가 약 228m였으므로 큰 부담이 되지는 않았다. 뮤어 패스를 넘으면 계속 내리막길이다.

아침 식사를 마치고 8시 25분 출발. 잠을 설친 탓에 컨디션도 좋지 않고 아침 식사도 늦어 출발이 늦어졌다. 고도를 높여 수목한계선을 넘어 온 탓에 울창한 침엽수림이나 초원은 볼 수 없었다 그러나 하이 시에라 특유의 험준한 산맥이 또 다른 아름다운 풍광을 보여주었다.

너덜지대와 호수가 펼쳐지고, 그 사이로 가느다란 트레일이 계속 이어지고 있다. 그 길을 따라 사람들이 천천히 걷고 있다. 모든 게 느려 시간마저도 정지된 듯한 한 장의 그림 같았다. 한계가 있는 나의 기억 때문에 나는 그 아름다움을 완전히 봉인해서 간

직하고 싶었다. 그러나 그것은 기억으로도, 사진으로도 불가능한 일이다. 단지 지금 이 순간 마음껏 즐기는 게 내가 할 수 있는 최선의 일이었다. 또 하나의 보석 같은 완다 레이크를 지나 올라가면 뮤어 패스이다.

10시 20분 마침내 뮤어 패스에 도착했다. 뮤어 패스에는 무인 대피소인 뮤어 헛Muir Hut이 있다. 뮤어 헛 앞에 서자 왈칵 눈물이 날 것 같았다. 지난 2년간 여러 가지 자료와 서적을 뒤지며 사전 조사를 했을 때 사진으로만 보아왔던 뮤어 헛. 나는 실제 뮤어 헛 앞에 서 있는 게 아니라 예전에 보았던 그 사진 속으로 갑자기 뛰어든 듯한 느낌이었다.

이 무인 대피소는 존 뮤어를 기리며 1931년 시에라 클럽에서 세운 것이다. 그의 선지자적인 영감과 노력은 오늘날까지도 시에

라 네바다 구석구석에 살아 있다. 존 뮤어 트레일이 태초의 아름다움을 그대로 간직한 것은 온전히 그의 덕분이라고 할 수 있다. 뮤어 헛은 악천후를 피해 잠시 쉬어갈 수 있는 곳이지만 불을 피우거나 잠을 잘 수는 없다.

뮤어 패스에서 내려다보는 풍경 역시 웅장했다. 마치 작은 웅덩이처럼 보이는 호수들을 품에 안고, 하얀 면사포를 쓴 듯한 하이 시에라는 파란 하늘 아래 끝없이 펼쳐지고 있었다. 100여 년 전 존 뮤어의 시선으로 내려다 보는 저 풍경은 또 얼마나 장엄했을까… 새삼 그의 큰 아우라가 존경스러울 따름이었다.

뮤어 패스를 내려오는 길에 트레일에서는 처음으로 레인저를 만났다. 그들은 이전에 만났던 트레일 크루Trail Crew들처럼 행복한 표정이었다. 그들의 온화한 미소는 존 뮤어 트레일의 자연을 닮았

다. 레인저들은 퍼밋을 보자고 했다. 트레일 입구에서는 누가 지키면서 퍼밋을 체크하지 않는다. 퍼밋 없이 무단으로 야영하거나 종주하는 일은 상상하기 어려운 일이다.

오후 5시쯤 미들 포크 트레일Middle Fork Trail 갈림길을 통과했다. 다시 걸음을 재촉해 5시 50분에 디어 메도우Deer Meadow 조금 못 미처 있는 펠리세이드 크릭Palisade Creek옆 작은 야영지에 도착했다. 이날은 목표지점보다 약 2km 더 왔다. 전날 뮤어 패스를 넘지 못하고 목표지점보다 5km 정도 덜 걸었으니 이날은 미달 거리를 채우고도 2km를 더 온 셈이다. 다만 다음 날은 매더 패스Mather Pass(3,682m)를 넘어야 한다. 현재 고도가 2,566m이므로 다시 1,100m나 고도를 올려야 한다. 지리산 주능선을 한 번에 올라가야 하는 표고차인 것이다. 이날도 야영하는 사람은 나 혼자였다.

> **10일차 8월 22일 운행 요약**
>
> 운행시간: 08:25 ~ 17:50
> 운행구간: 사파이어 레이크 ~ 펠리세이드 크릭
> 운행거리: 25.5km
> 총 운행거리: 227.2km
> 야영 지점: 펠레세이드 크릭
> 좌표: 37° 03.167′ N 118 33.644′ W
> 고도: 2,566m

11일차 – 소걸음으로 천리를 가다

6시에 눈을 떴다. 어제는 평소보다 일찍 하루 일정을 마치고 충분한 수면을 취한 덕분인지 몸이 가벼웠다. 깊은 숲속이라 햇빛이 늦게 찾아 들었다. 새벽 추위를 몰아내며 찾아 드는 햇볕이 나른한 봄볕같았다. 식량을 아끼기 위해 누룽지 반 웅큼만 끓여 아침 식사를 준비했다. 누룽지는 꽤 괜찮은 선택이었다. 별다른 반찬이 없어도 쉽게 먹을 수 있고, 취사도 간편하기 때문이다. 커피나 차를 마시고 싶을 때도 숭늉이 대신해주었다.

아침 식사를 마치고 7시 10분 출발했다. 배낭 무게는 조금씩 줄어들고 있었다. 내 어깨도 그만큼 가벼워지고 있는 것이다. 나는 이번 존 뮤어 트레일 종주에서 경량 백패킹이 얼마나 중요한지, 나에게 얼마나 큰 자유를 안겨다 주는지 절실하게 느꼈다. 무거운 배낭은 발걸음을 무겁게 하고, 속도를 늦게 하며, 보다 많은 열량이 필요하므로 식량과 연료가 늘어나고, 그래서 다시 배낭이

무거워지는 악순환에 빠지게 된다.

처음 로버트를 만난 것은 이날 팰리세이드 레이크Palisade Lakes
로 가는 오르막길이었다. 그는 70리터 배낭을 메고 있었는데 짐
이 많아서 침낭은 배낭에 주렁주렁 매달고 있었다. 출발 당시 그
의 배낭 무게는 무려 30kg에 육박했다고 한다. 나와 지나쳤던 준
족의 백패커들도 인상적이었지만 백패킹 경험이 거의 없는 로버
트도 대단히 깊은 인상을 나에게 남겼다.

그는 이번 존 뮤어 트레일에서 대부분 새로 구입한 장비를 가
져왔는데 심지어 등산화까지도 새로 구입한 것이라 발이 아파서
그냥 배낭에 넣고 대신 발목이 없는 트레킹화를 신고 있었다. 그
와는 귀국 후에 이메일을 주고받았는데 메일에서도 아직 자신의
발에 잘 맞는 등산화를 구하지 못했다고 투덜댔다. 나는 로버트

매더 패스에서 내려다 본 어퍼 베이슨(Upper Basin)의 광활한 풍경.
오른쪽으로 패스를 내려가는 스위치백이 보인다.

478

처럼 초보자도 본인의 의지에 따라 종주를 할 수 있다는 사실을
깨달았다. 물론 그는 체력이 뛰어나 보이긴 했다. 비록 발걸음은
조금 느렸지만 그는 우직한 소걸음으로 결국 목표지점에 도달하
곤 하였다. 우보천리牛步千里는 그를 두고 한 말인 듯 했다. 그렇게
나와 그는 휘트니 정상까지 같이 가게 된다.

오전 11시 30분 펠리세이드 레이크에 도착했다. 펠리세이드 레
이크는 길이가 거의 1km에 달하는 큰 호수 두 개가 맑은 개울로
연결되어 있었다. 맑은 호수에는 송어들이 자유롭게 헤엄치고 있
었고, 호수 옆으로 트레일이 이어졌다. 나는 호수의 아름다움을
즐기면서 걸음을 천천히 하였다. 나무 하나, 돌 하나, 하물며 호수
하나까지, 이 모든 것들이 다시는 볼 수 없는 것들일 수 있기 때
문이다.

오후 2시 47분 마침내 매더 패스를 넘었다. 아침 출발 지점의
고도가 2,566m였으니 무려 1,100m 이상 올라온 셈이다. 매더
패스까지 7시간 20분이 걸렸고, 운행 거리는 15.1km였다. 매더
패스는 지금까지 넘어온 6개의 패스 중에서 가장 거칠었다. 금방
이라도 무너질듯한 돌무더기 너덜지대의 급경사를 오르면 만년
설이 나타나고, 눈 때문에 트레일이 사라져 우회하거나 눈에 발
이 빠지면서 걸어야 했다.

　매더 패스를 내려서자 어퍼 베이슨의 풍광이 한 눈에 들어왔
다. 넓은 분지에 드문드문 작은 호수들이 보석처럼 박혀있고, 거
기 가늘게 트레일이 이어지고 있었다. 패스를 넘어 가파른 길을
스위치백으로 내려갔다. 분지에 내려서자 한동안은 평지와 다름
없는 길을 걸었다. 뒤로는 멀리 로버트가 우직한 걸음으로 뒤쫓
아 오는 게 보였다. 길게 이어진 트레일은 그 끝이 보이지 않았다.

　패스를 넘느라고 체력 소모가 많았지만 분지를 지나 완만하게
내려가는 길은 산책을 하는 기분이었다. 그렇게 속도를 내서 목표
지점인 벤치 레이크Bench lake도 지나쳤다. 어느덧 그림자가 길게 늘
어졌다. 이제 야영지를 찾아야 했다. 벤치 레이크를 지나 이름 없
는 작은 호수 옆이었다. 텐트를 설치하고 저녁 준비를 하고 있는
데 8시가 넘어 컴컴할 때 로버트가 도착했다. 반갑게 악수하고 포
옹까지 나누었다.

　저녁은 라면 3분의 2에 알파미를 약간 넣어 역시 라면국밥으

로 해결했다. 그렇게 먹고 나니 조금 부족한 것 같기도 하고, 차라
도 한잔 먹고 싶은 생각에 누룽지 한 스푼을 끓여 숭늉으로 마셨
다. 포만감도 생기고 차를 마신 듯 개운하기도 하다.

11일차까지 모두 255km를 걸었다. 남은 거리는 '불과' 100km.
나는 불의의 사고가 아니라면 이번 종주를 무사히 마칠 수 있다
는 자신감이 강하게 들었다. 이런 속도로 계속 걷는다면 원래 예
정일보다 이틀 빠르게 끝마칠 수 있을 거 같았다.

11일차 8월 23일 운행 요약

운행시간: 07:10 ~ 19:18
운행 구간: 펠리세이트 크릭 ~ 벤치 레이크
운행거리: 27.9km
총 운행거리: 255.1km
야영 지점: 벤치 레이크를 지난 작은 호수
좌표: 36° 57.298′N 118 26.157′W
고도: 3,352m

12일차 – 이제 100km도 남지 않은 트레일

지도를 보며 남은 거리를 확인해보니 총 60마일, 약 96km 정
도 남았다. 흥미진진한 대하소설의 마지막 권을 읽는 기분이었다.
얼른 결말을 보고 싶은 생각과 함께 이제 이 흥미로운 이야기가
곧 끝나는구나 하는 아쉬움이 교차하였다. 모두 13장의 지도로
구성된 톰 해리슨의 지도[6]도 이제 3장만 남았을 뿐이다. 소설《장

길산》의 마지막 10권째 읽던 때가 떠올랐다.

아침 식사를 하고 있는데 7시가 되어도 5~6미터 떨어져 있는 로버트의 텐트에는 인기척이 없다. 어제 늦게까지 걸어오더니 몹시 피곤한 모양이었다. 식사를 마치고 텐트를 걷어 출발하려는데 마침 일어난 로버트가 나를 불렀다. 혹시 식량이 부족하지 않느냐고 묻는다. 나는 약간 부족할 것 같다고 하자 그는 반색을 하며 자신을 곰통을 열더니 나에게 살라미라는 이태리식 훈제 쏘시지와 오트밀, 우유가루 등을 주었다. 특히 살라미에 대해서는 2대에 걸쳐 수제로 만드는 고급 제품이라며 설명을 덧붙였다. 그는 아직도 식량이 너무 많다며 더 줄 수 있다고 하였지만 나는 그가 준 식량만으로도 이틀은 더 갈 수 있을 것 같아서 사양했다. 그는 무게를 덜었지만 나는 근심을 덜었다.

그는 나처럼 투올러미에서 출발했는데 중간에 식량 보충없이 종주하려고 큰 곰통을 2개나 챙겨왔다. 휘트니 포털까지 이제 3~4일밖에 남지 않았는데 이날까지도 그는 열흘 치 이상의 식량을 가지고 있었다. 그는 존 뮤어 트레일 종주를 위해서 집인 샌프란시스코에서 모터사이클을 타고 투올러미까지 와서 입구에 모터사이클을 세워두고 배낭을 챙겨 종주를 시작했다고 한다. 로버트는 정말 대단한 친구였다. 모터사이클을 다섯 대나 가진 그는

---

6 톰 해리슨(Tom Harrison)의 JMT 지도는 가장 신뢰할만한 지도이며, 구간별로 총 13장으로 구성되어 있다.

지난봄에도 플로리다에서 워싱턴을 거쳐 약 8,000km를 모터사이클로 한 달간 여행을 했단다. 멋지다!

아침에 출발해 어느 정도 워밍업이 될 무렵 핀쇼 패스Pinchot Pass(3,697m)로 향하는 오르막길이 본격적으로 시작되었다. 핀쇼 패스는 미국 초대 산림청장인 기포드 핀쇼7를 기리기 위해 이름 붙여졌다. 나는 만년설이 녹아내리는 개울에서 식수를 충분히 보충하였다. 나는 시간이 지날수록 컨디션이 좋아지고 있다는 것을 느꼈다. 게다가 오늘은 부족할 것 같은 식량도 로버트에게 서 얻었다. 존 뮤어 트레일의 아름다움이 더 크게 다가왔다. 이 대로라면 남은 100km가 아니라 지나온 250km도 더 갈 수 있을 것 같았다.

호수를 지나 본격적인 핀쇼 패스로 오르는 길 역시 스위치백으로 되어있었다. 두 점 사이를 직선으로 연결하여 빨리 가는 것이 전부는 아니라고 일러주는 것 같았다. 이 길을 처음 걸었을 존 뮤어는 아마도 그걸 알려주고 싶었는지 모른다. 10시 12분쯤 핀쇼 패스에 도착했다.

핀쇼 패스를 넘어서 조금씩 더 고도를 낮춰 12시 23분경 파이어 링이 있는 야영지를 만났다. 이곳에서 점심 식사를 하기로 하였다. 아침에 출발한 후 등산화를 한 번도 벗지 않고 계속 걸었던

---

7 기포드 핀쇼(Gifford Pinchot, 1856~1946)는 미국의 초대 산림청장이며, 미국 임업의 아버지로 불린다. 역설적이게도 환경보호 방법과 관련하여 존 뮤어와 대립하기도 했다.

탓인지 왼쪽 발목에 경미한 통증이 느껴졌다. 점심 식사는 로버트가 준 살라미와 오트밀로 해결하기로 했다. 처음 먹어보는 살라미는 육포보다도 훨씬 먹기 좋았고 맛도 괜찮았다. 모기를 쫓을 겸 모닥불을 피워 살라미를 구워 먹으니 오랜만에 고기를 맛보는 것 같았다. 로버트에게 얻은 식량이 4끼 정도는 될 듯했다. 이제 식량 걱정 없이 끝까지 갈 수 있다.

나는 육체와 의식이 분리되는 유체이탈의 느낌으로 거침없이 걸었다. 6시 18분 래 레이크Rae Lake에 도착했다. 래 레이크로 향하는 길도 솜씨 좋은 풍경 화가가 그려놓은 한 폭의 그림 같았다. 래 레이크 너머로는 핀 돔Fin Dome(3,564m)이 우뚝 솟아 있었다. 그것은 너무 완벽한 풍경이라서 오히려 현실 세계처럼 느껴지지 않을 정도였다.

6시 34분 핀 돔이 올려다 보이는 야영지에 도착하였다. 핀 돔은 마치 설악산 비선대에서 올려다보는 장군봉 같은 느낌이다. 로버트가 준 여유분의 식량도 있으니 오늘 저녁은 푸짐하게 먹기로 하였다. 라면에 알파미를 충분히 넣고, 로버트가 준 살라미도 얇게 썰어서 넣고 끓였다.

7시 45분 저녁을 다 먹고 치우는데 로버트가 역시나 느리지만 지치지 않는 걸음으로 야영지에 도착하였다. 백패킹은 완전 초보라며 너무 작다는 자기 트레킹화를 가리키던 로버트. 무사히 잘 와주어 고맙고 반갑다. 나는 사실 그가 이곳까지 오지 못하고 중간에서 야영을 할 줄 알았는데 해가 지고 나서야 결국 도착한 것이었다.

다음 날의 목표는 포레스터 패스Forester Pass(4,023m)를 넘어가는 것이다. 포레스터 패스는 존 뮤어 트레일 뿐 아니라 PCT 전 구간에서 가장 높은 고도이기도 하다. 이제 마지막 패스, 포레스터만 넘어가면 진짜 끝이 보이는 것이다. 다음 날 운행 거리는 15마일, 약 24km 정도이다. 이제 탐 해리슨의 지도도 두 장만 남겨 두었다.

12일차 8월 24일 운행 요약
운행시간: 07:55 ~ 18:34
운행구간: 벤치 레이크 ~ 래 레이크
운행거리: 25.9km

총 운행거리: 281km
야영 지점: 래 레이크
좌표: 36° 48.680′N 118 24.322′W
고도: 3,210m

13일차 – 마지막 패스를 넘고 쏟아지는 별빛에 잠 못 이루다

아침 식사를 하고 있는데 로버트도 일어나 짐을 챙긴다. 나는 그에게 아침 인사와 함께 어제 준 식량이 내게 큰 도움이 되었다고 다시 한 번 감사를 표했다. 8시 20분 그와 나는 동시에 출발하였다. 오늘은 함께 포레스터 패스를 넘자고 다짐하면서….

이름처럼 곱게 단장한 멋쟁이처럼 페인티드 레이디Painted Lady 봉우리가 래 레이크를 호위하고 있었다. 저 우뚝 솟은 봉우리 옆으로 글렌 패스Glen Pass(3,651m)가 있다. 이 날은 출발부터가 오르막길이었다. 곧 글렌 패스를 넘어야 하기 때문이다. 글렌 패스까지는 약 500m 정도를 올라가야 한다. 큰 표고차는 아니지만 수평 거리 약 2km에 500m정도를 올라가야 하므로 제법 가파른 길이었다. 계속 오르막길을 올라가니 마침내 패스로 이어진 능선 길이 보였다.

출발한 지 두 시간 만에 지루한 오르막을 다 올라 10시 25분 글렌 패스에 도착했다. 까마득하게 호수들이 내려다 보였다. 숨이 찰 정도로 힘들게 올라와서 스스로 걸어온 길을 내려다보는 것은

걷는 자에게만 주어지는 선물이다. 패스로 이어지는 길은 곧 무너질 듯한 바위 너덜지대와 흙길로 되어 있었다.

글렌 패스를 내려오며 만난 레인은 열 살쯤 되어 보이는 아들과 함께 왔다. 오늘 중으로 어니언 밸리Onion Valley로 빠져나가는 섹션 하이킹을 왔다고 한다. 사진을 촬영해도 되냐는 나의 요청에 그 역시 "물론!"이라고 대답했다. 그는 나에게 '타이'에서 왔냐고 물었다. 나는 한국에서 왔다고 하니 미안하단다. 미안해야 할 일은 아니다. 이제 며칠 더 지나면 나의 검게 탄 얼굴을 보고 탄자니아나 케냐에서 왔냐고 물을지도 모를 일이다. 이 길 위에서 국적이 무슨 상관이겠는가.

오후 2시 충분한 휴식을 마치고 로버트가 앞장서서 걷고 나도 뒤를 이었다. 컨디션이 아주 좋아졌다. 로버트도 뒷모습을 보니

발걸음이 가볍다. 한동안 길은 계속 평탄하게 이어졌다. 완만한 구릉지대를 오르거나 숲속을 걷는 쉬운 길이었다. 그러나 이런 길이 계속되면 불안하다. 오늘 중으로 가장 높은 포레스터 패스를 넘어야 했기 때문이다. 차라리 완만하게 오르면서 패스를 넘기를 기대했으나 그건 그저 희망일 뿐 길은 그냥 거기 그대로 있는 길일뿐이다.

포레스터 패스를 향한 본격적인 오르막길이 시작되었다. 멀리 패스가 보이는 듯 했지만 여전히 까마득하다. 로버트는 컨디션이 좋은지 이번에는 묵묵히 앞장 서 걷고 있었다. 그러나 역시 쉽지 않았다. 오전에 글렌 패스를 넘어와서 최저 2,895m까지 고도를 낮췄다가 다시 4,017m까지 1,100m 이상 고도를 끌어올리는 길이기 때문이다. 포에스터 패스는 존 뮤어 트레일 최고의 패스답게

쉽게 그 모습을 보여주지 않았다. 다 왔다 싶으면 다시 만년설이 나타났고, 다른 고개가 앞에 나타났다. 어느덧 해가 지고 있었다.

6시 55분 마침내 포레스터 패스에 도착했다. 포레스터 패스를 넘는 길은 예상대로 거칠었으며, 급격한 고도차 때문에 힘든 구간이었다. 오르는 길에는 만년설이 넓게 펼쳐져 있었고, 스위치백으로 이어진 오르막도 꽤 가팔랐다. 잘 따라오던 로버트도 끝내는 조금씩 뒤쳐졌다. 패스 정상에 도착하자 해가 곧 질 것 같았다. 바람도 심했다. 더 어둡기 전에 빨리 내려와야 했다. 패스를 내려서는 스위치백은 벼랑 사이로 아슬아슬하게 이어지고 있었다. 자칫 발을 헛디디면 큰 사고를 당할 수도 있을 것 같았다.

7시 20분 이미 해가 기운 다음에야 패스를 무사히 내려왔다. 정션 피크Junction Peak가 올려다 보이는 곳이었다. 10분 후 로버트

가 도착했다. 그에게 조금 넓은 자리를 양보하고 1인용 텐트를 하나 겨우 칠만한 공간을 찾았다. 이곳은 지반이 모두 돌로 되어 있어 텐트를 칠만한 곳이 마땅치 않았다. 식수는 가까운 곳에 개울이 흐르고 있어 문제가 없었다. 저녁을 준비하는데 이내 어두워졌다. 별이 쏟아질 듯하다. 카메라 배터리만 충분하다면 밤새 많은 사진을 찍고 싶었으나 아쉽다. 너무 아름다운 밤하늘이다. GPS 상으로 휘트니 산까지는 직선거리 불과 14.5km이다. 한걸음에 달려갈 수 있을 것 같았다.

고도가 높은 탓인지 추워서 새벽 2시쯤 잠이 깼다. 텐트 밖 하늘을 보니 별들이 쏟아질 들 했다. 이제 이런 아름다운 밤하늘도 하룻밤 밖에는 남지 않았구나 하는 생각이 들자 그간의 고단함보다는 아쉬움이 더 크게 느껴졌다. 아쉬움에 침낭을 빠져 나와 사진 몇 장을 찍었다. 마음 같아서는 밤새 사진을 찍다가 일출 까지 찍고 싶었으나 배터리가 없었다. 이제 휘트니 정상에서 몇장 찍을 정도의 배터리만 남아 있었다.

13일차 8월 25일 운행 요약

운행시간: 08:20 ~ 19:20

운행구간: 래 레이크 ~ 포레스터 패스

운행거리: 26km

총 운행거리: 307km

야영 지점: 포레스터 패스 너머 정션 피크 아래

좌표: 36° 41.446′N 118 22.443′W

고도: 3,803m

14일차 – 비와 낙뢰를 만나다

로버트는 어젯밤에 약간 상기된 표정이었다. "One day, Two Pass!, One day, Two Pass!"라고 여러 번 중얼거렸다. 하루에 두 개의 패스를 넘어온 자신이 자랑스러웠던 게다. 아홉 개의 패스 를 모두 넘었고, 이제 휘트니 정상만을 남겨두고 있다는 사실은 내게도 뿌듯한 일이었다.

6시 30분, 동이 틀 무렵 잠에서 깼다. 별들의 속삭임과 정상 등 정에 대한 설렘으로 잠을 설쳤지만 나는 피곤하지 않았다. 로버 트도 일어나 아침 식사를 준비했다. 그도 오늘 아침이 설레기는 마찬가지일 터이다. 이날 아침도 라면 국밥으로 해결했다. 지겨울

만도 하지만 나는 그것만으로도 행복했다. 이날 야영지 고도는 3,803m로서 지금까지 야영한 곳 중에서 가장 고도가 높은 곳이었다. 그런 탓인지, 혹은 설렘에 잠을 설친 탓인지 얼굴이 부어있었다. 어쨌거나 나는 이 긴 여정을 불과 50km만 남겨두고 있었다.

8시 30분 오늘도 로버트와 함께 출발했다. 이날의 목표 지점은 휘트니 정상에 오르기 위한 마지막 캠프 그라운드인 기타 레이크 Guitar Lake였다. 구간 거리는 약 26km이며, 휘트니 정상이 올려다 보이는 곳이다. 기타 레이크까지는 큰 표고차 없이 평탄하게 길이 이어질 것이다.

완만한 내리막길은 광활한 구릉으로 이어지고, 내 시선은 그 광활함을 따라 멀리멀리 뻗어 나갔다. 시각의 물리적 한계가 한없이 팽창되는 느낌이었다. 멀리 휘트니 산으로 보이는 봉우리가 보이기 시작했다. 마치 귀떼기청봉에서 대청봉을 바라보거나, 반야봉 어디쯤에서 천왕봉을 보는 것과 같이 손에 잡힐 듯했다. 이제 정말 끝이 다가오고 있었다.

12시가 조금 지나 곰통이 있는 제법 큰 캠핑 그라운드가 나타났다. 이곳에서 점심을 먹기로 했다. 곧이어 도착한 로버트는 내가 만들고 있는 김치국밥을 보더니 "칠리?"라고 묻는다. 나는 그냥 "핫 칠리"라고 대답했다. 자기도 뉴욕에 있을 때 한국 레스토랑에 가봤단다. 뭐가 가장 맛있었냐고 물으니 "김치 불고기"라고 대답한다. 아마도 김치와 불고기를 각각 먹어보았다는 뜻일 게다.

빅혼 플래토(Bighorn plateau)에서 뒤따라오는 로버트.
먹구름도 점차 짙어지기 시작했다.

로버트는 천천히 먼저 가고 있을 테니 다시 보자면서 식수만 채우고 떠났다. 나는 점심을 먹고 양말도 빨아 널었다. 모든 게 순조로웠다. 다만 멀리서 비구름이 조금씩 몰려오는 게 신경이 쓰였다. 오후 1시 식사를 마치고 다시 출발했다.

하늘은 점점 먹구름에 가려지고 있었다. 곧 비가 올 것 같았다. 그래, 하루쯤 비를 만나는 것도 재미있는 일이지 싶었다. 1시 30분 결국 비가 한 두 방울 떨어지기 시작했다. 판초 우의를 꺼내 입었다. 텐트 플라이 대신 사용하던 판초였다. 비를 피하기도 마땅치가 않아 계속 걸었다. 그러나 2시가 넘어가면서 벼락이 치더니 곧이어 천둥소리가 요란했다. 오락가락하던 빗방울은 더욱 굵

어졌다. 주변에는 번개를 맞아 쓰러진 나무들이 즐비했다. 하이
시에라에서 가장 위험한 요소가 바로 낙뢰인데 낙뢰의 빈도수가
점점 늘어나고 있어서 나는 긴장이 되었다. 어느 순간 가까운 곳
에 떨어진 벼락 소리에 놀라서 무의식중에 쥐고 있던 스틱을 손
에서 놓쳤다. 놓쳤다기보다는 순식간에 집어 던진 것이었다. 너무
놀란 나 자신이 초라하게 느껴졌다.

비가 쉽게 그칠 것 같지도 않고, 내리는 비에 노출된 손은 체온
저하로 경미한 마비가 오는 것 같았다. 할 수 없이 나는 비박 모
드로 들어갔다. 번개로부터 안전하다고 판단되는 숲 속으로 들어
간 후 판초를 이용하여 타프를 설치했다. 추위에 손이 곱아서 제

대로 움직이지 않았다. 불을 피워 몸을 녹이려고 했지만 비에 젖은 나무는 쉽게 불이 붙지 않았다. 작은 나뭇가지를 주워 휘발유를 약간 뿌린 후 불을 붙였다. 비가 그치지 않은 채 어둠이 찾아오면 이대로 쪼그리고 앉아 밤을 지새울 작정이었다. 4시 10분쯤 다행히 비가 조금씩 그치기 시작했고, 4시 30분쯤 완전히 그치고 구름도 서서히 걷히기 시작했다. 나는 비박 모드를 즉시 해제하고 다시 기타 레이크를 향해 걸었다.

4시 40분 크랩트리Crabtree에 도착했다. 목적지 기타 레이크까지는 약 4km, 휘트니까지는 12km 남았다. 이정표 옆에는 용변 처리 봉지를 담은 상자가 있었다. 나는 기념품이나 되는 듯이 상자 속에서 용변 처리 봉지를 하나 꺼내 배낭에 넣었다. 혹시 필요할지도 몰랐다. 이곳을 지나 기타 레이크Guitar lake에서부터 용변 처리는 이 용변 처리 봉지를 이용해야 한다. 봉지에는 자연 발효되는 효소가 들어있는데 이 봉지에다 용변을 본 후 휘트니 포털까지 가지고 내려가야 하는 것이다.

5시 30분 비는 완전히 그쳤지만 여전히 높은 봉우리들은 비구름에 가려져 있었다. 내일 정상 등정에 차질이 빚어질까 걱정이되었다. 마저 걸음을 재촉했다. 이제 1.5Km 정도만 더 올라가면 기타 레이크에 도착한다. 나는 점심때 먼저 출발한 로버트를 만나지 못했다. 아마 그도 낙뢰를 피해 어디에선가 대피하고 있을 거라고 짐작했다. 아니면 좀 전에 지나쳤던 크랩트리 야영지에서 일찍 하루 일정을 마무리했을 수도 있다.

6시 30분 마침내 기타 레이크에 도착하였다. 웅장한 휘트니 봉우리 아래 넓은 너덜지대가 있고, 거기 야영을 하는 팀들이 몇몇 보였다. 휘트니는 여전히 비구름에 가져져 그 위용을 드러내지 않았다. 기타 레이크에서 휘트니 정상까지는 수직 고도차가 1,000m로서 가장 가파른 길을 올라가야 한다. 나는 낙뢰를 피해 목적지에 무사히 도착한 것에 안도의 한숨을 내쉬었다. 웅장하게 펼쳐진 휘트니는 자연스럽게 경외심을 들게 했고, 나는 더욱 작아졌다.

적당한 야영지를 찾아 조금 더 올라갔더니 로버트가 먼저 와 있었다. 너무 반가웠다. 비와 번개를 잘 피해 있다가 무사히 목표 지점까지 와 있었던 것이다. 그도 너무 반가워했다. 나는 그의 텐트 옆에 자리를 잡았다. 기타 레이크는 휘트니 정상 등정을 위한 베이스캠프와 같은 곳이다. 많은 팀들이 비와 낙뢰를 피해 이곳에 머물면서 내일의 정상 등정을 준비하며 이곳에서 야영을 하고 있었다.

텐트를 설치하고 저녁을 준비하는데 불과 10여 미터 떨어진 곳에 한국인으로 보이는 팀이 있었다. "아 유 코리언?"이라고 묻자 "코리안"이라고 대답했다. 나는 가까이 다가가 한국말로 인사를 했다. 연세가 지긋하신 분들이셨다. 어니언 밸리로 들어와서 내일 휘트니 정상에 갈 예정이며, 하산은 휘트니 포털로 할 예정이라고 했다. 그분들은 LA에서 오신 교민들로서 경복고 재미동문산악회 분들이셨다. 나는 염치 불구하고 LA까지 차를 얻어 탈 수 있냐고 물었고, 흔쾌히 승낙하셨다. 그런데 문제는 다음 날 바로 휘트니 포털로 내려가는 게 아니라 정상 아래에 있는 트레일 캠프에서 하루 더 야영한 후 모레 내려가신다는 것이었다. 하긴 바로 하산하면 늦은 오후가 되고, 피곤한 상태에서 LA까지 운전하는 것은 무리였을 것이다. 나는 차를 얻어 타기 위해 하루 더 머물면서 그 분들과 동행하기로 했다.

나는 트레일에서의 마지막 밤에 깊이 잠들지 못했다. 로버트에게 빌린 존 뮤어 트레일 가이드북을 밤늦게까지 들춰보면서 지금까지 걸어온 길을 천천히 다시 걸어보았다. 그제야 그 책에서 설명한 것들이 하나 둘 머릿속에 선명하게 그려졌고, 고개가 끄덕여졌다. 길이란 이리도 많은 의미를 담고 있는 것이다. 그 길을 다시 걷는다고 해도 나는 새로운 풍경과 새로운 바람과 새로운 사람을 만나게 될 것이다.

14일차 8월 26일 운행 요약

운행시간: 08:30 ~ 18:40

운행구간: 포레스터 패스 하단 ~ 기타 레이크

운행거리: 26km

총 운행거리: 333km

야영 지점: 기타 레이크

좌표: 36° 34.397'N 118 18.868'W

고도: 3,528m

15일차 - 마침내 휘트니에서 하이 시에라를 굽어보다

종주의 마지막 날 LA 교민을 만난 것은 참으로 드라마틱한 일이었다. 이대로라면 예정보다 이틀 일찍 종주 일정을 마치고 내려와서 LA로 돌아가는 교통편도 막막했으며, 귀국하는 비행기도 4일 뒤라서 미국에서 며칠을 더 보내야했기 때문이다. 교민들과 약속하기를 아침 7시에 휘트니로 출발하자고 했다. 5시 40분 손목시계의 알람소리에 잠이 깼다. 파랗게 동이 터오는 휘트니 너머의 하늘이 조금씩 밝아지고 있었다. 기타 레이크는 호수 모양이 기타와 닮았다고 해서 이름 붙여진 것이다. 정말 조금 높은 곳에서 내려다보면 완벽한 기타 모양이었다. 기타 레이크 야영지는 다른 곳보다 햇빛이 훨씬 늦게 든다. 동쪽으로 웅장한 휘트니가 버티고 서있기 때문이다.

간단한 아침식사를 마치고 6시 50분 출발했다. 나의 배낭은 이제 15kg 남짓이었다. 식량도 누룽지 1인분 정도와 라면 1인분 정도만 남았으며, 연료도 200ml 정도 남았다. 나는 홀쭉해진 배낭에 교민 중 연세가 많으신 분의 짐을 패킹해서 올라가기로 했다. 곰통과 침낭, 텐트 등을 받아 배낭에 패킹을 하니 첫날 출발할 때처럼 풀패킹 배낭이 되어 머리 위로 올라온다. 그러나 나는 30kg이라도 짊어지고 올라갈 수 있을 듯 했다. 기타 레이크의 야영지 고도가 3,525m였고, 휘트니 정상이 4,421m이므로 표고차는 약 900m이다. 빤히 올려다 보이는 휘트니였지만 고도차가 말해주

듯 가파른 스위치백을 한참이나 올라가야 했다..

휘트니 정상으로 향하는 길을 벼랑 위로 이어져 있으며, 피너클 지대를 아슬아슬하게 넘어간다. 정상에 도달하기 위해서는 만년설 지역도 통과해야 한다. 왼쪽으로는 내가 지난 보름간을 걸어온 하이 시에라가 광활하게 펼쳐져 있고, 오른쪽은 천길 낭떠러지로 휘트니 포털과 론 파인Lone Pine 쪽이 내려다보인다. 고도가 높으므로 천천히, 그리고 물을 자주 마시면서 가는 게 좋다.

10시 30분 휘트니 정상에 도착했다. 나는 지난 보름간 내가 휘트니 정상에 섰을 때 어떤 감정일까? 끝까지 갈 수는 있는 것일까? 정상에 선다면 감격스러워 와락 눈물이 날까? 아니면 나도

모르게 크게 소리를 지를까? 무척 궁금했었다. 그러나 막상 정상
에 서자 가슴이 조금 먹먹했을 뿐 오히려 차분해졌다. 상투적인
표현이지만 지난 보름간의 일들이 주마등처럼 스쳐 지나갔다. 출
발하던 날, 곰에게 음식을 뺏기던 날, 스토브가 고장 나던 날, 어
두워졌으나 야영지를 못 찾아 당황했던 날, 에디슨 레이크에서
마음이 흔들리던 날… 이제 나는 이 긴 여정을 끝내야 한다. 굽이
치는 하이 시에라를 내려다보며 나는 잠시 깊은 감회에 빠졌다.

　정상에는 스미스소니언 협회Smithsonian Institution에서 세운 무인
쉘터가 있다. 나는 무인 쉘터 앞 방명록에 이름을 남겼다. 존 뮤
어 이래 많은 사람들이 이 자리에 섰을 것이고, 앞으로도 내 이름

뒤로 많은 사람들이 이름을 남기게 될 것이다. 백 년이 지난 지금
도 아름다움을 그대로 간직하고 있듯이 앞으로도 수백 년, 아니
수천 년을 이 아름다움 그대로 간직하길 간절히 기원했다.

돌을 쌓아 지은 쉘터 안 벽면에는 온통 낙서로 뒤덮여 있었다.
마침내 휘트니 정상에 섰음을 어떠한 방식으로라도 흔적을 남기
고 싶었던 게다. 아마도 이런 정도의 낙서는 시설물을 해치는 게
아니라 그런지 너그럽게 허용되는 분위기였다. 그중에는 한국 이
름도 여럿 보였다. 로버트는 다소 상기된 표정으로 정상에서 사방
을 둘러보며 사진을 찍고 있었다. 그는 충분히 정상에 선 기쁨을
누릴 자격이 있었다. 나는 그와 처음이자 마지막으로 함께 기념

촬영을 하였다. 정상에서 동쪽으로 내려다보면 론 파인Lone Pine으로 나가는 도로가 보인다. 이제 '속세'가 가까워진 것이다. 내일이면 나는 다시 저기 아래 세상의 '길'에 서있을 것이다.

내려가는 길에도 많은 사람들이 휘트니 정상을 향해서 오르고 있었다. 하산길의 좌측은 동쪽으로서 론 파인 방향이며, 우측은 서쪽으로 내가 지나온 하이 시에라가 장쾌하게 펼쳐져 있다. 약 1시간쯤이 지난 12시쯤 배낭을 벗어둔 곳으로 되돌아왔다. 교민 네 분 중 두 분은 나와 거의 같은 속도로 하산했으나 뒤에 처진 두 분은 아직 보이지 않았다. 바람이 심하고 고도가 높은 곳이라 걱정이 되었지만 다들 산행 경험이 많다고 하고, 휘트니 포털

로 하산하는 길에 있는 트레일 캠프Trail Camp에서 오늘 하루 더 야
영을 하기로 약속했으므로 계속 하산하였다. 트레일 캠프 고도는
3,657m이므로 휘트니 정상에서 약 760m를 하산해야 한다.

하산을 시작한 지 1시간여. 오후 1시 25분에 트레일 캠프에 도
착했다. 오늘로서 모두 345km를 걸어왔다. 트레일 캠프는 휘트니
포털에서 올라온 대부분의 사람들이 정상 등정을 앞두고 야영을
하는 곳이다. 하산길도 쉽지 않았으나 트레일 캠프에서 휘트니로
올라가는 길은 그야말로 고행길이라고 할 수 있다. 고소에 적응
이 되어 있지 않다면 멀미를 할 만한 길이다. 동쪽, 즉 휘트니 포
털에서 휘트니 정상으로 가는 사람들은 대부분 트레일 캠프에서

하루 머물면서 고소에 적응을 한 후 올라간다.

　30분이 지난 2시쯤 로버트가 내려오는 게 보인다. 그는 약간 다리를 절룩이고 있었다. 나는 전후사정을 이야기하고 이곳에서 하루 더 야영을 하겠다고 한다. 그러나 그는 휘트니 포털로 내려가 히치 하이킹을 해서 자신의 모터사이클을 세워둔 투올러미 메도우로 가겠다고 했다. 내가 차를 가지고 있었다면 그를 투올러미까지 태워다 주고 싶었지만 방향이 정반대라서 차마 그렇게 하지 못해 아쉬웠다. 트레일 캠프에서 그와 작별했다. 벤치 레이크, 래 레이크, 정선 피크, 그리고 어제 기타 레이크까지 우연인지 의도한 것인지 그와 4일간 함께 야영했다. 그리고 마지막 날 나와 그는 각자 자신의 길을 가야 했다.

오후 3시쯤 나머지 교민 분들도 모두 도착했다. 우리는 가지고 있는 모든 식량을 다 꺼내 '만찬'을 즐겼다. 이제 내일 새벽 하산 하는 일만 남았다. 끝이 없을 것 같았던 그 길었던 길을 어느새 다 와버렸다. 이 길이 내게 무슨 의미인지 다 헤아리기도 전에 끝 나버린 것이다.

마지막 날 마치 약속이라도 한 듯 모든 것들이 일제히 마지막 이지 않으면 안 될 것처럼 되어버렸다. 전날 빗길에 미끄러진 왼쪽 허벅지 안쪽의 근육통은 심해져 걷기가 불편했고, 카메라의 배 터리는 총 9개 중 마지막 1개가 남았으며 그마저도 2% 밖에는 남 지 않았다. 스토브의 연료도 연료통 바닥이 거의 드러났으며, 식 량도 누룽지만 한 웅큼 남았다. 트레킹 폴은 상태가 점점 안 좋아 져 한 쪽은 완전히 휘고, 바스켓마저 어디론가 달아나버렸다. 요 세미티 장비점에서 구입한 싸구려 매트리스는 여기저기 뜯기고 얇아져 이제는 바닥의 한기를 고스란히 내 등으로 전달했으며, 심지어 일지를 적는 메모장도 이제는 서너 페이지만 남았을 뿐이 다. 더 중요한 것은 나는 이제 이 길을 오늘로서 그만 끝내야겠다 고 결심한 것이다.

존 뮤어 트레일! 그동안 행복했다. 그리고 그 길 위에서 만났던 모든 사람들이여, 부디 행복하시라. 우리는 늘 길 위에 있다.

> **15일차 8월 27일 운행 요약**
>
> 운행시간: 06:50 ~ 13:25
> 운행구간: 기타레이크 ~ 휘트니 정상 ~ 트레일 캠프
> 운행거리: 12km
> 총 운행거리: 345km
> 야영 지점: 트레일 캠프
> 좌표: 36° 33.782′N 118 16.752′W
> 고도: 3,670m

16일차 – 존 뮤어 트레일은 끝났으나 길은 끝나지 않았다

5시 20분 눈을 떴다. 해가 뜨기도 전인데 휘트니 정상으로 오르는 많은 하이커들의 헤드랜턴 불빛이 줄을 지어 정상으로 오르고 있었다. 부지런히 올라 일출을 보기 위한 사람들도 있었다. 대부분의 산을 좋아하는 미국인들은 평생 한번 휘트니를 오르는 게 버킷 리스트라고 할 수 있을 정도로 경외감을 가지고 있다. 나는 성수기에 일제히 산 정상을 향해서 수백, 수천 명씩 무리를 지어 오르는 우리의 산행 문화가 바뀌어야 한다고 생각한다. 휘트니 정상으로 가는 휘트니 트레일은 당일 하이킹이라고 해도 엄격하게 전체 방문자수를 제한하고 있다. 당일 하이킹의 경우 1일 100명, 1박 이상의 야영을 포함한 멀티 데이 하이킹은 1일 60명으로 제한하고 있다. 이제 자연은 휴식이 필요하다.

6시 아직 어둠이 다 가시지 않았지만 나는 교민들의 짐 일부를 배낭에 챙겨놓고 먼저 길을 나섰다. 전날부터 생긴 허벅지 근

육통이 자고 일어났는데도 낫지 않았다. 나는 아스피린 두 알을 입에 털어 넣었다. 이제 거꾸로 매달아 놔도 나는 휘트니 포털로 내려설 것이다. 쏜살같다는 말은 이럴 때 쓰는 것 같았다. 나는 다시 22kg이 된 배낭을 메고 부지런히 휘트니 포털로 내려갔다. 한시라도 빨리 내려가서 가족들에게 무사히 하산했음을 알리고 싶었다. 가족과의 마지막 통화가 벌써 12일 전이었다.

하산길에 나선지 2시간 30분. 8시 30분에 마침내 휘트니 포털에 도착하였다. 가장 먼저 나는 배낭을 열고 지난 보름간의 쓰레기를 꺼내 쓰레기통에 버렸다. 그리고 마운틴 휘트니 트레일 입구임을 알리는 이정표 앞에 서자 나는 약간 맥이 풀리는 느낌이었다. 지난 보름간의 여정이 이렇게 아무런 이벤트 없이 끝나는 것이구나. 종착점에는 나를 기다리는 사람도, 내가 가슴 벅차게 끊어야 할 피니쉬 라인 테이프도 없었다. 언제나처럼 소박한 이정표가 서있을 뿐이고, 나는 잠시 멈추었으나 다시 길을 떠나는 사람들이 여럿 보였을 뿐이다. 355km 트레일은 끝났으나 길은 끝나지 않았다.

1시간쯤 지난 9시 30분 네 분의 교민 분들이 모두 내려오셨다. 교민 분들의 차를 얻어타고 함께 론 파인으로 나왔다. 론 파인으로 굽이굽이 내려오는 차 안에서 나는 자꾸 뒤를 돌아보았다. 내가 길에 들었거나, 이제 잠깐 떠나거나 거기에는 휘트니가 영겁의 세월을 그래왔듯이 여전히 우뚝 서 있었다.

16일차 8월 28일 운행 요약

운행시간: 06:00 ~ 08:30

운행구간: 트레일 캠프 ~ 휘트니 포탈

운행거리: 10km

총 운행거리: 355km

종료 지점: 휘트니 포탈

좌표: 36° 35.220′N 118 14.384′W

고도: 2,549m

걷는 자는 곧 질문하는 자다

오랫동안 길을 걸으면 마치 유체 이탈 상태처럼 어느 순간 '의식'이 분리되어 공중에 둥둥 떠 있는 느낌이 들 때가 있다. 나는 무중력의 우주를 유영하는 듯한 이 느낌을 매우 좋아한다. 이 상태가 되면 자아가 충만해지고, 본질을 향한 질문들이 샘솟는다.

왜 걷는가? 경이로운 풍광을 보기 위해서라면 꼭 걷지 않아도 되는 일인데 왜 걷고 있는 것일까? 그리고 이 길을 처음 걸어간 사람은 누구였을까? 그렇게 묻고 물어서 320만 년 전의 루시에게까지 갔다.

320만 년 전 루시가 두 다리로 걷고, 12만 년 전 부사라가 먼 길을 떠난 그 장엄한 역사를 감히 말하기에는 내 지식의 옅음과 미래를 멀리 내다볼 수 없는 통찰력 부족이 책을 쓰는 내내 실망스러웠다. 그리고 답답해지면 창백한 푸른 점을 떠올리며 작은 동굴 안으로 기어들어가려는 내 인식을 다시 밖으로 끄집어내기를 거듭했다.

지난 10년간 아웃도어 비즈니스에 종사하면서 여기저기 난삽하게 공개했던 글들과 다 여물지 않은 사고의 편린들은 책으로 엮기에는 터무니없이 부족했다. 그대로 옮기기에는 내 생각이 많이 바뀌었고, 아웃도어 트렌드는 더욱 더 변해 있었다. 대부분을 폐기한 후 인식의 출발점을 재확인하기 위해 여러 자료를 다시 뒤지고, 최대한 객관성을 확보하려고 했다. 자료의 자의적인 해석과 논리적 비약도 경계하려고 했다.

그럼에도 나는 이 책의 부족함을 끝내 다 메꿀 수 없었다. 마치 미싱 링크Missing Link처럼 군데군데 텅 비어있으며, 한 발짝 물러나

---

1 NASA 30주년 기념으로 2020년에 디지털 리마스터한 사진이다. 원본은 칼 세이건의 제안으로 1990년 2월 14일 보이저 1호가 촬영했다. 이 사진에서 지구의 크기는 0.12화소에 불과하며, 작은 점으로 보인다. 촬영 당시 보이저 1호는 지구로부터 61억km 떨어져 있었다.

서 보면 연결은 엉성하다. 현명한 독자들은 이 사실을 금방 알아챌 수 있을 것이다. 나는 나의 해석과 주장이 반박되고, 그 비어 있는 연결점들이 채워지기를 기대한다. 그래야 우리의 아웃도어 문화가 지금 어디쯤에 있는지를 좀더 분명하게 알 수 있기 때문이다.

칼 세이건은 파손을 우려한 많은 동료들의 반대에도 불구하고 보이저 1호의 카메라를 뒤로 돌려 지구를 촬영했다. 사진 속 창백한 푸른 점은 우리는 지금 어디쯤인가에 대한 지구로부터 가장 멀리 떨어진 곳에서 온 질문이었다. 나는 이 사진 한 장과 함께 전해준 그의 당부를 다시 되새기며 모든 변명을 대신하고자 한다. 지구를 사랑하자!

> 인간이 가진 자만의 어리석음을 알려주는 데 우리의 조그만 천체를 멀리서 찍은 이 사진 이상 가는 것은 없다. 사진은 우리가 서로를 더 친절하게 대하고 우리가 아는 유일한 삶의 터전인 이 창백한 푸른 점을 보존하고 소중히 가꿀 책임을 강조하고 있다고 생각한다.
> - 칼 세이건, 《창백한 푸른 점》 중

트레일 용어사전

말은 당대의 문화를 그대로 반영한다. 이 용어들은 주로 해외의 장거리 하이커들이 만들고 사용하는 용어들이다. 하이킹 문화가 일찍부터 발전한 탓도 있고, 장거리 하이 킹이 인기 있는 아웃도어 유형이기 때문이다.

개념 정의에 가까운 하이킹, 백패킹 등의 용어를 제외하고, 나머지 용어들은 자연 환 경과 하이킹 문화가 다른 우리나라에서 억지로 차용할 필요는 없다. 다만 해외 장거리 트레일을 갈 계획이 있다면 미리 용어에 익숙해지는 것이 도움이 된다.

하이킹Hiking   야생 지역(Wilderness)을 오래 걷는 것. 미국 영어 사전에서는 "a long walk especially for pleasure or exercise"라고 설명하고 있다. 반면 영국의 영 어 사전에서는 "a long walk, especially in the countryside"이라고 설명한다. 위키 피디아에서는 이 둘의 의미 차이를 통합하고 대상지에 야생 지역을 추가해 "walking lengthy distances in the countryside or wilderness"라고 정의한다. 하이킹은 전통 적인 등산과도 차이가 있다. 우리나라에서도 가장 인기 있는 아웃도어 활동인 등산은 산 정상을 오르는 것을 목표로 한다. 이에 비해 하이킹은 산 정상을 목표로 하기보다 걷는 행위에 충실한 활동이다.

트레킹Trekking   산과 언덕 등 힘든 지역을 걷는 것. 미국 영어 사전에서는 "involving difficulties or complex organization, an arduous journey"라고 설명하고 있으며, 영국 영어 사전에서는 "a long walk over land such as hills, mountains, or forests"라고 설명한다. 트레킹은 하이킹에 비해 산과 언덕 등 힘든 지형을 포함해 좀 더 어렵고 복잡한 걷는 행위를 뜻한다. 하이킹과 트레킹에는 이런 뉘앙스의 차이와 함께 서로 다른 지리적 특성을 가지고 있다. 네팔 히말라야 지역이나 동남아 정글 지역에서 걷는 행위는 일반적으로 트레킹이라고 부른다. '안나푸르나 트레킹'이라는 용어는 익숙하지만 '안나푸르나 하이킹'이라는 표현은 자주 사용하지 않는 것과 같다. 이런 특징 때문에 아시아 지역에서는 트레킹이라는 용어가 익숙하며 북미권에서는 백패킹이라는 용어를 더 자주 사용한다.

백패킹Backpacking   야영과 취사 장비, 식량을 배낭에 넣고 이틀 이상 걷는 것. 백패킹은 북미권에서 익숙한 용어로 야영과 취사 장비, 식량을 배낭에 넣고 장시간 걷는 행위를 뜻한다. 백패킹은 이틀 이상의 하이킹을 포함해야 하는데 이런 점에서 '걷는 행위' 그 자체를 의미하는 하이킹과는 의미 차이가 있다. 이틀 이상의 장시간 하이킹(Multi day hiking)은 이틀이 될 수도 있지만 수개월이 될 수도 있다. 트레킹과 백패킹의 차이를 이해하려면 서로 다른 지역적 특성과 함께 문화와 환경적인 측면도 살펴봐야 한다. 아시아 지역의 트레킹은 장비를 대신 운반해주거나 음식 서비스를 제공받는 게 일반적이지만 백패킹은 스스로 모든 장비와 식량을 메고 이동해야 한다. 북미 지역은 짐을 대신 운반해주기 어려운 자연환경적, 문화적 요소를 가지고 있기 때문이기도 하다. 백패킹은 야영, 취사 장비, 식량을 배낭에 넣고 장시간 걷는 행위, 즉 멀티 데이 하이킹과 같은 말이다.

데이 하이킹 Day hiking **& 멀티 데이 하이킹**Multi day hiking   데이 하이킹은 빈손으로, 혹은 간단한 간식과 음료만을 챙겨서 하루 동안 걷는 하이킹을 뜻한다. 따라서 야영과 취사를 위한 장비가 필요 없다. 이에 비해 멀티 데이 하이킹은 이틀 이상 연속으로 걷는 하이킹이기 때문에 야영, 취사, 식량 등을 운반해야 한다. 이런 측면에서 멀티 데이 하이킹은 백패킹과 같은 의미다.

스루 하이킹 Thru hiking/Through hiking   장거리 트레일을 1년 이내에 완주하는 하이킹. 미국의 장거리 트레일인 AT(Appalachian Trail), PCT(Pacific Crest Trail),

CDT(Continental Divide Trail)가 대표적인 스루 하이킹 대상지이지만, 뉴질랜드의 테아라로아(Te Araroa), 캐나다의 그레이트 디바이드 트레일(Great Dived Trail), 스페인의 산티아고 순례길도 스루 하이킹 대상지다. 애팔래치안 트레일 보존협회는 스루 하이킹을 12개월 내에 완료하는 것으로 정의하고 있다. 이는 처음과 끝의 물리적인 거리의 완주뿐 아니라 연속적인 종주를 스루 하이킹이라고 부르기 때문이다.

멀티 이어 스루 하이킹 Multi-Year Through Hiking   한 번에 종주하지 않고 여러 해에 걸쳐서 장거리 트레일 전체를 종주하는 경우를 멀티 이어 스루 하이킹이라고 한다.

섹션 하이킹 Section hiking   수개월이 걸리는 장거리 트레일을 부분 부분 끊어서 하이킹하는 방식. 연속해서 1년 내에 종주하는 스루 하이킹에 대비되는 하이킹 방식이다. 직장 문제 등으로 연속해서 수개월을 종주할 수 없는 경우 섹션 하이킹을 통해 장거리 트레일을 모두 종주하는 경우도 있다.

트레일Trail   산책로, 또는 등산로. 북미권에서 주로 사용하는 용어로서 하이킹, 바이킹 등을 위한 비포장 길을 의미한다. 영국 등에서는 패스(Path) 또는 풋패스(Footpath)라고 부르기도 한다. 산 정상을 향하는 경로를 뜻하는 산악 용어인 루트(route)와는 다른 개념이다.

트레일헤드Trailhead, TH   트레일이 시작되는 지점. 대부분의 트레일헤드에는 트레일 이름과 구간 번호 안내, 각종 공지사항 게시판 등이 있다. 진행 방향에 따라 시작 지점과 종료 지점이 같을 수 있으므로 들머리, 날머리 모두를 의미한다.

패스Pass   우리나라의 고개와 같은 말이다. 트레일 상에서 산과 산이 만나는 고개를 패스라고 하며, 산 정상 등정을 목표로 하지 않는 하이킹 트레일은 패스를 통해 높은 산맥을 넘어서 이어진다.

트레일 매직 Trail Magic **& 트레일 엔젤**Trail Angel   장거리 스루 하이커들을 지원하기 위해 트레일에서 음식이나 숙소, 교통편 제공, 심지어 의료서비스를 제공하는 비정기적인 이벤트. 트레일 매직을 실행하는 사람들을 트레일 엔젤이라고 부른다. 장거리 트레일은 마을과 마을을 연결하고 있으며, 마을 지역공동체와의 우호적인 관계는 트레일을 유지하고 하이커들의 안전과 휴식을 위해 매우 중요하다. 스루 하이커들과 정서적인 연대감을 가진 자원봉사자들인 트레일 엔젤은 트레일 중간에 음식을 가지고 와서 지나는 스루 하이커들에게 제공하는데 PCT, CDT, AT 등의 장거리 트레일에서는 흔히 벌어지는 이벤트이며, 사전 약속 없이 이루어지는 깜짝 이벤트라서 '매직'이라고 부른다. 영리적 목적이 아닌 순수 지원활동으로 미국 장거리 하이킹의 가장 특징적인 문화라고 할 수 있다. AT와 같이 오랜 역사를 가진 트레일에서는 사업화된 경우도 있다. 그러나 이 경우에도 대부분 실비 수준의 비용을 지불하므로 기본적으로는 장거리 스루 하이커들과 우호적인 관계에서 비롯된 것이라고 할 수 있다.

트레일 크루 Trail Crew   트레일을 유지 보수하는 자원봉사자들. 각 단위 하이킹 협회에 소속되어 있거나, 비정기적으로 자원봉사 활동으로 트레일을 보수하는 일을 한다. 트레일 크루는 폭우나 화재 등으로 훼손된 트레일을 정비하고 유지 관리하는 데 매우 중요한 역할을 하고 있다. 장거리 트레일에서는 스루 하이커들과 마찬가지로 백패킹 장비와 트레일 보수 장비들을 메고 수일간 트레일에서 머물면서 트레일을 정비하기도 한다. 이들 발룬티어들의 수십 년간의 노력과 전통은 미국 장거리 하이킹 문화의 안정적인 기반이라고 할 수 있다.

트레일 네임 Trail Name   트레일에서 사용하는 별명. 대부분 외모의 특징이나 개성 등 캐릭터를 잘 드러내는 별명을 사용하며, 트레일에서는 고유한 이름으로 통한다. 스스로 트레일 네임을 짓기도 하고 남들이 먼저 하이커의 특징을 표현한 트레일 네임을 지어주기도 하는데 다른 이들에 의해서 해당 트레일 네임으로 불리기 시작하면 비로

소 트레일 네임이라고 할 수 있다.

외모적 특징, 가치관, 존경하는 사람의 이름까지 트레일 네임의 제한은 없시만 내부분 밝고 유머러스하게 개성을 표현한 트레일 네임을 사용한다. 미국에서 가장 흔한 이름의 하나인 John이라고 트레일 네임을 정한다면 그것은 좋은 선택이 아니다. 너무 흔한 이름이어서 또 다른 수많은 John이 트레일에 있을 수 있기 때문이다.

퍼밋Permit   국립공원, 국유림 등 공공 토지에 속한 장거리 트레일을 걷기 위해 필요한 허가. 엄밀하게 이야기해서 퍼밋은 입장 허가증이 아니라 해당 지역 내에서의 야영 허가증이다. 따라서 당일 하이킹에서는 필요가 없다. 퍼밋을 향상 지참하고 있어야 하며, 트레일에서 간혹 국립공원 레인저를 만나게 되면 퍼밋을 확인하기도 한다.

레인저Ranger   국립공원이나 주립공원 관리원. 산림관리원도 레인저라고 부른다. 공원 지역을 보호하는 일뿐 아니라 공원 관리와 관련한 법률을 집행할 의무와 권한이 있으며, 일부 공원 지역에서는 테이저 건이나 총기를 휴대할 수도 있다. 장거리 트레일에서는 레인저 스테이션에서 장기간 머물면서 업무를 집행한다.

보너스 마일 Bonus Miles   정상적인 트레일을 벗어나서 추가적으로 걷게 되는 거리. 식량이나 식수를 구하기 위해 트레일을 벗어나서 걷는 경우, 또는 길을 잘못 들어 엉뚱한 트레일을 걸었을 때도 보너스 마일이라고 한다. 후자의 경우 우리나라에서는 '알바'라는 표현을 많이 사용한다.

정션Junction, JCT   2개 이상의 트레일이 교차하는 갈림길. 대부분 과하지 않게 자연 친화적인 소재로 이정표를 표시하고 있다. 이정표가 인색한 미국의 트레일이지만 갈림길에는 어김없이 이정표가 있어 길을 잘못들 가능성은 크지 않다. 그러나 이정표는 일시적으로 훼손, 유실되었을 가능성도 있으므로 하이킹 대상지의 주요 갈림길 정보는 사전에 충분히 숙지해야 한다.

노스바운드Northbound, NOBO **& 사우스바운드**Southbound, SOBO　　미국의 3대 장거리 트레일인 AT, PCT, CDT는 모두 남북 방향으로 이어진다. 이에 따라 남쪽에서 출발하여 북쪽 방향으로 걸어가는 것을 Northbound, 줄여서 NOBO라고 한다. 반대로 북쪽에서 출발하여 남쪽 방향으로 걸어가는 것은 Southbound, 줄여서 SOBO라고 한다. 미국의 3대 장거리 트레일은 계절의 변화 때문에 하이킹 킥오프 시즌인 3~4월에 남쪽에서 출발해 겨울이 되기 전에 북쪽 끝에 닿는 NOBO로 진행을 하는 경우가 더 많다.

카우보이 캠핑 Cowboy Camping　　텐트, 대피소 시설을 이용하지 않고 트레일에서 야영하는 것을 카우보이 캠핑이라고 한다. 산악 용어의 비박(Bivouac/Biwak)과 비슷한 뜻이다. 텐트나 대피소 시설이 없던 서부 개척시대에 카우보이들이 야영하는 방식에서 비롯된 말이다. 텐트를 설치할 수 없는 주변 환경 때문에 카우보이 캠핑을 하는 경우도 있으나, 벌레, 짐승 또는 비 등으로부터 안전하다고 판단하여 별빛을 올려다보기 위한 낭만적인 카우보이 캠핑을 즐기는 경우도 있다. 우리나라에서는 야영지가 아닌 곳이나 비법정 구역에서 캠핑을 하는 것을 비박이라고 부르는 경우가 있는데 이는 잘못된 표현이다.

스텔스 캠핑 Stealth Camping　　호수나 냇가 옆, 넓은 초원 등 일반적인 야영장소에서 멀리 떨어져서 눈에 띄지 않게 야영하는 것을 스텔스 캠핑이라고 한다. PCT 하이커 핸드북의 저자인 레이 자딘(Ray Jardine)이 곰을 피하는 좋은 방법이라고 소개하기도 했다. 트레일을 지나는 다른 하이커나 방문객들의 눈에 띄지 않게 야영하는 것을 '스텔스 모드'라고 표현하기도 한다.

제로 데이 Zero Day　　장거리 하이킹에서 걷지 않고 쉬는 날. 0마일을 걷는다는 뜻에서 제로데이라고 한다. 제로데이에는 보통 트레일 밖 마을에서 쉬면서 샤워, 세탁, 식량보급, 고장 난 장비를 수리한다.

크릭Creek   시냇물. 작은 시냇물뿐 아니라 비교적 큰 규모의 계곡도 크릭이라고 하며, 강수량에 따라 거친 급류로 변하는 경우도 있다. 트레일에서 만나는 크릭은 물을 건너야 하는 부담을 주기도 하지만 하이커들에게 식수를 제공하기 때문에 중요한 지점이다.

트리플 크라운 Triple Crown   미국의 3대 장거리 트레일인 AT, PCT, CDT를 모두 종주하는 것을 트리플 크라운이라고 한다. 3대 트레일을 모두 종주한 하이커를 트리플 크라우너(Triple Crowner)라고 부르며, 하이커들에게는 큰 명예이기도 하다. 드물게 1년 동안 3개의 트레일을 모두 종주하는 경우가 있는데 이를 'A Calendar Triple Crown'이라고 한다.

베이스 웨이트 Base Weight   소모성인 물, 식량, 연료를 포함하지 않은 상태에서의 기본 장비만을 패킹한 배낭 무게. 장거리 트레일의 경우 지형과 날씨에 따라 일시적으로 필요한 크램폰, 픽켈 등도 포함하지 않는다. 대부분의 스루 하이커는 기본 무게가 15파운드(약 6.8kg)를 넘지 않으며, 10파운드(약 4.5kg)를 넘지 않는 Ultra lightweight, 극단적으로는 5파운드(약 2.3kg) 이하의 기본 무게로 패킹하는 SUL(SuperUltraLight) 방식을 시도하는 경우도 있다.

그램 위니 Gram Weenie   패킹 무게를 줄이는 것에 과도하게 집착하는 사람. 경량 하이킹은 사실 습관이자 태도인데 장비의 무게를 g 단위로 비교하고 집착하는 사람을 비아냥거리는 말이다.

하이커 트래시 Hiker Trash   일반적인 관습이나 규범을 지키지 않는 자유분방한 하이커를 지칭한다. 장시간 자연 속에서 지내다가 갑자기 도시 문명 속에 들어왔을 때 각종 규범들이 익숙하지 않을 수 있다. 이처럼 장거리 하이커들이 종종 일상적인 관습과 규범을 지키지 않고 노숙자처럼 행동하는 경우가 있는데 이 때문에 생겨난 말이다. 하이커 트래시라는 표현은 양쪽의 시선이 있다. 일상적인 규범에 익숙한 일반인들은 장거리 하이커들이 지저분하고 규범을 지키지 않는 사람이라는 부정적인 시각으로 볼 수 있으며, 그와 달리 획일화된 도시 문명의 부자연스러움을 반대하고 자연주의적 성향을 가진 사람들로 이해하는 시각도 있다. 대부분의 장거리 하이커들은 일부 부정적인 시각에도 불구하고 스스로 하이커 트래시라고 불리는 것을 개의치 않는다.

AYCE　　All You Can Eat의 약자. 하루 평균 4000kcal 이상의 열량을 소모하는 장거리 하이커들이 먹을 기회가 왔을 때 놓치지 않고 먹을 수 있을 만큼 최대한 많이 먹는다는 뜻이다.

HYOH　　Hike Your Own Hike의 약자로 '나만의 하이킹'이라는 자존감을 나타낸다. 장거리 하이킹은 경쟁이 아니다. 다른 하이커들의 기대에 의존하지 않고 자신만의 꿈과 목표, 기대치에 따라 자신만의 방식으로 하이킹하는 것이 중요하다.

MYOG　　Make Your Own Gear의 약자로 필요한 장비를 직접 만드는 것. 특히 경량 하이킹이나 미니멀한 라이프스타일을 추구하는 이들 사이에서 스스로 원부자재를 구해서 직접 장비를 만드는 문화가 확산되고 있다. 아마도 현대판 Ray-Way라고 할 수 있겠다.

찾아보기

감사의 글

책을 쓰는 중 아버님이 먼길을 떠나셨다. 평생을 목수로 사셨고, 25년을 불편한 몸으로 지내셨다. 대학 입학하던 해 가끔 빌려 입었던 점퍼에서 맡았던 나무 톱밥 냄새, 그 정겨움으로 평생 기억되는 분, 부디 평온하시길 빈다. 근 60년을 아버지 곁을 지키시다 이제는 혼자되신 어머니께 컴퓨터 책도 아니고, 소설책도 아닌 이 책을 어떻게 설명해드려야 할지 모르겠으나 무조건 기뻐하실 것이다. 루시와 부사라의 DNA를 나에게 직접 전달해준 분들이므로 가장 큰 감사를 드린다.

딱히 직업이 뭔지 모호했던 사람을 오랫동안 지지해준 가족들에게 익숙하지 않은 감사의 마음을 전한다. 이 책에서는 빠졌으나 가족들과 함께한 파타고니아 여행은 모두에게 확장된 여행 경험이었다. 우리는 그 여행을 오랫동안 기억하고 있다.

완전히 새로운 길을, 전혀 다른 방식으로 함께 가고자 했으나 나의 부족함으로 끝내 뜻하는 곳에 이르지 못했던 제로그램의 옛 동료들에게도 이제는 홀가분한 마음으로 고맙다는 말을 전한다. 특히 헌신적이며, 브랜드 자긍심이 컸던 로지, 우리가 가고자 하는 길을 가장 잘 이해했던 루벤, 그리고 내가 잘 이끌지 못했던 많은 사람들… 약속한 바를 지켜주지 못해 그들에게 실패한 장수로 기억되는 것을 마다하지 않겠다. 모두 반짝이는 원석(原石)이었으므로 다른 곳에서 더 크게 빛날 것이다.

오른 산봉우리보다 비운 소주병이 훨씬 더 많지만 15년간 한결같은 알파인클럽 '알피나'도 나에게 소중한 사람들이다. 이 책의 많은 내용이 산악회의 경험 속에서 얻어진 것이므로 또한 감사하지 않을 수 없다.

2014년 사할리 글레이셔 여행을 함께했던 대훈, 재헌, 기정은 다들 불혹不惑 언저리에 얻은 친구들이다. 이들과 함께했던 여행은 감히 나에게는 이본 쉬나드와 더글라스 톰킨스의 1968년 파타고니아 여행과 같은 것이었다. 우린 다시 데날리 꿈을 꾸고 있으니 여행은 아직 현재진행형이다.

나의 많은 미국 여행에서 언제나 큰 도움을 주었던 형님 같은 이주영 선배와 한국인 PCT 하이커들의 트레일 엔젤인 탱크 Eric Sorensen에게도 깊이 감사드린다.

초고를 읽고 과감하게 리뷰를 보내준 30년 벗 종훈, 출판의 연을 이어준 권기봉 작가, 그리고 1% For The Planet의 담당자인 모간Morgan Parr에게도 감사의 뜻을 전한다. 끝으로 부족한 원고를 잘 다듬어 책으로 펴낸 리리 퍼블리셔 관계자들께도 감사드린다. 환경과 자연의 가치, 인간과 자연의 만남이라는, 장삿속과는 다소 거리가 있는 리리의 책들이야말로 오늘날 진정 소중한 책들이다. 더 많은 독자에게 사랑받기를 기원한다.

인사이트 아웃도어

1판 1쇄 발행 2021년 5월 21일
지은이 이현상
펴낸이 심규완
책임편집 정지은
디자인 문성미

ISBN 979-11-91037-04-3 03980

펴낸곳 리리 퍼블리셔
출판등록 2019년 3월 5일 제2019-000037호
주소 10449 경기도 고양시 일산동구 호수로 336, 102-1205
전화 070-4062-2751 팩스 031-935-0752
이메일 riripublisher@naver.com

블로그 riripublisher.blog.me
페이스북 facebook.com/riripublisher
인스타그램 instagram.com/riri_publisher